Barbara Michal

VIECHER

Über Tiere und Menschen auf dem Land

Mit Kurzbeiträgen von
Johann Kirchinger, Dorit-Maria Krenn, Stefan Maier,
Maximilian Seefelder

Schriften des Kreismuseums Bogenberg, Band 6
Straubing 2022

Verlag Attenkofer

Diese Publikation wurde finanziell unterstützt von

Historischer Verein für Straubing und Umgebung e. V.
Förderverein für Kultur und Forschung Bogen-Oberalteich e. V.

Impressum

Barbara Michal
Viecher. Über Tiere und Menschen auf dem Land, Straubing 2022
Schriften des Kreismuseums Bogenberg, Band 6
Begleitband zur gleichnamigen Sonderausstellung im Kreismuseum Bogenberg 2021 – 2023

Verlag Attenkofer
ISBN: 978-3-947029-49-5
Layout und Druck: Cl. Attenkofer'sche Buch- und Kunstdruckerei, Straubing

Umschlag: Idee Luis Michal, Straubing
Titelseite: Ein Kleinbauernanwesen und seine Bewohner, Haimelkofen, Gde. Laberweinting, Foto von Ferdinand Pöschl, um 1910 (Richard Stadler, Hofkirchen)
Rückseite: Frau mit Pudel auf der Straubinger Trabrennbahn, Foto von Bruno Mooser, 1956 (StadtA SR), „Tanz, Depp, tanz“, Grafik von Heinz Braun und Dazi Tyroller, 1984 (Privatbesitz)

Inhaltsverzeichnis

Abb. 1:
Ein Söldneranwesen und seine Bewohner, Haimelkofen, Gde. Laberweinting, Foto von Ferdinand Pöschl, um 1910 (Richard Stadler, Hofkirchen)

Einführung

Um 1910 präsentierte sich der Kleinlandwirt Xaver Rohrmayr aus Haimelkofen, Gemeinde Laberweinting, dem Fotografen stolz mit seinem ‚Sach' (Abb. 1 und Titel)[1]: Dazu zählte, neben ca. 25 Tagwerk (ca. 8,5 Hektar) Land, sein Söldneranwesen, seine Familie, sein Dienstbote und seine Tiere – allen voran das einzige Pferd, auf das er seinen kleinen Sohn mit Militärhelm gesetzt hatte. Andere Tiere waren auch vorhanden, der Hofhund, Hühner, Gänse – diese aber eher nebenbei. Von dieser Art Fotos gibt es unzählige. Das Bild demonstriert, dass Nutztiere auf dem Land noch in der ersten Hälfte des 20. Jahrhunderts Bestandteil des alltäglichen Lebens waren, dass man mit ihnen – zumindest mit dem Pferd – ‚Staat machen' konnte und dass Tiere mit großer Selbstverständlichkeit dazugehörten.

Heute spielen Tiere auch wieder eine wichtige Rolle, aber in anderer Art und Weise: Seit einigen Jahren richtet sich ein bürgerlicher Blick zunehmend auf die Tiere und darauf, wie die Menschen mit ihnen umgehen. Medien berichten kritisch über moderne Tierhaltung und das Artensterben, erzählen anrührende oder lustige Geschichten über Tierrettungen oder kuriose Mensch-Tier-Begegnungen, blicken sehnsuchtsvoll auf eine verloren gegangene Nähe zum Tier. Tier- und Naturbücher, Tierfilme boomen; Tierausstellungen gibt es die letzten Jahre zuhauf.[2] Letzteres ist auch ein Ergebnis der interdisziplinären geisteswissenschaftlichen ‚Human-Animal Studies', die seit den 1990er-Jahren den Fokus auf Tiere legen und diesen eine eigenständige

Rolle in historischen und sozialen Prozessen zugestehen. Auch wird zu einem „tiersensiblen Sprachgebrauch" aufgerufen, z. B. das Wort ‚tierisch' durch das Wort ‚tierlich' zu ersetzen, um eine Abwertung der Tiere zu vermeiden.[3] All das geschieht in dem Moment, in dem viele Tiere ihre Selbstverständlichkeit im alltäglichen Leben der meisten Menschen verloren haben.

Fragen und Bezugsrahmen

Wie ist es dazu gekommen? Welche Veränderungen gab es in der Landwirtschaft im Industriezeitalter; wie hat sich das Verhältnis zur Natur und den Tieren in der Moderne insgesamt gewandelt?[4] Welche Aufgaben hatten Tiere früher und welche haben sie heute? Wer blickt wie auf die Tierwelt? Gibt es Unterschiede in der Bewertung und im Umgang mit den Tieren zwischen den verschiedenen sozialen Schichten und Berufsgruppen? Diesen und anderen Fragen spürt die eher kulturgeschichtliche als naturkundliche Ausstellung im Kreismuseum Bogenberg nach. Sie möchte dazu animieren, die heutige Situation aus der Geschichte heraus als von Menschen in Wechselwirkung mit den Tieren ‚gemacht', als wandelbar zu verstehen und darüber zu reflektieren.[5]

Dabei wird versucht, die genannten allgemeinen Fragen anhand von Beispielen aus einer konkreten Region und in einer konkreten Zeit zu klären, ohne den Anspruch auf Vollständigkeit oder Allgemeingültigkeit: Es geht um den Umgang der Menschen mit den Tieren im Landkreis Straubing-Bogen und in seinem Zentrum, der Stadt Straubing, in einer ländlichen, lange Zeit agrarisch geprägten Region.[6] Der zeitliche Bezugsrahmen ist die Moderne, also die Zeit seit etwa 1800 bis heute.

‚Viecher'?

Warum wird hier ausgerechnet der alte, etwas derbe Begriff ‚Viecher' als Titel verwendet? Diese Bezeichnung meinte früher vor allem die landwirtschaftlichen Nutztiere, insbesondere das Rindvieh[7] – und in der Ausstellung wie auch im Buch geht es um Tiere auf dem Land, also auch um Nutztiere. Dabei wird in Kauf genommen, dass die Bezeichnung ‚Viecher' ebenfalls dazu benutzt wurde und wird, die Tiere insgesamt von den vermeintlich höherstehenden ‚kultivierten' Menschen abzugrenzen – Tiere also abzuwerten.[8] Deswegen steht hier in der Überschrift ein Fragezeichen, denn es geht um die Bedeutungen der Tiere, die ihnen die Menschen in der Zeit der Moderne gegeben haben. Im Folgenden wird das Wort ‚Viecher' ausdrücklich ohne abwertende Bedeutung verwendet.

Tier ist nicht gleich Tier: Gliederung

Die Publikation und die Ausstellung gliedern sich – nach einer allgemeinen Einführung – in drei Themenblöcke: Nutztiere/Schädlinge, Heimtiere, Wildtiere.[9]

Diese Einteilung der Tiere ist eher kulturell bestimmt, im Unterschied zur naturwissenschaftlichen Klassifizierung, die jedem Tier nach seinem Aussehen und seinen Eigenschaften einen festen Platz in einem hierarchischen System zuweist (Taxonomie): Der schwedische Naturforscher Carl von Linné (1707–1778) hat 1735 die zweiteiligen lateinischen Namen für jedes Tier eingeführt, die Gattungs- und Artnamen.[10] So heißt beispielsweise der Schmetterling Großer Kohlweißling ‚Pieris brassicae', eine Bezeichnung, an der das Tier jederzeit eindeutig erkannt werden kann (Abb. 2).[11]

Abb. 2: Schaukasten mit Schmetterlingen, geordnet nach Familien, Arten und Gattungen, Grundschule Bogen, Mitte 20. Jahrhundert (KB)

In Gegensatz dazu sind die Kategorien – Nutztiere/Schädlinge, Heimtiere, Wildtiere – nicht statisch, sondern historischen Veränderungen unterworfen. Diese spiegeln sich wandelnde kulturelle Bewertungen und soziale Verhältnisse. So bezeichneten die Nutztiere – ‚Viecher' – früher, als Arbeits- und Lebenswelt der Menschen noch eher eine Einheit bildeten, alle domestizierten Tiere in Gegensatz zu den wildlebenden Tieren. Heute hingegen sind mit diesem Begriff Tiere verbunden, die der

Abb. 3:
Das Rind als Nutztier und als ‚schönes' Tier, Porzellanfigur, Manufaktur Nymphenburg, 1. Hälfte 20. Jahrhundert (Familie Schnell, Freising)

Abb. 4:
Rindermarkt in Schwarzach, Foto von Franz Stettmer, um 1900 (Familie Stettmer, Schwarzach)

Abb. 5:
Hornrichter, 2. Hälfte 19. Jahrhundert (KB)

Mensch ‚ge- und verbraucht' (schlachtet), in Gegensatz zu den geliebten Heimtieren, denen man als Familien- und Sozialpartner nichts zuleide tut. Letzteres hängt auch mit der Trennung der Lebenswelten im Industriezeitalter zusammen, als im 19. Jahrhundert die bürgerliche Kleinfamilie entstand: Die raue Arbeitswelt wurde ausgeblendet, die Kleinfamilie entwickelte sich zum privaten Rückzugsort, war geprägt von Emotion.[12]

Aber auch innerhalb der genannten Kategorien zur Einteilung der Tiere finden sich Aspekte, die man zunächst nicht erwarten würde. Als ein Beispiel für den Bereich der Nutztiere wird in der Ausstellung ein Porzellan-Rind vorgeführt, dazu ein Foto des Schwarzacher Rindermarktes von etwa 1910 (Abb. 3, 4). Nutztiere wurden und werden wirtschaftlich genutzt, als Arbeitstiere, als ‚Rohstoff- und Lebensmittellieferanten', als Handelsgut. Das dazu gezeigte Gerät eines Hornrichters (‚Hoanzwinga'[13], Abb. 5) diente dazu, bei jungen Rindern das Hornwachstum zu regulieren, einerseits, damit Joche für die Feldarbeit gut passten, andererseits aber auch, um ein schönes und wertvolles Tier zu formen: Ästhetik spielte demnach auch bei Nutztieren eine Rolle, ähnlich wenn heute Kühe vom sogenannten ‚Kuh-Fitter' (eine Art Kuh-Friseur) vor Versteigerungen verschönert werden.[14]

Ein anderes Beispiel aus dem Bereich der Heimtiere sind Hunde: Beispielsweise waren Bulldoggen im 20. Jahrhundert beliebte und modische Heimtiere:[15] So legte sich 1909 die großbürgerliche Familie August von Schmieders in Steinach eine schwarze Bulldogge als neuen Hund zu, der mit der Familie in deren Schloss

Abb. 6:
Die Bulldogge als Heimtier: z. B. im Neuen Schloss Steinach, Zeichnung in Gästebuch von ebd., A. v. Courten, 1909 (AfHG Steinach)

Abb. 7:
Beweglicher Spielzeughund und sein Besitzer, Karl Huber in Bogen, Foto von Fany Bauer, 1942 (KB)

lebte (Abb. 6). Oder ein Bogener Bub bekam in den 1940er-Jahren eine hölzerne Spielzeug-Bulldogge geschenkt, ein Foto zeigt das Holztier als geliebten Begleiter des Kindes (Abb. 7). Auf der anderen Seite beweist ein Fleischbeschau-Stempel aus dem Deggendorfer Schlachthof mit der Aufschrift ‚Hund' (Abb. 8), dass noch in der ersten Hälfte des 20. Jahrhunderts auch bei uns Hunde gelegentlich als Nahrung dienten:[16] Heimtiere konnten so wieder zu Nutztieren werden, kulturelle Tabus wurden gebrochen und Grenzen überschritten.[17]

Auch die Sicht auf Wildtiere ist nicht immer gleich gewesen: Der Wolf als einst einheimisches Raubtier hatte lange Zeit einen schlechten Ruf gehabt, er galt als gefährlich für Mensch und manches Nutztier wie das Schaf und wurde im 19. Jahrhundert ausgerottet.[18] Das 1812 von den Brüdern Grimm populär gemachte Märchen von Rotkäppchen spiegelt diese Furcht, wenn der ‚böse Wolf' die Großmutter verschlingt und später dafür büßen muss[19] (Abb. 9). Andererseits demonstriert ein heutiger Flyer des Naturschutzbundes mit der Aufschrift „Willkommen Wolf" eine andere Sichtweise (Abb. 10): Mittlerweile sind Wölfe streng geschützt und es wird versucht – wenn auch nicht unumstritten – sie wieder anzusiedeln.[20]

Was ein ‚Schädling' ist, darüber gibt es ebenfalls geteilte Ansichten: Für die einen sind Schädlinge Tiere, die Grenzen überschreiten und menschliche Lebensgrundlagen

Abb. 8:
Der Hund als Nutztier: Stempel für Hundefleisch aus dem Schlachthof Deggendorf, 1. Hälfte 20. Jahrhundert (Handwerksmuseum Deggendorf)

Abb. 9:
Der ‚böse' Wolf im Märchen von Rotkäppchen, Porzellanfigur, um 1900 (KB)

Abb. 10:
Der wiederanzusiedelnde Wolf, Flyer NABU (Naturschutzbund): „Willkommen Wolf", 2020 (KB)

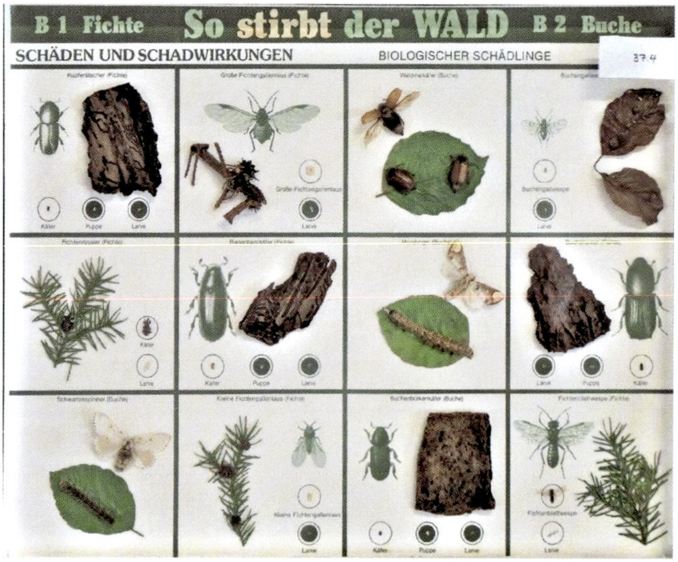

Abb. 11:
Der Borkenkäfer als Waldzerstörer: Schaukasten mit Waldschädlingen, um 1960/1970 (KB)

Abb. 12:
Der Borkenkäfer als Walderneuerer: Flyer Nationalpark Bayerischer Wald, 2018 (KB)

zerstören oder zumindest beeinträchtigen. Für die anderen gibt es keine Schädlinge, sondern sie sehen alle Tiere als Teil eines ökologischen Systems: Der Borkenkäfer als Waldzerstörer, wie der Schaukasten „So stirbt der Wald" aus der Grundschule Bogen zeigt (Abb. 11). Oder die andere Sichtweise – der Borkenkäfer als Walderneuerer, wie ein Flyer des Nationalparks Bayerischer Wald andeutet, auf dessen Titelseite Totholz und nachwachsende junge Bäume zu sehen sind (Abb. 12)?[21]

Quellen und Methoden

Welche Quellen standen für das Thema zur Verfügung? Im Bereich der Objekte gab es ein Problem: Die Sammlung des 1909 gegründeten Kreismuseums Bogenberg beinhaltet relativ wenig zum Bereich Tier, wie das vermutlich in anderen kulturhistorischen

Abb. 13:
Frühere Dauerausstellung im Kreismuseum Bogenberg mit Hufeisen und Anspanngeräten, um 1978 (KB)

Abb. 14:
Votivkröte als Symbol für die Gebärmutter, 18./19. Jahrhundert (KB)

Museen auch der Fall ist. Man kann darüber spekulieren, warum Objekte aus dem alltäglichen Leben der Tiere eher wenig gesammelt wurden: Weil sie verschmutzt waren, weil sie verbraucht wurden – etwa eine Hundehütte, die nach Gebrauch verfeuert wurde – weil sie unansehnlich und oft schmucklos waren? Weil Tiere als nachrangig betrachtet wurden?

Ein paar Einzelobjekte fanden sich in der Museumssammlung dennoch: z. B. Hufeisen und Joche als Zeichen vergangener Arbeit der Tiere (Abb. 13); ein Hundehalsband, aufwendig verziert; ein Krötenvotiv (Abb. 14), kurios und exotisch; ein paar Tier-Spielsachen für Kinder. Als Glücksfall erwiesen sich die Schenkungen historischer Tiermodelle, Fotos und Lehrbücher der Landwirtschaftsschule Straubing wie auch das Ausrangieren außer Gebrauch gekommener Tierpräparate, Schaukästen und Lehrmittel durch verschiedene Schulen. Dazu kamen zahlreiche Leihgaben von Privatpersonen, anderen Museen[22] und Archiven[23]. Das Sammlungskonzept des Museums jedenfalls hat sich durch diese Ausstellung um die Perspektive ‚Tier' erweitert.

Informationen für den Blick in die Gegenwart boten eine umfangreiche, in den letzten fünf Jahren angelegte Sammlung an Medienberichten aus Zeitungen[24], Zeitschriften, Internetartikeln und Publikationen über Tiere.[25] Auch wurden über 35 Interviews mit Personen aus der Region geführt; es ging um deren Sichtweise und Auffassung zu spezifischen Tierthemen. Die Interviews erfolgten 2019–2021 in Form offener Gespräche, die von der Interviewerin schriftlich zusammengefasst und in Absprache mit den Befragten fertiggestellt wurden. Zusätzlich haben einige Künstler aus der Region ihre individuelle Sichtweise auf das Tier präsentiert, in Form von Interviews und entliehenen Kunstwerken (Abb. 15).

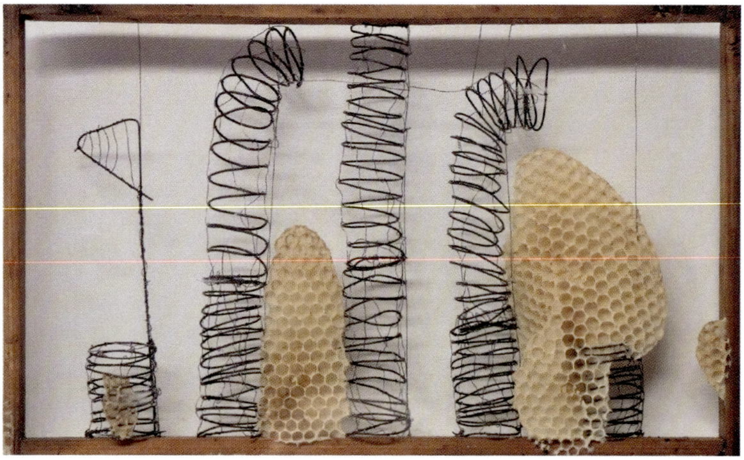

Abb. 15:
Kunst in Zusammenarbeit mit Tieren, z. B. Renate Haimerl Brosch: „Bienendialog", 2016–2018 (Renate Haimerl-Brosch, Neukirchen)

Dank

Besten Dank an alle Unterstützer und Unterstützerinnen dieser Ausstellung und des Buches, an alle Interviewpartner, Leihgeber, Informanten, ohne deren Mitwirkung sie nicht so vielfältig hätten werden können – eine Mischung aus regionaler Kulturgeschichte, zeitgenössischen Interviews und Kunst mit dem Fokus: Beziehungsgeschichte von Tier und Mensch in der Moderne.

Dank gilt auch dem Clemens Attenkofer Verlag in Straubing für die Aufnahme des Buches in sein Publikationsprogramm sowie den Sponsoren – dem Historischen Verein für Straubing und Umgebung e. V. und dem Förderverein für Kultur und Forschung Oberalteich e. V. – für ihre finanzielle Unterstützung.

Positionen Mensch und Tier

Der Mensch steht über dem Tier – oder doch nicht? Im Laufe der Geschichte haben sich unterschiedliche Positionen entwickelt, welchen Stellenwert die Menschen den Tieren zumessen. Einst scharf gezogene hierarchische Grenzen sind heute durchlässiger geworden.

Die lange Zeit prägende christliche Sicht auf die Tiere wird anhand von älteren Schulwandtafeln vorgestellt, die Schulkindern plakativ und anschaulich biblische Inhalte verbildlichen sollten.[26] In Kontrast oder Ergänzung dazu stehen weitere aussagekräftige Objekte und Bilder.

Die Herkunft der Menschen und der Tiere

Die Darstellung eines übergroßen Schöpfergottes auf einer Schulwandtafel von 1913 verdeutlicht die Herkunft alles Lebens von Gott (Abb. 16). Dem ersten Schöpfungsbericht im Buch Genesis in der Bibel zufolge erschuf Gott die Welt in sieben Tagen: am fünften Tag die „Seetiere“ und „Vögel“, am sechsten Tag die Landtiere, das „Vieh, Gewürm und Wild“ sowie im Anschluss daran den „Menschen nach seinem Bilde“ (Gen. 1, 20f., 24–27). Mensch und Tier hatten zwar die gleiche Herkunft, aber der Mensch als ‚Ebenbild Gottes‘ wurde hier über die Tiere gestellt.[27]

Diese jahrhundertelang gültige Auffassung erschütterten im 19. Jahrhundert naturwissenschaftliche Forscher wie Charles Darwin (1809–1882). Darwins 1859 veröffentlichter Evolutionstheorie zufolge stammen die Menschen biologisch von den Tieren (Affen) ab (Abb. 17) und sind erst durch genetische Mutation und natürliche Selektion zu dem geworden, was sie sind.[28] Der

Abb. 16:
‚Gott hat die Welt erschaffen‘ und damit auch die Tiere, Schulwandtafel, 1913 (KB)

Abb. 17:
Der Mensch (Charles Darwin) als Tier (Affe), in: The Hornet, 22.3.1871 (gemeinfreie Datei)

Mensch war nicht länger ‚Krone der Schöpfung', sondern zusammen mit den Tieren Teil eines ökologischen Systems.

Hierarchische Grenzen und das (Aus-) Nutzen der Tiere

In der Bibel wurde eine ursprünglich friedliche Koexistenz von Mensch und Tier im Paradies beschrieben, die durch den menschlichen Sündenfall, ausgelöst durch eine ‚listige Schlange', ihr Ende fand. Eine weitere Schulwandtafel zeigt die Vertreibung der Menschen aus dem ‚Garten Eden' (Gen. 3, 1–24; Abb. 18). Streit und Zwietracht unter den Menschen waren die Folge und der göttliche Auftrag an die Menschen, über die Erde zu herrschen, erhielt eine neue Bedeutung: „Seid fruchtbar und mehret euch und erfüllet die Erde und macht sie euch untertan. Herrschet über [...] alles Getier, das sich auf Erden regt", so steht es in der Genesis zu lesen (Gen. 1, 28). Zunächst sollten sich die Menschen „von grünem Kraut" – also pflanzlich – ernähren (Gen. 1, 29f.). Erst im zweiten Schöpfungsbericht war vom Fleischessen die Rede: „Alles was sich regt und lebt, diene Euch zur Nahrung" (Gen. 9, 3). Allerdings schied die Bibel die Tiere in ‚rein' und ‚unrein' (Lev. 11, 3–8), was religiöse Speisetabus zur Folge

Abb. 18: Vertreibung aus dem Paradies, Schulwandtafel, 1913 (KB)

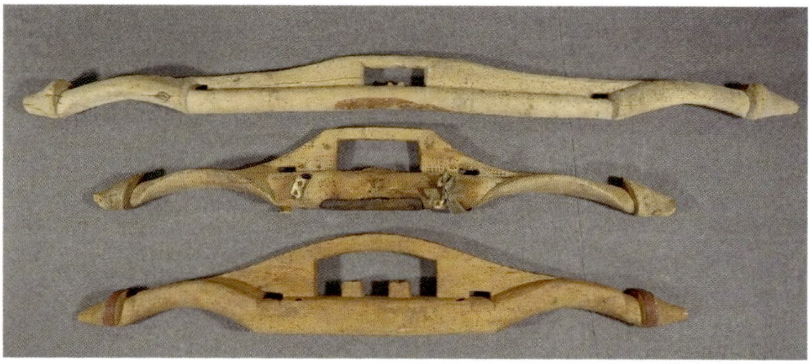

Abb. 19: Das Nutzen der Tiere, z. B. für die Arbeit: Joche, 19. Jahrhundert (KB)

hatte.[29] Die Bibel legitimierte die Nutzung (Abb. 19) und Verwertung der Tiere durch die Menschen.

Diese Grenze zwischen herrschendem Menschen und beherrschtem Tier verschärfte sich im Verlauf der Neuzeit: Etappen auf diesem Weg waren unter anderem Aussagen von Philosophen wie die von René Descartes (1596–1650): Er sah in den Tieren „nicht leidensfähige Maschinen", von denen sich der Mensch durch seine Denkfähigkeit und seine ‚Seele' abhob.[30] Der von Norbert Elias (1897–1990) beschriebene „Prozeß der Zivilisation" verstärkte ebenfalls die Unterschiede: Der ‚zivilisierte' Mensch definierte sich seit der (frühen) Neuzeit zunehmend durch die Kontrolle seiner Triebe, indem er sie als „Selbstzwangapparatur" nach innen verlegte und zunehmend ‚Ratio' und ‚Moral' zum Kompass seines Handelns machte. Die „Scham- und Peinlichkeitsschwelle" rückte vor.[31] Vor diesem Hintergrund konnten Tiere, die ihre Bedürfnisse auslebten, aber auch Personen, die eng mit den Tieren lebten und arbeiteten, abgewertet werden. Menschliche ‚Kultur' der Oberschichten stellte man der tierischen ‚Natur' und der Lebensweise der breiten Bevölkerung hierarchisch gegenüber, eine Denkweise, die auch im bürgerlichen Zeitalter der Moderne von erheblicher Bedeutung war und ist.[32] So berichtete beispielsweise der Mitterfelser Landgerichtsarzt Dr. Joseph Albrecht 1860 über die Bevölkerung seines Amtsbezirkes: „Man trifft noch Kinder wie Erwachsene wie im Urzustande, welche schon wie Thiere beim Anblick eines kultivierten Menschen sich benehmen."[33]

Die Grenzen weichen – teilweise – auf

Eine Wende brachten im 19. Jahrhundert nicht nur Charles Darwins Theorien, sondern auch ein neues Interesse der Naturwissenschaften für das Verhalten lebender Tiere. Bekanntestes Beispiel hierfür ist der Zoologe Alfred Brehm (1829–1884) (Abb. 20), der ab 1863 begonnen hatte, ‚Brehms Tierleben' zu publizieren.[34] Er beschrieb in insgesamt zehn Bänden die Tiere in vermenschlichter Form. Mit dieser, als unwissenschaftlich kritisierten Methode erreichte Brehm eine neue Begeisterung und Mitgefühl der Bürger für die Tierwelt. Im 20. Jahrhundert dann entwickelte die neue Verhaltensbiologie das wissenschaftliche Instrumentarium, um das Verhalten der Tiere zu erforschen.[35] Man entdeckte auch bei Tieren „höhere kognitiven Fähigkeiten".[36] Die Abgrenzung der Tiere zum Menschen

Abb. 20: Vermenschlichung: Alfred Brehm und seine Schimpansin Molli im Kaffeehaus, in: Die Gartenlaube, 1866 (gemeinfreie Datei)

verlor – vor allem in der Theorie und im Heimtierbereich – immer mehr an Schärfe. Allerdings bewirkten Maßnahmen zur Intensivierung der Nutztierhaltung in der Praxis das Gegenteil: Hier verschärften sich die Grenzziehungen und zogen ethisch-moralische Diskussionen nach sich.[37]

Abb. 21: Tierschutz und Religion: Arche Noah, Schulwandtafel, 1913 (KB)

Abb. 22: „Thierschutzkatechismus" des „Münchner Thierschutz-Central-Vereins", 1876 (StadtA SR)

Thierschutzkatechismus

(Verfaßt von L. Hörmann.)

Ausgegeben vom Münchener-Thierschutz-Central-Verein.

Den Freunden des Thierschutzes zur Ehre,
Den Feinden gegenüber als Wehre,
Allen zu guter Lehre!

Vereinsgabe.

2. Auflage.

München 1876.

Gedruckt bei J. Gotteswinter & Mößl.

Tierschutzbewegung

Im Bürgertum des 19. Jahrhunderts war eine neue, von Emotionen getragene Bewegung entstanden, der Tierschutz: Er forderte Mitgefühl für die jetzt als leidensfähig erkannten Tiere, prangerte die Missstände in ihrer Behandlung an und versuchte sie abzustellen. Ziel der von der Obrigkeit unterstützten Tierschützer war es, nicht nur die Situation der Tiere zu verbessern, sondern auch einen Beitrag gegen die „Verrohung" der Menschheit und für deren Ausbildung zu „wahrer Sittlichkeit und echter Humanität"[38] zu leisten, den Menschen zu ‚veredeln'. Dementsprechend lautete eine damals vielzitierte Devise: „Tiere schützen heißt Menschen nützen."[39]

Tierschützer beriefen sich auf christliche Werte, wie sie etwa in den biblischen Geschichten von der Arche Noah (Gen. 6, 5–22, Gen. 7, 1–16, Abb. 21) oder von Jesus als dem guten Hirten (Joh. 10, 14f.) zum Ausdruck kommen. So veröffentlichte beispielsweise der Münchner „Verein gegen Thierquälerei“ einen „Thierschutzkatechismus“ mit den „zehn Geboten zum Schutze der Thierwelt“[40] (Abb. 22).

Tierschutzverein Straubing

Dieser 1842 gegründete Münchner Verein war Vorbild für den Straubinger „Thierschutz-Verein“ gewesen, den 1875 sechzehn Bürger ins Leben riefen. Hier hatte man sich zum Ziel gesetzt, den staatlichen „Gesetzen und Vorschriften zum Schutze der Thiere“ „volle Geltung und Erfolge [… zu] sichern.“(Abb. 23)[41] Eine späte Reaktion, denn schon 1839 hatte die Regierung von Niederbayern einen Erlass gegen die „Thierquälerei“ veröffentlicht.[42] Jedenfalls gingen die Tierschützer gegen „alle nutzlosen, boshaften, leichtsinnigen und grausamen Mißhandlungen und Quälereien der Thiere“ vor mit allen ihnen „zu Gebote stehenden Mitteln.“[43] Dazu zählten nicht nur das Aufspüren, publik machen und Bestrafen von Tierquälereien, sondern auch das Verbreiten „edler Grundsätze“, etwa in Form von Plakaten und das Verteilen von Prämien und Belobigungen für die „liebevolle Behandlung und sorgsame Wart und Pflege der Thiere“[44] (Abb. 24). Adressaten der bürgerlichen Tierschützer waren vor allem die Schuljugend, deren Eltern und Lehrer, aber auch Landwirte, Metzger, Fuhrleute, landwirtschaftliche Dienstboten und die

Abb. 23:
Statuten des Straubinger „Thierschutz-Vereines“ (2. Auflage), 1882 (StadtA SR)

Abb. 24:
„Ehren-Diplom Straubinger Thierschutz-Verein“ für Jakob Dietl in Straubing, 1883 (StadtA SR)

‚sanftmütigen' Frauen, von denen man ein besonderes Maß an Mitgefühl erwartete. Als Brennpunkte des frühen Tierschutzes galten beispielsweise das Schlagen und Ausnutzen von Zugtieren, der Tiertransport, das schmerzvolle Schlachten, die Unfreiheit der angeketteten Hofhunde sowie der Vogelfang.[45] Im Zentrum der Bemühungen standen anfangs vor allem dem Menschen nützliche Tiere, nicht aber die gefährdeten Tiere insgesamt.

Tierschutzgesetz

1933 verabschiedeten die Nationalsozialisten ein umfassendes Tierschutzgesetz, mit dem „erstmals […] Tiere, um ihrer selbst willen" und auch Wildtiere geschützt werden sollten.[46] Zuvor hatte es einzelne Gesetze gegen Tierquälereien oder für den Vogelschutz gegeben. Bis 1972 blieb dieses Gesetz von 1933 „weitgehend unverändert" in Kraft (Abb. 25). Erst 2002 verankerte der Bundestag Tierschutz als „Staatsziel" im Grundgesetz (Artikel 20a).[47] Heute ist gesetzlich das „Leben und Wohlbefinden" des Tieres als „Mitgeschöpf" zu schützen und „niemand darf einem Tier ohne vernünftigen Grund Schmerzen, Leiden oder Schäden zufügen",[48] wobei es über die Interpretation dessen, was als ‚vernünftiger Grund' anzusehen ist, unterschiedliche Meinungen gibt: Diskutiert wird beispielsweise das Pro und Contra für die Jagd[49] oder die Ungleichbehandlung von Tieren, wenn die einen geschlachtet werden dürfen und die anderen nicht.[50] Die im 20. Jahrhundert aufgekommene ‚Tierrechtsbewegung' beinhaltet über das Tierschutzgesetz hinaus gehende Forderungen wie eine generelle Ablehnung der Nutzung der Tiere durch die Menschen.[51] Die Fragen des frühen Tierschutzes wandelten sich mit veränderter Tierhaltung und veränderten Umweltbedingungen: Der Fokus richtet sich im 20./21. Jahrhundert auf den Erhalt der schwindenden Artenvielfalt und auf das ‚Tierwohl'[52] in Zusammenhang mit einer intensivierten Nutztierhaltung und einer emotionalisierten Heimtierhaltung.

Wer ein Tier zu Arbeitsleistungen verwendet, die offensichtlich seine Kräfte übersteigen, wird nach § 2 Nr. 2 Tierschutzgesetz zur Verantwortung gezogen!

Abb. 25: Bebilderung zu § 2 des deutschen Tierschutzgesetzes von 1933, in: Deutsches Tierschutz-Jahrbuch, hg. v. Tierschutzverlag, 1956, S. 133 (KB)

Nutztiere

Abb. 26:
Das Rind als Universal-Nutztier, hier als Zugtier, Foto Nähe Schwarzach, um 1952/1953 (Josef Fendl, Neutraubling)

Was heißt „nutzen"[53]? Zumindest einer von zwei Beteiligten zieht Vorteile aus einem Nutzungsverhältnis: Beispielsweise nutzt(e) der Mensch die Arbeitskraft (Abb. 26), die besonderen Fähigkeiten und die Körper der Tiere und versorgt(e) sie dafür. Im besten Fall profitieren beide – Menschen und Tiere – wenn Tiere bei ihren Menschen ein zwar unfreies, aber hinreichend artgerechtes Leben führen können. Im schlechtesten Fall wird das Tier zum ‚Ding' degradiert und ein nur einseitiger Nutzen durch die Menschen gezogen.[54]

Wandel des Nutzens

Die Notwendigkeit, Tiere zu nutzen, wandelte sich im Lauf der Geschichte.[55] In vorindustrieller Zeit waren die Menschen stark abhängig von ihren Tieren: Tiere machten mobil und wurden als Zugtiere bei der Arbeit eingesetzt. Ihr Dünger war wichtig für die Feldbewirtschaftung. Tiere spendeten den Menschen Nahrung (Fleisch, Fett, Milch, Eier), Kleidung (Fell, Leder, Wolle), Wärme (Daunen und Federn, Stallwärme) und vieles mehr. Als einziger Besitz der unfreien Bauern waren Tiere auch Handelsgut. Die große Vielfalt an Tieren auf dem Hof diente der Selbstversorgung in einer Zeit, die häufig von Mangel und Not bedroht war: Tiere galten als „lebensnotwendige Ressourcen"; Mensch und Tier bildeten „agrarische Notgemeinschaften".[56] Bürger in Stadt und Land beherbergten ebenfalls Tiere: Nutztiere waren allgegenwärtig und selbstverständlich.

Dies änderte sich im Zuge der Industrialisierung des 19. und 20. Jahrhunderts. Einerseits ersetzten Maschinen (Eisenbahn, Auto, Traktor, Motor) die Pferdestärken. Auch wurden industriell hergestellte Ersatzstoffe für tierische Produkte gefunden: Kunstdünger, Kunststoffe, Kunstfasern, Kunstfell, Kunstleder usw. Die Abhängigkeit von Tieren reduzierte sich.

Abb. 27:
Nutztiere sollten ihre ‚Leistungen' steigern, z. B. durch Kraftfutter: Werbeschild der Regensburger Firma Lauser, um 1910 (KB)

Andererseits aber steigerten Bevölkerungswachstum und ein sich ändernder Lebensstil den Bedarf an Fleisch, Milch und Eiern und anderen Tierprodukten. Auch waren durch die sogenannte ‚Bauernbefreiung' (bis 1848) die Bauern zu Eigentümern von Haus und Hof geworden und produzierten zunehmend für größer werdende Märkte. Diese Entwicklungen hatten eine starke Intensivierung der Tierhaltung zur Folge: Landwirte spezialisierten sich z. B. auf Milchvieh, Legehennen oder Schweinemast. Die ‚Leistungen' der Nutztiere wurden durch gezielte Zucht, eine verbesserte Hygiene und Nahrung (Abb. 27) sowie eine rationalisierte ganzjährige Stallhaltung erhöht.

Die Anzahl der Tiere im Stall wuchs erheblich und bewirkte Einschränkungen in deren Lebensweise. Nutztiere verschwanden ‚hinter Mauern' und verloren ihre öffentliche Sichtbarkeit.[57]

Am Beispiel der früh intensivierten Hühnerhaltung entzündete sich bald Kritik[58]: Die heutige Diskussion um ‚Tierwohl' und Artenvielfalt auf der einen Seite und Effizienz und Leistungssteigerung auf der anderen Seite begann hier.

Wieviel ‚Tier' steckt(e) im Alltag?

Vergleicht man Alltagsgegenstände von früher und heute, deren Materialien oder Inhaltsstoffe vom Tier stammen, lässt sich ein deutlicher Wandel in der Abhängigkeit vom Tier ablesen.

Früher ...

Tiere galten in vorindustrieller Zeit als zentral zur Bewältigung des Alltags der Menschen: Sie lieferten, wie schon erwähnt, Nahrung, Kleidung, Wärme, Dünger usw. und waren wichtige ‚Arbeitskraft'. Die Menschen legten oft selbst Hand an, stellten Produkte aus Tier eigenhändig her, rupften Gänse, schlachteten Hühner oder das Weihnachtsschwein, räucherten Fleisch, spannen Wolle, stampften Butter (Abb. 28) – die Nutzer waren an der Transformation des Tiers zum Lebensmittel oder zum nutzbaren Ding häufig noch selbst beteiligt. Das ganze Tier fand sichtbar Verwendung, etwa wenn ein Kuhhorn als Wetzsteinkumpf benutzt wurde oder ein Gänseflügel als ‚Flederwisch' zum Kehren (Abb. 29). Daneben gab es aber auch die handwerkliche Weiterverarbeitung extrahierter tierischer Bestandteile wie beispielsweise Rindertalg (‚Unschlitt') für die Kerzen- oder Seifenproduktion.

Abb. 28:
Butter und Milch, eigenhändig gewonnen und verarbeitet, Vignette April, in: Straubinger Kalender, 1846, o.S. (KB)

Abb. 29:
Gänseflügel als Kehrbesen (‚Flederwisch') (KB)

... heute

Heute haben Tiere durch die Motorisierung weitgehend ihre ‚Arbeit' verloren. Es gibt seit Ende des 19. und vor allem ab dem 20. Jahrhundert immer mehr künstliche, industriell hergestellte Ersatzstoffe für tierische Produkte: Kunstdünger statt Mist, Kunstleder statt Leder, Kunstfell statt Fell, Kunstfasern statt Wolle oder Seide, Plastik statt Horn (Abb. 30), heute sogar ‚Fleisch ohne Tier', künstlich in der Petrischale gezüchtet (‚In-vitro-Fleisch').[59] Viele Naturmaterialien ‚aus Tier' wurden und werden durch künstliche Materialien ersetzt.[60]

Menschen haben heute die Wahl und nutzen die Tiere trotzdem intensiver und einseitiger

Abb. 30:
Ersatzstoffe, z. B. Plastik statt Horn als Material für einen Steckkamm, 19. Jahrhundert, 2021 (KB)

denn je. Vor allem der Fleischkonsum ist seit der zweiten Hälfte des 19. Jahrhunderts bis in die 1990er-Jahre hinein kontinuierlich gestiegen, seitdem stagniert er zwar in Deutschland, gilt aber immer noch als „Indikator" für hohen Lebensstandard.[61] Heute laufen die Gewinnung und Zubereitung der tierischen Rohstoffe meist durch mehrere Stationen, fernab des Verbrauchers, bevor sie als käufliches ‚Produkt' zum Nutzer gelangen. Das ‚Tier' im Lebensmittel ist dann oft nicht mehr wahrzunehmen wie im fertigen Vanillepudding, Eierlikör oder Gummibärchen aus dem Supermarkt. Aber auch in Medikamenten oder Kosmetika und in vielem mehr stecken tierische Inhaltsstoffe. Aus wirtschaftlichen Gründen wird auch heute das Tier umfassend verwertet,[62] wenngleich sich tierische Inhaltsstoffe eher versteckt in den Produkten befinden.

Echt/unecht oder vegan/nicht vegan?

Die Bewertung der Dinge vom Tier schwankt heute: Einerseits gelten sie als ‚echt', weil aus der Natur stammend: z. B. ‚echtes Leder' (Abb. 31) anstelle von Kunstleder oder ‚echte Wolle' anstelle von Kunstfasern. Neue Bedeutungen sind bei Naturmaterialien angesichts anwachsenden Plastikmülls hinzugekommen – die Aspekte der Recycelbarkeit und Nachhaltigkeit, etwa wenn Bienenwachsfolien im Haushalt anstelle von Plastikabdeckhauben verwendet werden. Andererseits ist das Prädikat ‚vegan' – nicht aus tierischer Herkunft (Abb. 32) – angesichts einer größer werdenden Anzahl von Vegetariern und Veganern[63] heute positiv besetzt im Sinne von: ‚Vermeidung von Tierleid' und ‚Verbesserung der Ökobilanz'. Zudem ist die Bezeichnung ‚vegan' auch ein wichtiges Verkaufsargument geworden, wenn ‚vegane Autositze' aus Kunstleder angeboten werden.[64]

Abb. 31:
‚Echte' Lederhose mit Gebrauchsspuren, Bogen, 1950er-Jahre (KB)

Abb. 32:
Gummibärchen mit Gelatine, vegane „Sour Sticks", 2021 (KB)

Sorge um die Tiere: Religion, Medizin und Bildung

Die Sorge um die Nutztiere war und ist bei den Tierhaltern groß: An ihrer Gesundheit hing und hängt die (wirtschaftliche) Existenz. Geändert haben sich die Methoden und Möglichkeiten, für die Tiere zu sorgen.

Lange Zeit waren Hufschmiede, ‚Schinder' (Wasenmeister) und andere Laien für Tierkrankheiten zuständig gewesen.[65] Diese Praktiker hatten zwar ein reiches Erfahrungswissen angesammelt, waren aber bis ins 19. Jahrhundert hinein mangels Kenntnis der Infektionswege gegenüber grassierenden Viehseuchen häufig machtlos.[66] Infolge von Kriegen, Feldzügen oder auch des weiträumigen Handels beispielsweise mit Ochsen, die in großen Herden von Ungarn nach Deutschland getrieben wurden, trat der ‚Viehfall' – das Sterben der Tiere an einer Viehseuche – häufig auf:[67] Folge davon war nicht selten eine Hungersnot der Menschen.

Religion und Magie

So verwundert es nicht, dass die Tierhalter einerseits zu Selbsthilfe und Erfahrungswissen griffen und andererseits besonders auf geistliche Hilfe ‚von Oben' vertrauten. Dazu gab es ein ganzes Bündel an Maßnahmen, von Wallfahrten bis zu abergläubischen Praktiken, etwa den Stall durch Ausräuchern vor ‚bösen Mächten' zu schützen.[68]

Die katholische Kirche stellte eine Anzahl an ‚Bauernheiligen' zur Verfügung, deren besondere Patronate den Tieren Schutz vor Gefahren gewähren sollten. Einer der bekanntesten Viehpatrone war und ist der Hl. Leonhard, dessen Attribut, die Kette, von einer Gefangenenkette zu einer Viehkette umgedeutet worden ist[69] (Abb. 33). Es entstanden berittene Leonhardi-Wallfahrten, in

Abb. 33:
Hl. Leonhard als Viehpatron, Hinterglasbildriss von Josef Wüstner aus Schönstein, um 1850 (KB)

Niederbayern wohl ausgehend von jener in Aigen am Inn.[70] 1860 hieß es in der ‚Bavaria', der bayerischen Landes- und Volkskunde, dass die Wallfahrer in Aigen spezielle Eisenvotive opferten, nämlich die „Rößelopfer", aus „dickem Eisenblech geschnittene Figuren" (Abb. 34). Diese wurden an den „Kirchthüren [...] in Körben feilgeboten; jeder kauft[e] so viele als er Roße im Stall hat" und legte sie „während des Hochamtes" in einen Korb am Altar „zum Opfer"; anschließend sammelte man sie ein und verkaufte sie erneut.[71] Der Hl. Leonhard wurde auch häufig auf Stallsegen abgebildet, die man zur Schadensabwehr aufhängte.

Überlieferte Votivtafeln erzählen nicht nur von der allgemeinen Anheimstellung des Viehbestandes unter göttlichen Schutz (Abb. 35), sondern auch ganz konkret von einzelnen Gefahren und Unglücksfällen, etwa wenn auf einem Votivbild von Weißenberg bei Schwarzach ein Unfall durch ein ausschlagendes Pferd dargestellt wird. Manche – oft kleinere – Wallfahrten ‚spezialisierten' sich auf Tieranliegen. So stellte der Aufklärer Joseph von Hazzi (1768–1845) um 1805 für das Gericht Mitterfels fest, dass von den vielen „Wunderbildern" besonders der „Herrgott" in „Buchenberg" der „allgemeine Viehdoktor" sei.[72] Beispiele einer Frömmigkeit, die zielgerichtet war, angesichts mangelnder Absicherung der Tiere als Existenzgrundlage der Menschen.[73]

Abb. 34: Eisenvotive, Niederbayern, 19. Jahrhundert (KB)

Abb. 35: Votivtafel Wallfahrtskirche Bogenberg, 1797 (KB)

Tiermedizin und Hygiene

Die Situation änderte sich, als die Tiermedizin im 19. Jahrhundert allmählich professionalisiert und verwissenschaftlicht wurde:[74] Etappe auf diesem Weg war die Errichtung tierärztlicher Lehrstätten wie 1790 die ‚Zentral-Tierarzney-Schule' in München, aus der 1890 die ‚Königliche Tierärztliche Hochschule München' und 1914 die tierärztliche Fakultät der ‚Ludwigs-Maximilian-Universität München' hervorgegangen ist.[75] Hier und in anderen Hochschulen erhielten Tierärzte eine akademische Ausbildung.

Parallel dazu fand um 1800 eine Reform des öffentlichen Gesundheitswesens statt. Die 1803/1804 neu etablierten Landgerichtsärzte hatten auch die Aufgabe, die Tierarzneikunde sowie Viehkrankheiten zu überwachen. Seit 1872 gab es eigene Amtstierärzte zur Beratung der Behörden: Seuchenbekämpfung, Fleischbeschau, Viehmarktaufsicht und Förderung der Tierzucht zählten zu ihren Aufgaben.[76]

Langsam etablierten sich neue Vorstellungen von Körper, Gesundheit und Krankheit. Die Veterinäre gewannen genauere Kenntnisse von den Körpern der Tiere, wie Lehrbücher mit detaillierten anatomischen Zeichnungen zeigen. Auch konnten sie Tierkrankheiten immer gezielter angehen und heilen: Es wandelten sich alte Vorstellungen, wie etwa die, dass eine Schmutzschicht den Körper vor ‚Ansteckungsgiften' (‚Miasmen') in Luft und Wasser schütze. Mitte des 19. Jahrhunderts wurde die Haut als Atmungsorgan neu bewertet und sollte fortan reingehalten werden. Die moderne Hygiene wie auch die Bakteriologie entwickelten neue Ideen bezüglich „von außen eindringender [Krankheits-]Erreger", Mikroorganismen, die gezielt abzutöten seien.[77]

All das wirkte sich auch auf die Tiere aus: „Tierhygiene"[78] rückte seit Ende des 19. Jahrhunderts vermehrt ins Bewusstsein. In den landwirtschaftlichen Lehrbüchern wie auch auf Tierschutzplakaten ist das nachzulesen[79] (Abb. 36). Die Tierhygiene

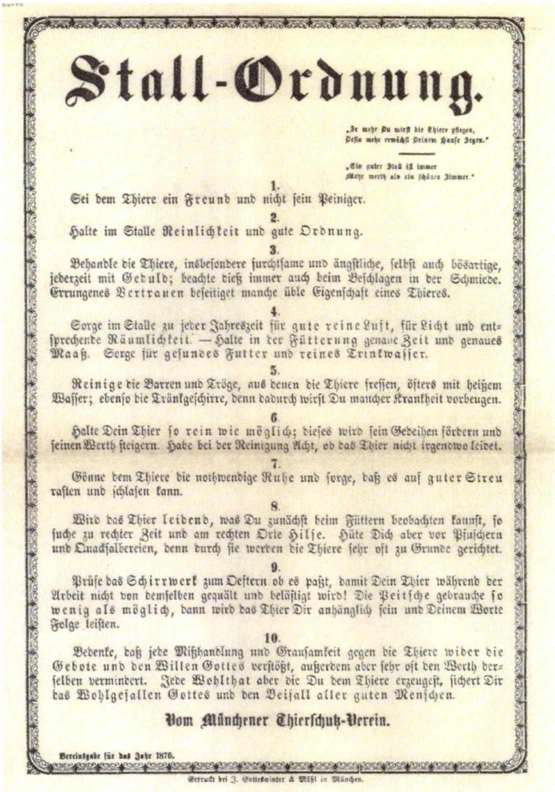

Stall-Ordnung.

„Je mehr Du wirst die Thiere pflegen,
Desto mehr erwächst Deinem Hause Segen."

„Ein guter Stall ist immer
Mehr werth als ein schönes Zimmer."

1.
Sei dem Thiere ein Freund und nicht sein Peiniger.

2.
Halte im Stalle Reinlichkeit und gute Ordnung.

3.
Behandle die Thiere, insbesondere furchtsame und ängstliche, selbst auch bösartige, jederzeit mit Geduld; beachte dieß immer auch beim Beschlagen in der Schmiede. Errungenes Vertrauen beseitiget manche üble Eigenschaft eines Thieres.

4.
Sorge im Stalle zu jeder Jahreszeit für gute reine Luft, für Licht und entsprechende Räumlichkeit. — Halte in der Fütterung genaue Zeit und genaues Maaß. Sorge für gesundes Futter und reines Trinkwasser.

5.
Reinige die Barren und Tröge, aus denen die Thiere fressen, öfters mit heißem Wasser; ebenso die Tränkgeschirre, denn dadurch wirst Du mancher Krankheit vorbeugen.

6.
Halte Dein Thier so rein wie möglich; dieses wird sein Gedeihen fördern und seinen Werth steigern. Habe bei der Reinigung Acht, ob das Thier nicht irgendwo leidet.

7.
Gönne dem Thiere die nothwendige Ruhe und sorge, daß es auf guter Streu rasten und schlafen kann.

8.
Wird das Thier leidend, was Du zunächst beim Füttern beobachten kannst, so suche zu rechter Zeit und am rechten Orte Hilfe. Hüte Dich aber vor Pfuschern und Quacksalbereien, denn durch sie werden die Thiere sehr oft zu Grunde gerichtet.

9.
Prüfe das Schirrwerk zum Oeftern ob es paßt, damit Dein Thier während der Arbeit nicht von demselben gequält und belästigt wird! Die Peitsche gebrauche so wenig als möglich, dann wird das Thier Dir anhänglich sein und Deinem Worte Folge leisten.

10.
Bedenke, daß jede Mißhandlung und Grausamkeit gegen die Thiere wider die Gebote und den Willen Gottes verstößt, außerdem aber sehr oft den Werth derselben vermindert. Jede Wohlthat aber die Du dem Thiere erzeugest, sichert Dir das Wohlgefallen Gottes und den Beifall aller guten Menschen.

Vom Münchener Thierschutz-Verein.

Vereinsgabe für das Jahr 1876.

Gedruckt bei J. Gotteswinter & Mößl in München.

Abb. 36:
Hygiene im Vordergrund: Stall-Ordnung des Münchner Tierschutzvereins, 1876 (StadtA SR)

umfasste die neue „Körperpflege im Stall", denn die angebundenen Tiere konnten sich nicht mehr selbst reinigen oder ihre Klauen abnützen. Ergänzend kamen Forderungen nach „Licht, Luft und Sauberkeit" sowie die „Hygiene rund ums tote Tier"[80] auf. Heute ist zu der lange Zeit gültigen Devise der Tierhalter: ‚Hygiene ist Gesundheit ist Leistung' der Aspekt des ‚Tierwohls' hinzugekommen.[81]

Solche verstärkten Anforderungen rückten Fragen der Tiergesundheit und der Prävention in den Vordergrund und damit stieg die Bedeutung der Tierärzte als medizinisches Fachpersonal. Ein Beispiel hierfür ist der Veterinär Dr. Anton Schnell (1901–1953), der in den 1930er-Jahren eine Tierarztpraxis in Schwarzach eröffnete (Abb. 37). Später kamen zu den Großtierpraxen vermehrt auch Kleintierpraxen für Heimtiere hinzu, häufig betrieben von weiblichen Veterinären. Heute hat sich die Arbeit der Tierärzte insofern verändert, als Großtierärzte oft weniger Einzeltiere behandeln als vielmehr große Ställe präventiv betreuen (Abb. 38) und kontrollieren.

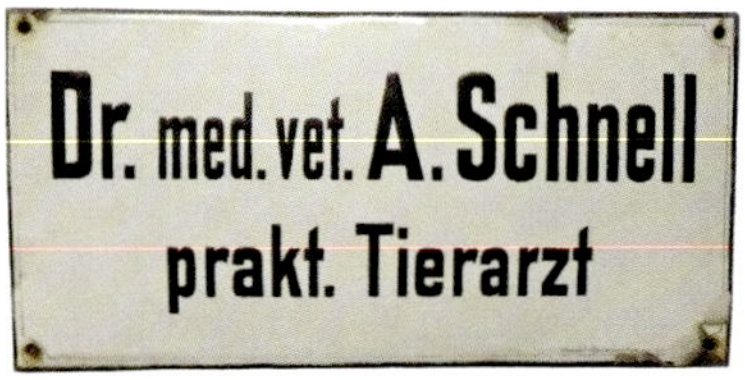

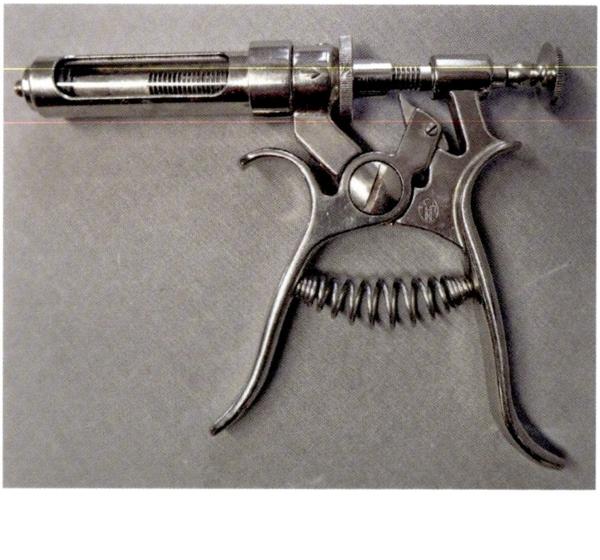

Abb. 37: Praxisschild:
Der studierte Tierarzt Dr. Anton Schnell eröffnete Ende der 1930er-Jahre in Schwarzach eine eigene Tierarztpraxis (Familie Schnell, Freising)

Abb. 38:
Spritze für Massentierimpfungen, 2. Hälfte 20. Jahrhundert (KB)

„Die Arbeit hat sich gewandelt“

Abb. 39:
Dr. S.H. mit seinen Haustieren, Plenting, 2020 (Foto KB)

„Mit Handschlag habe ich 1969 die Tierarzt-Praxis in Konzell übernommen. Unsere Kunden waren vor allem kleinere landwirtschaftliche Betriebe mit einer geringen Zahl an Rindern. Das Einzugsgebiet war groß, die Wege weit. Wir behandelten vor allem Rinder, Schafe, Ziegen rund um das Thema Geburt. Die künstliche Besamung war damals neu und verbreitete sich rasant. Rostige Nägel und andere Fremdkörper musste ich manchmal aus den Tieren herausoperieren, sie hatten sie beim Fressen im Stall verschluckt. Unselig war das Enthornen der Rinder.

Im Laufe der Zeit wurde die Kleintierbehandlung wichtiger: Auch auf dem Land trat allmählich ein Sinneswandel ein und junge Landwirte ließen ihre Katzen sterilisieren oder Hofhunde ärztlich behandeln. Wir bauten unsere Kleintierpraxis aus.

Schließlich war ich auch für die Fleischbeschau zuständig: Vor allem vor Weihnachten hatte ich oft bis zu 20 Termine bei Hausschlachtungen.

Heute ist die tierärztliche Arbeit anders: Anstatt einzelne kranke Tiere zu behandeln gibt es viel mehr Betriebsbetreuungen ganzer Tierherden und eine größere Spezialisierung der Tierärzte.“

Dr. S. H., Tierarzt i.R., 79 Jahre, Plenting, Gde. Rattiszell, 2020

Bildung in der Landwirtschaftsschule

Die neuen medizinisch-naturwissenschaftlich geprägten Erkenntnisse fanden ihren Niederschlag in landwirtschaftichen Bildungseinrichtungen wie in der 1904 gegründeten Straubinger ‚Kgl. Landwirtschaftlichen Winterschule', ab 1921 ‚Landwirtschaftsschule' genannt.[82] Sie sollte den „Söhnen von Landwirten durch Unterricht in den Wintermonaten eine landwirtschaftlich-fachliche, auf einen verständigen Wirtschaftsbetrieb hinleitende Ausbildung […] gewähren"[83] (Abb. 40). In Bezug auf Tiere lauteten die Unterrichtsfächer: „Tierärztlicher Unterricht", „Tierkunde", „Düngerlehre", „Tierzucht und Fütterungslehre", obendrein „Betriebslehre" z. B. über „totes und lebendes Kapital, Zug- und Nutzvieh."[84]

Im Unterschied zum älteren ‚Erfahrungswissen' und zu Versuchen der ‚Bauernaufklärung' seit Ende des 18. Jahrhunderts[85], konnten angehende Landwirte jetzt Details zum Funktionieren der klar definierten Körper der Tiere erfahren sowie etwas über die „Grundbedingungen einer sachgemäßen Tierzucht" lernen. Informationen zu Tierkrankheiten vermittelte ein Veterinär. Die Kenntnisse über Tiere wurden größer und theoretischer, in Lehrbüchern gab es die Lehrinhalte zum Nachlesen, auseinandernehmbare Tiermodelle visualisierten die abstrakten Aussagen (Abb. 41).

Abb. 40: Klassenfoto der Kgl. Landwirtschaftlichen Winterschule 1. Kurs, 1910/1911 (KB)

Abb. 41:
Modell eines Schweins mit Blick ins ‚Innere', Landwirtschaftsschule Straubing, um 1910 (KB)

Der Lehrplan der Landwirtschaftsschule, die seit 1972 für den gesamten Landkreis Straubing-Bogen zuständig ist, veränderte sich gemäß den allgemeinen landwirtschaftlichen Entwicklungen:[86] Beispielsweise wurde in den 1950er-Jahren „Maschinen- und Gerätekunde" immer wichtiger[87] (Abb. 42, 43). Das Fach „Tierzucht" hieß ab den 1970er-Jahren „tierische Erzeugung."[88] Ab 2004 sollten sich die Schüler in ihrem letzten Schulsemester auf Rinder- oder Schweinehaltung spezialisieren,[89] entsprechend der realen Konzentration auf Milchvieh- oder Schweinehaltung in der Landwirtschaft und der Intensivierung in der Tierhaltung: Tierbestandszahlen wuchsen, künstliche Besamung half, die Tiere gezielter zu züchten, die Ställe wurden modernisiert, die tierischen ‚Leistungen' gemessen und gesteigert bis hin zur „Überproduktion".[90]

Die Kehrseite dieser sehr kostenintensiven Neuerungen führt einerseits dazu, dass bis heute immer mehr Betriebe aufgeben bzw. mit der Tierhaltung aufhören, letzteres vor allem dort, wo es, wie im Gäuboden, gute Alternativen im Ackerbau gibt.[91]

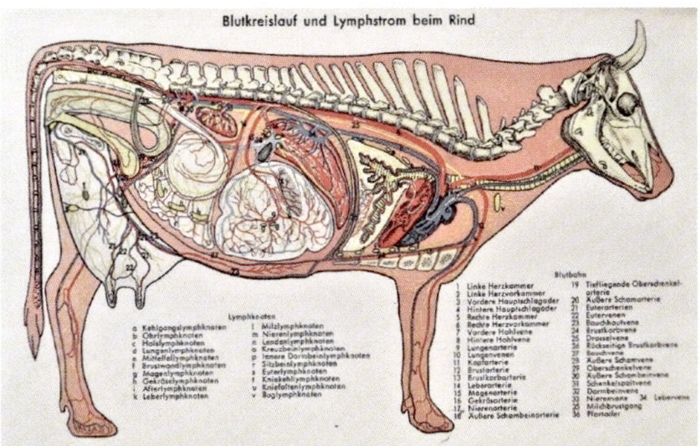

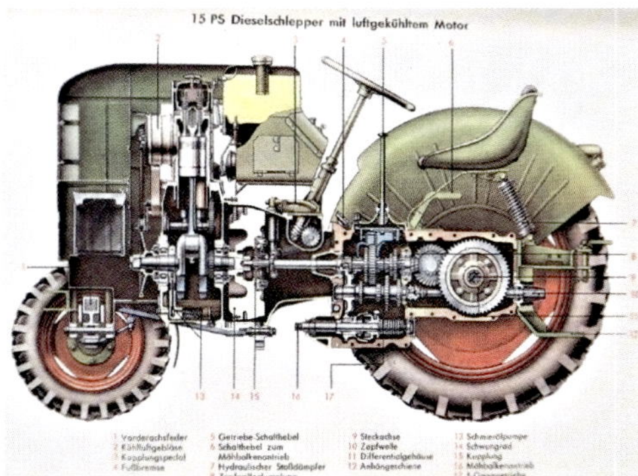

Abb. 42, 43: Im 20. Jahrhundert ersetzten Maschinen die Arbeitskraft der Tiere, hier zwei Zeichnungen vom Inneren einer Kuh und eines Schleppers, in: Schindler Leopold (Hg.): Die Landwirtschaft, München 1953, S. 145, 497 (KB)

Andererseits sind angesichts einer intensiven Landwirtschaft neue Perspektiven, was die Umweltproblematik und das ‚Tierwohl' anbelangt, hinzugekommen. So finden sich im derzeit gültigen Lehrbuch über „landwirtschaftliche Tierhaltung" auch Kapitel über „extensive" und „ökologische" Tierhaltung und Tierschutzfragen im Rahmen gesetzlicher Vorgaben.[92] Allerdings sind derzeit in der Region des Landkreises Straubing-Bogen Ökobetriebe noch eher schwach vertreten, ihre Anzahl ist aber leicht im Wachsen.[93]

Interview: Landwirtschaftsschule

„Die Viehhaltung muss sich lohnen“

„Im Landkreis Straubing-Bogen gibt es vor allem mittel- und kleinbäuerliche und nur wenige Großbetriebe. Ein aktueller Trend ist das viehlose Wirtschaften: Die fruchtbaren Böden des Gäubodens ermöglichen beste Erträge im Ackerbau und der Arbeitsaufwand dafür ist erheblich geringer als für die Tierhaltung. Zwei Drittel der Betriebe im südlichen Landkreis haben deshalb die Viehhaltung aufgegeben. Anders im Bayerischen Wald: Hier ist die Tierhaltung rentabler als der Ackerbau. Das Grünland wird durch den Viehmagen ‚veredelt‘, das heißt für den Menschen in Form von Milch und Fleisch nutzbar gemacht.

Abb. 44: Der Schul- und Behördenleiter Josef Groß, 2020 (Foto KB)

Die Landwirtschaftsschule unterrichtet heute nicht nur Produktionstechnik und Rationalisierung wie früher, sondern auch Ressourcenschutz und Tierwohl. An erster Stelle aber steht immer noch die Wirtschaftlichkeit, denn die Landwirte müssen von ihrer Arbeit leben können. Jeder Schüler soll selbst entscheiden, wie er wirtschaftet: konventionell oder ökologisch.

Abb. 45: Die Expertin für Tierhaltung: Hildegard Triphaus, 2020 (Foto KB)

Insgesamt ist die landwirtschaftliche Tierhaltung schwieriger geworden. Die rechtlichen und gesellschaftlichen Anforderungen werden immer höher. Der Bau von modernen tiergerechten Ställen ist sehr teuer und kann meist nicht über bessere Preise ausgeglichen werden. Auch in den nächsten Jahren werden deshalb wohl viele Landwirte ihre Tierhaltung aufgeben.“

Josef Groß, 58 Jahre und Hildegard Triphaus, 56 Jahre; Behördenleiter bzw. Abteilungsleiterin, Amt für Ernährung, Landwirtschaft und Forsten mit Landwirtschaftsschule, Straubing, 2020

Von der Weide in den Stall oder: Die Tiere verlieren ihre Sichtbarkeit

‚Glücklich' weidende Tiere in der Landschaft gehören zum klassischen Bild einer Landidylle, so wie sie auf Bildern für das bürgerliche Wohnzimmer im 18./19. Jahrhundert häufig dargestellt worden ist (Abb. 46).

Abb. 46: Landidylle mit weidenden Tieren, Hinterglasbild Seehausen (?), um 1800 (Familie Schnell, Germering)

Weidehaltung

Nutztiere hielt man lange Zeit den Sommer über auf der Weide und sie standen nur im Winter im Stall. Erst im 20. Jahrhundert setzte sich die ganzjährige Stallhaltung durch und die Nutztiere verschwanden dadurch ‚von der Bildfläche'. Für Weidetiere stellte die Dorfgemeinschaft teilweise noch bis in die 1950er-Jahre hinein einen Gemeindehirten an[94] (Abb. 47). Dieser hatte bei geringem Lohn im Sommerhalbjahr das Vieh der Dorfbewohner zu sammeln und es auf Gemeindeflächen zu hüten und dabei die bebauten Felder zu schützen. Auch mussten Kinder häufig Vieh hüten (Abb. 48), zum Leidwesen der Lehrer und der Amtsärzte, denn die Kinder vernachlässigten dadurch ihren Schulbesuch.[95]

Abb. 47: Der Hadersbacher Gänse- und Dorfhirte Sepp Schuss, Foto, um 1925 (Familie Schwarz, Salching)

Das Vieh weidete auf der Brache, einem von drei Feldern, das im System der seit dem Mittelalter vorherrschenden ‚Dreifelderwirtschaft'[96] unbebaut blieb, damit sich der Boden erholen konnte. Auf der Sommerweide und vor allem im Winterhalbjahr im Stall gab es für die Tiere oft

Abb. 48: Hütebub mit Kühen vor der Kulisse von Hofkirchen, Gde. Laberweinting, Foto von Ferdinand Pöschl, um 1910 (Richard Stadler, Hofkirchen)

Abb. 49: Kühe, die in einem engen dunklen Stall mit dem Kopf zur Wand angebunden waren (‚Schwanzfütterung'), Foto aus Region Bogen, um 1930 (Slg. Otto Kerscher, KB)

nicht ausreichend Futter und sie erzeugten zu wenig Dünger – Mangel herrschte vielerorts vor. Deshalb propagierten Reformer schon um 1800 die ganzjährige Stallhaltung, um die landwirtschaftliche Produktion zu steigern.[97] Allerdings waren die Ställe, mit dem Wohnhaus unter einem Dach (‚Wohnstallhaus'), oft dunkel, niedrig, feucht und eng (Abb. 49). Verbesserungen brachte im 19. Jahrhundert eine zunehmend gemauerte Bauweise der Stallungen.[98]

Ganzjährige Stallhaltung

Grundlegend aber änderte sich die Situation erst in den 1950er- bis 1970er-Jahren: Damals spezialisierten sich die Landwirte auf nur eine Art der Tierhaltung. Sie errichteten neue, große und freistehende Ställe für immer mehr Rinder (Abb. 50) oder Schweine oder Hühner. Verbesserte Hygiene und stärkere Rationalisierung galten als Leitlinien.[99] Ganzjährige Stallhaltung mit mehr Tieren bedeutete Mehrarbeit bei gleichzeitigem Dienstboten- bzw. Arbeitskräftemangel.

Abb. 50: „Freiluftstall bei Krinner in Feistenaich", Musterbild für einen hellen und luftigen Stall, Landwirtschaftsschule Straubing, 1950er-/1960er-Jahre (KB)

Abb. 51: Aufgelassener Anbindestall für Rinder mit ‚Kopffütterung' aus den 1970er-Jahren in Bühl, Gde. Rattiszell, 2021 (Foto KB)

Folge waren effiziente – heute in die Kritik geratene – Stallbauten (Anbindestall für Rinder, Abb. 51), Kastenstand für Muttersauen, Käfighaltung für Hühner), körperliche Eingriffe an Tieren (z. B. Kupieren von Geflügelschnäbeln oder Schweineschwänzen) sowie eine stärkere, kostenintensive Technisierung (z. B. Melkmaschine, Melkroboter).[100] Die Futtersituation verbesserte sich durch Beigabe von ‚Kraftfutter' und durch mehr Ertrag an Futterpflanzen.

Misthaufen & Co.

„Kunstdünger" (Abb. 52) machte unabhängiger von natürlichem Mist: Der sorgfältig aufgeschichtete Misthaufen vor dem Wohnhaus, früher Statussymbol der Landwirte (Abb. 53) und hygienischer ‚Dorn im Auge' der Amtsärzte,[101] verlor seine überragende Bedeutung und seinen prominenten Platz mitten im Hof: Heute herrscht, angesichts einer größeren Anzahl der Tiere pro Tierhalter, eher ein Überangebot vor und es wird aus Umweltschutzgründen gefordert, die Düngergabe zu reduzieren bzw. spezifischer einzusetzen.[102]

Neue Anforderungen

Um den Tieren wieder mehr Bewegungsfreiraum zu geben und Sozialverhalten zu ermöglichen, propagiert man heute unter anderem Laufställe für Rinder und eine verstärkte Gruppenhaltung für Schweine.[103] Der Auslauf ins Freie spielt vor allem im Bereich der extensiven und ökologischen Tierhaltung eine Rolle[104] – in der Region des Landkreises Straubing-Bogen sind im Durchschnitt heute jedoch immer noch eher selten Tiere auf der Weide zu sehen.

Abb. 52: Werbung für Kunst- bzw. Handelsdünger, Handlung Loichinger in Geiselhöring, Anfang 20. Jahrhundert (KB)

Abb. 53: Ein gut geschichteter Misthaufen inmitten eines Hofes im Bayerischen Wald, Foto, um 1900 (KB)

Viehmärkte: Tiere, präsent in der Stadt

Nutztiere wie Pferde, Rinder, Schweine sowie Hühner wurden und werden aus wirtschaftlichen Gründen gehalten, ihr Verkauf gehört(e) zur Tierhaltung dazu.[105] Dieser Verkauf fand bis ins 20. Jahrhundert hinein unter anderem in Form von regionalen Viehmärkten zu festen Terminen statt. An größeren Zentralorten wie Straubing und kleineren wie Bogen,[106] Schwarzach, Geiselhöring[107] (Abb. 54) präsentierten die Verkäufer, Landwirte und Viehhändler, ihre Tiere mitten im Ort. Die Nutztiere mussten zunächst gesundheitlich vom (Amts-) Tierarzt kontrolliert werden und standen dann zum Verkauf bereit. Diese Märkte sicherten bis Anfang des 20. Jahrhunderts die Versorgung der Bevölkerung.[108] Durch verbesserte Transportmöglichkeiten, genossenschaftliche Verkaufsstrategien und eine räumliche Ausweitung des Handels verschwanden sichtbare Viehmärkte in der 2. Hälfte des 20. Jahrhunderts aus den Ortschaften. Schlachthöfe oder Zuchtviehversteigerungshallen traten an ihre Stelle. Heute organisieren Erzeugergemeinschaften wie auch die Zuchtverbände und einzelne Züchter den Verkauf ihrer Tiere selbst.

Abb. 54: Tiere, sichtbar im Ort: Geiselhöringer Viehmarkt, Foto, um 1890 (StadtA Geiselhöring)

Beispiel Straubing

In Straubing als Zentralort für die Region[109] sind Viehmärkte seit Anfang des 19. Jahrhunderts belegt, dazu kam 1898 der erste niederbayerische Zuchtviehmarkt.[110] Die Vielfalt der angebotenen Tiere war groß:[111] Rinder gab es am Rindermarkt (heute Fraunhoferstraße) und am oberen Stadtplatz, später in der Nähe des Schlachthofes. Pferde wurden bis in die 1930er-Jahre hinein am Stadtplatz, Schweine und Geflügel bis in die 1970er-/1980er-Jahre hinein in der Rosengasse und am Viktualienmarkt

Abb. 55–57: Öffentliche Straubinger Viehmärkte: z. B. Pferdemarkt am Theresienplatz; Saumarkt am heutigen Viktualienmarkt; Tauben- und Geflügelmarkt in der Rosengasse, Fotos von Hanns Rohrmayr, um 1925 (StadtA SR)

angeboten[112] (Abb. 55–57). 1910 gab es am Straubinger Viktualienmarkt: Kapaune, Kitze, Krebse, Fasane, „alte Hennen und Gockel", Pfauen, Hühner, Spanferkel, Tauben, „sonstige Vögel", „Piephähne", Schafe, Kälber, Ameiseneier, Frischlinge usw.[113] Nutztiere waren in der Stadt alltäglich und präsent.

Abb. 58: Zuchtviehversteigerung in Straubing, Foto von Bruno Mooser, 1957 (StadtA SR)

Dies änderte sich in der zweiten Hälfte des 20. Jahrhunderts, als man den Viehhandel zunehmend in eigens dafür errichtete Hallen und Gebäude verlegte: Ab 1950 fand der Schlachtviehmarkt im städtischen Schlachthof statt.[114] Eine 1953/1954 eröffnete Zuchtviehversteigerungshalle[115] (Abb. 58) befand sich seit 1989 auf dem Hagen: Hier wurden von 1992 bis 2004 vor allem Zuchtschweinemärkte veranstaltet.[116] Das Fleckvieh verkauft(e) man seit 2015 vor allem in der Viehvermarktungshalle in Osterhofen.[117] Verbesserte Transportmöglichkeiten – mit der Eisenbahn oder später dem LKW – sowie Überproduktion und ein internationaler Markt bewirk(t)en, dass Tiere über weitere Strecken hinweg ‚verhandelt' wurden und werden. So diente die Zuchtviehversteigerungshalle in Straubing ab 2005 vorwiegend als Sammelstelle für Tiere, die für das Ausland bestimmt waren.[118] Heute sind Nutztiermärkte in Straubing weitgehend Geschichte geworden.[119]

(Stefan Maier)

Im Album geblättert: Von der Vielfalt der Tiere am Hof zur Spezialisierung

Eindrucksvoll erzählen zwei private Fotoalben der Salchinger Landwirtsfamilie Schwarz[120] aus der Zeit von 1923 bis in die 1950er-Jahre vom typischen Weg einer Abschaffung der einst vorhandenen großen Tiervielfalt auf einem Bauernhof. Der Trend ging hin zur Spezialisierung auf eine Tierart mit spezifischer Nutzung.

Die Aufnahmen zum ersten Fotoalbum von 1923–1933 hat der damalige Hoferbe Georg Krinner (1903–1967) in Hadersbach, Stadt Geiselhöring, selbst aufgenommen und vergrößert. Gegen den Preis von 20 Pfennig pro Bild verkaufte er die Fotos an seine Schwester, Hedwig Krinner (1907–1984). Diese stellte die Bilder im Fotoalbum als Erinnerung an ihre Jugendzeit zusammen und beschriftete sie ausführlich: So können heutige Betrachter einen authentischen Blick in die Lebenswelt eines Bauernhofes der 1920er-Jahre werfen. Der große Hof in Hadersbach gehörte einer Bauernfamilie mit acht Kindern, zahlreichen Dienstboten, einer Vielzahl von unterschiedlichen Tieren und verfügte über 210 Tagwerk (ca. 71,5 Hektar) Fläche im fruchtbaren tertiären Hügelland. Das Verhältnis zwischen Mensch und Tier zeichnete sich hier, das zeigen die Fotos, durch eine Nähe und Vertrautheit aus, durch Vorlieben und Abneigungen, durch viel Arbeit und Fleiß wie auch nüchternen Pragmatismus (Abb. 59–68).

1933 heiratete Hedwig Krinner den Landwirt Edmund Schwarz (1901–1982) und zog mit ihm auf dessen Hof in Salching. Dort entwickelten die beiden dann den von der Familie 1928 erworbenen Hof mit 50 Hektar weiter. Sie schafften sich einen Traktor und einen Mähdrescher an und spezialisierten sich auf die Zucht von Rindern und Schweinen. Aus dieser Zeit stammen die Bilder des zweiten Fotoalbums (1930er–1950er-Jahre, Abb. 69–72). Wilhelm Schwarz, der Sohn von Hedwig, berichtete in einem Interview 2020, wie es mit dem Hof dann weiterging (siehe S. 56): Nach der Hofübernahme Anfang der 1970er-Jahre hörte er mit der Rinderhaltung auf und konzentrierte sich ganz auf die Schweinezucht, seit etwa 1977 nur noch auf die von ‚Piétrain'-Schweinen. Die Anzahl der Tiere von anfangs etwa 30–40 Rindern und 60–100 Schweinen vergrößerte sich auf heute insgesamt etwa 400 Schweine.

Im Folgenden soll eine kleine Bilderserie aus den beiden Fotoalben diesen beschriebenen Wandel zeigen.

Abb. 59, 60: Pferde: Jegliche Art von Feld- und Waldarbeit wurde mit Pferden im Zweier- oder Viererzug geleistet, teilweise in Kombination mit Ochsen. Gelegentlich nahm man an einer „organisierten Schlittenfahrt" teil. Auch Pferderennen wurden besucht. (Alle Fotos bis Abb. 72 stammen aus zwei Fotoalben von Hedwig Schwarz, geb. Krinner: 1923–1933 Hadersbach, Stadt Geiselhöring bzw. 1933–1950er-Jahre Salching; Familie Schwarz, Salching)

Abb. 61, 62: Rinder: Der „Ochserer“ – noch ein Kind – war für vier Ochsen zuständig, eine „Schweizer“-Familie für das Milchvieh. Ochsen wurden als Zugtiere gebraucht, z. B. bei der Kartoffelernte. Die 40 Rinder lebten im Stall und auf der hofeigenen Weide.

Abb. 63, 64: Schweine: Am Hof züchtete man Schweine, Schwäbisch-Hällische Schweine nannte man „Mohrenköpfe“. Die Schweine hatten ihre Suhle am Hof in der „Odllacke“. Gelegentlich erlaubten sich die Schweinemägde einen Spaß mit den Tieren, etwa wenn sie versuchten, auf einem Eber zu reiten. Aber genauso selbstverständlich war es, Schweine zu schlachten: „Vater konnte das Schlachten so gut“, steht unter dem Foto mit dem Schwein am Schlachtgalgen. (Siehe auch Abb. 118, S. 71).

Abb.65: Geflügel: Die Frauen waren dafür zuständig, z. B. Marie, eine Schwester von Hedwig. Es gab nicht nur Hühner, sondern auch Truthähne und „30–40 Gänslein", die für Bettfedern je „viermal gerupft" wurden.

Abb. 66: Hund: Der große Hofhund „Sion" (?) war nicht nur Wachhund, sondern auch ein Begleiter in der Freizeit, sei es bei Ausflügen des Fotografen, sei es bei der gemeinsamen Sonntagsruhe vor dem Haus.

Abb. 67: Lieblinge, z. B. Katzen: „Frieda hatte die Katzerl recht lieb, ein Korb in der Küche", das schrieb Hedwig unter das Katzenfoto. Frieda, Hedwigs Schwester, war als „Studentin" nicht immer zu Hause, sie besuchte als jüngste Tochter das Gymnasium der Englischen Fräulein in Regensburg.

Abb. 68: ‚Feinde': Iltisse als potentielle Hühnerdiebe waren auf dem Hof wohl nicht beliebt, jedenfalls stellte man ihnen nach. Unter dem Foto vom Iltis in der Tellereisenfalle steht geschrieben: „Ein Iltis von Vielen, die Schorsch im Winter fing".

Abb. 69: Hochzeit von Hedwig Krinner und Edmund Schwarz 1933 und Umzug auf den neuen Hof nach Salching. Dort wurde wieder eine große Familie begründet.

Abb. 70, 71: Pferde gab es zwar noch auf dem Salchinger Hof, aber Maschinen ersetzten mehr und mehr ihre Zugarbeit: zum Beispiel durch den Traktor, hier vermutlich aus den 1930er-/1940er-Jahren. Auch reduzierte sich wohl die Anzahl der Dienstboten, jedenfalls finden sich von ihnen im zweiten Fotoalbum keine Aufnahmen mehr.

Abb. 72: Die Familie konzentrierte sich auf die Schweine- und Rinderzucht, anfangs war es eher die Rinderzucht, später die Schweinezucht (siehe S. 56). Der Bulle „Olaf 6300/NN" beispielsweise wurde 1958 „Siegerbulle" bei der „bayerischen Landesabsatzveranstaltung in Ingolstadt".

Das Rind: Vom ‚Allrounder' zum spezialisierten Hochleistungstier

Am Beispiel des Hausrindes (Bos taurus) kann gezeigt werden, dass die Spezialisierung nicht nur die Abschaffung der Tiervielfalt auf den Bauernhöfen bedeutete, sondern auch die zunehmende Konzentration auf nur eine Art der Nutzung und den Versuch, diese zu steigern: Rinder waren früher universell gebrauchte Tiere, sie halfen bei der Feldarbeit, gaben Fleisch, Milch, Dünger und einiges mehr. Deswegen wurden sie in älteren landwirtschaftlichen Lehrbüchern als das „wichtigste Haustier" bezeichnet.[121] Der Traktor machte Mitte des 20. Jahrhunderts die Zugtiere arbeitslos[122] und die Landwirte widmeten sich vermehrt entweder der Milch- oder Fleischgewinnung bzw. der Tierzucht. Aus dem ‚Allrounder'-Nutztier wurde die Milchkuh, das Fleischrind, das Zuchttier mit immer größeren Anforderungen an dessen ‚Leistungen'. Dies hatte eine gezielte Veränderung von deren Körpern zur Folge[123] (Abb. 73, 74).

Abb. 73, 74: Zuchtergebnisse: eine zierliche Kuh vom ‚Landschlag', Foto, um 1900 (GB); die üppige Milchkuh ‚Beate', 1959 Siegerin auf der Bezirkstierschau in Straubing (Familie Schwarz, Salching)

Spezialisierung, z. B. die Milchkuh

Auch Nutztiere integrierte man in die moderne ‚Leistungsgesellschaft'. Die Menge und Qualität von den aus ihnen gewonnenen Produkten (‚Leistungen') wurden statistisch erfasst, bewertet, verglichen und gesteigert.[124] Beispielsweise führten Zuchtviehverbände seit Ende des 19. Jahrhunderts die ‚Milchleistungsprüfung'[125] ein und verbreiteten sie im 20. Jahrhundert. Allerdings dauerte dieser Prozess mancherorts lang, denn noch um 1960 beschwerte sich ein Vertreter des Landkreises Bogen über mangelndes Verständnis der Landwirte für diesen „Gradmesser des Fortschritts" in der Milchviehhaltung und darüber, dass nur etwa 13% an der freiwilligen Milchleistungsprüfung teilnahmen.[126] Diese Prüfung erfasst(e) die Milchmenge und Inhaltsstoffe der produzierten Milch in Zahlen: Zuchtviehverbände vergaben Plaketten mit der durchschnittlichen Jahresleistung der Milchkühe. An die Stalltür geheftet, waren diese Plaketten sichtbare Dokumente von Leistungssteigerungen: Beispielsweise lag der „Stalldurchschnitt“ eines Hofes in Holztraubach, Markt Mallersdorf-Pfaffenberg, 1971 bei „über 4000 kg Milch“ pro Kuh und 1991 bei „über 5500 kg Milch“ (Abb. 75). Eine interviewte Landwirtsfamilie in Gschwendt, Gemeinde Ascha (siehe S. 46) nannte 2020 eine Produktion von durchschnittlich „8900 kg Milch“. Innerhalb von etwa 50 Jahren wurden Kühe dahin gebracht, mehr als doppelt so viel Milch zu produzieren. Wie konnte es dazu kommen?

Abb. 75: An den Plaketten der Milchleistungsprüfung ist eine ‚Leistungssteigerung‘ ablesbar, 1971, 1991 (Pankraz Beutlhauser, Holztraubach; Fotos KB)

Die Bauern wurden Unternehmer

Voraussetzung für eine veränderte Wirtschaftsweise mit den Tieren war eine veränderte Stellung der Tierhalter: [127] Nach der ‚Bauernbefreiung‘ (bis 1848) konnten die einst unfreien Bauern Eigentümer ihres bewirtschafteten Hofes und Grundes werden. Die Tiere zählten vorher schon zu ihrem Besitz, dienten vor allem der Selbstversorgung und Hofbewirtschaftung. Im 19. und vor allem 20. Jahrhundert entwickelten sich die Bauern zu Unternehmern, ausgedrückt in der neuen Bezeichnung ‚Landwirt‘. Diese traten auf einem zunehmend größer werdenden Markt stärker in Konkurrenz – und handelten deswegen immer mehr nach betriebswirtschaftlichen Kriterien: Die Tiere entwickelten sich zum ‚lebenden Kapital‘, zu einem ‚Betriebsmittel‘, dass einer Kosten-Nutzen-Rechnung unterzogen und besonders nach 1945 zunehmend intensiv genutzt wurde. So konnten die Landwirte im 20. Jahrhundert kriegsbedingte Notsituationen ausgleichen und den Nahrungsbedarf einer wachsenden Wohlstandsgesellschaft decken, bis hin zur Überproduktion seit dem letzten Drittel dieses Jahrhunderts.[128]

Die Technisierung, beispielsweise in der Milchverarbeitung

Ein weiterer Aspekt ist die Weiterentwicklung der Technik, z. B. was das Melken, aber auch die Kühlung bzw. Haltbarmachung und damit die Transportfähigkeit des leicht verderblichen Lebensmittels ‚Milch‘ anbelangt: Erst als bis Ende des 19. Jahrhunderts die (technischen) Voraussetzungen zur Konservierung der Milch geschaffen worden waren, konnte sie weiträumiger verkauft und damit modernes Handelsgut werden. Erst jetzt lohnte sich die Spezialisierung auf eine intensivierte Milchviehhaltung. Diese wurde begleitet von einer zunehmenden Automatisierung des Melkens: Melkmaschinen und der heute sehr kostenintensive Melkroboter ersetzten das zeitaufwendige Handmelken (Abb. 76, 77, siehe S. 46).[129] In der ersten

Hälfte des 20. Jahrhunderts hat sich die Milchviehwirtschaft im gesamten Landkreis Straubing-Bogen verbreitet. Heute gibt es sie vor allem im Vorderen Bayerischen Wald, allerdings mit einer sinkenden Anzahl an Milchviehhaltern und Rindern sowie einer Konzentration auf immer mehr Tiere pro Hof.[130]

Abb. 76, 77: Vom Handmelken zur Melkmaschine: Melkschemel, um 1900 (KB); Werbeschild für Westfalia Melkmaschine, 1949 (StadtA SR)

Landwirte gründeten Molkereigenossenschaften wie z. B. 1934 die Molkereigenossenschaft Straubing oder 1939 die in Niederwinkling; heute sind diese in größeren Konzernen wie der Firma ‚Goldsteig' aufgegangen.[131] Die Herstellung und der Verbrauch von Milchprodukten nahm im 20. Jahrhundert insgesamt zu – Milch, die die Kälber nicht bekamen und die stattdessen den Menschen als ‚gesundes' Lebensmittel dient(e).[132]

„Fortlaufende Modernisierung und ein gutes Auge"

Abb. 78: Drei Generationen der Familie Landstorfer in ihrem großen Laufstall für Milchvieh, 2020 (beide Fotos KB)

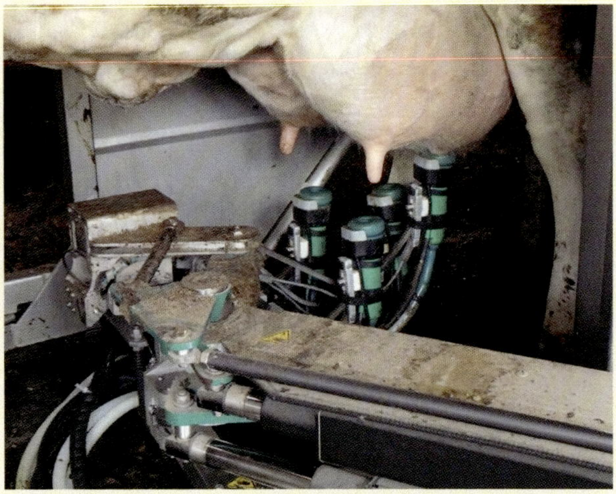

Abb. 79: Der Melkroboter arbeitet vollautomatisch und die Kuh geht in den Melkstand, wenn sie möchte, 2020

„Wir sind ein Familienbetrieb und haben uns seit den 1960er-Jahren auf die Milchviehhaltung spezialisiert (Abb. 78). Sehr wichtig für uns ist eine fortlaufende Modernisierung der Ställe: Vom Anbindestall 1962 zum Laufstall 1992 bis zum Melkroboter 2010 (Abb. 79). Durch den technischen Fortschritt können wir Arbeitszeit pro Tier einsparen und dadurch unseren Betrieb auf die jetzige Größe erweitern. Wir haben 120 Kühe plus Nachzucht anstelle von früher 20 Kühen. Durch Zucht, bessere Fütterung und Haltungsbedingungen hat sich die Milchleistung pro Kuh und Jahr seit 1960 bis heute mehr als verdoppelt: Sie liegt bei ca. 8900 Kilogramm. Wir versuchen, möglichst viel selbst zu machen, auch die künstliche Besamung: In Katalogen suchen wir den passenden Stier für die jeweilige Kuh aus, Ziel ist eine homogene Fleckvieh-Tierherde ohne Inzucht.

Unsere Tiere kennen wir genau, auch wenn sie keine Namen mehr tragen, sondern Nummern. Wenn es einer Kuh nicht gut geht, müssen wir das erkennen und die richtigen Maßnahmen ergreifen: Dazu braucht man ein gutes Auge und viel Erfahrung. Auch wenn sich die Rahmenbedingungen ständig verschärfen, wir lieben unsere Arbeit mit den Tieren."

Familie Landstorfer, Landwirte, 60 bis 2 Jahre, Gschwendt, Gde. Ascha, 2020

Zucht: Vom Gemeindestier zum ‚Rucksackbummerl'

Nicht nur die Technik, auch geänderte Haltungsbedingungen[133], ein verbessertes Futter und besonders die gezielte Zucht haben eine Steigerung der tierischen ‚Leistungen' ermöglicht.

Lange Zeit wurde nicht systematisch Viehzucht betrieben, es herrschten unterschiedlich gekreuzte, an Regionen angepasste ‚Landschläge' vor: So weidete um 1860 im Bayerischen Wald das „Waldlervieh" von „schmaler Bauart, klein, roth, dunkelgelb oder fahl gefärbt und […] gescheckt". [134] Anders war es um 1871 im Donauraum: Dort fuhren „Wanderlehrer" durchs Land; es gründete sich 1865 in Osterhofen ein „Verein zur Hebung der Rindviehzucht", große Güter wie z. B. der Puchhof leisteten Pionierarbeit.[135] Das Ziel: einen, „den Verhältnissen der Donauregion entsprechenden ‚Viehschlag' heranzuziehen" – regionale Anfänge einer systematischen Rinderzucht. Um 1910 versuchte dann beispielsweise die Musterlandwirtschaft auf dem Schlossgut Steinach die Rinderzucht in Richtung ‚Hebung des Milchertrags' zu steigern, indem hier ‚schwarzbuntes Niederungsvieh' gezüchtet wurde im Gegensatz zum sonst verbreiteten bayerischen, zweigenutzten ‚Fleckvieh'.[136] ‚Rassetiere' mit spezifischeren und gesteigerten Eigenschaften ersetzten allmählich die weniger ‚ertragreichen' Tiere aus ‚Landschlägen' (Abb. 80).

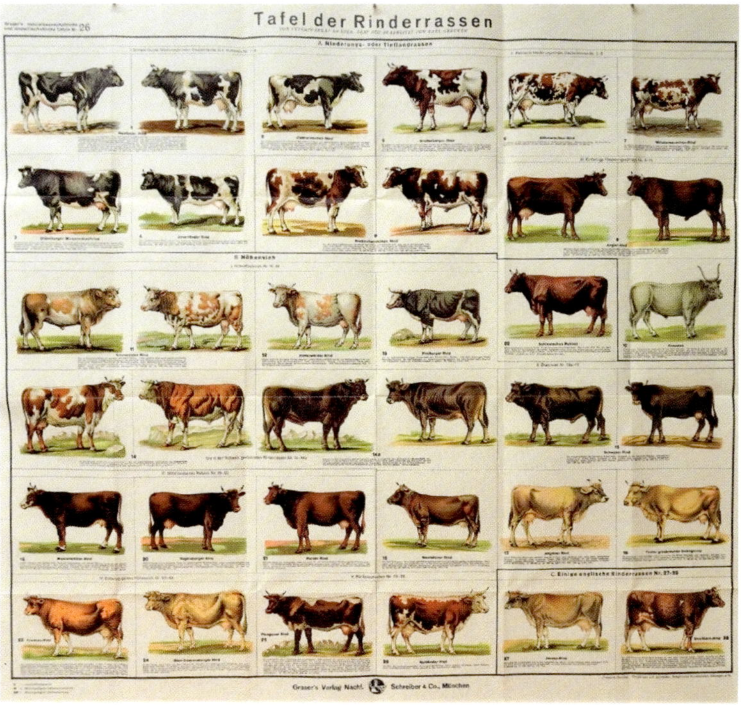

Abb. 80: Schautafel mit Rinderrassen: „36 farbige Rassebilder der bekanntesten in- und ausländischen Zuchten […]", Grasers naturwissenschaftliche und landwirtschaftliche Tafeln, Nr. 26, München o.J. [1920er-Jahre] (KB)

Der ‚Springstier'

Von entscheidender Bedeutung waren die Zuchtbullen, auch „Springstiere"[137] genannt, denn Milchkühe müssen, um Milch geben zu können, jährlich ein Kalb zur Welt bringen. Häufig wurden die Deckbullen von der Dorfgemeinschaft als ‚Gemeindestiere' gehalten und waren bei einem Landwirt oder dem Pfarrer untergestellt wie beispielsweise der Zuchtstier ‚Kuno' um 1900 beim Pfarrer in Schwarzach[138] (Abb. 81). Schon in der zweiten Hälfte des 19. Jahrhunderts versuchte man staatlicherseits durch verschiedene Gesetze „zur Förderung der Tierzucht", die Zuchtauswahl, ‚Körung' genannt, und die Haltung der gemeindeeigenen Deckbullen unter Kontrolle zu bringen.[139] Kreuzungen sollten eingeschränkt werden. Bezirkstierärzte und Zuchtkommissionen wurden für die ‚Körung' und Beratung zuständig. Später, ab 1918, übernahmen das die Tierzuchtämter. Die Züchter bildeten Verbände, um ihre Arbeit zu koordinieren und zu professionalisieren, heute ist die Rinderzucht privatwirtschaftlich organisiert.

Abb. 81: Zuchtstier „Kuno", gezüchtet und gehalten vom Pfarrer in Schwarzach, Foto, um 1900 (Karl Bauer, Hundldorf)

Die künstliche Besamung: Der ‚Rucksackbummerl'

In den 1950er-/1960er-Jahren kam aus medizinischen Gründen und für eine gezieltere Zucht die künstliche Besamung der weiblichen Tiere auf:[140] So eröffnete 1959 in Niederwinkling eine künstliche Besamungsstation für Rinder im Landkreis Bogen.[141] Ausgeführt wurde diese künstliche Besamung von Tierärzten (Abb. 82) bzw. dem neuen Berufsstand der ‚Besamungstechniker', ‚Rucksackbummerl' genannt, weil sie das tiefgefrorene Stiersperma in Rucksäcken transportierten und am Hof die Aufgabe der Stiere – ‚Bummerl' – übernahmen.[142] Heute wird diese Tätigkeit teilweise auch von den Landwirten selbst ausgeführt, wie die Milchviehhalter Landstorfer im Interview berichteten. (vgl. S. 46) Der kollektive ‚Gemeindestier' hat mittlerweile weitgehend ausgedient[143] und wurde durch Stiersamen ersetzt, der in speziellen Besamungsstationen gewonnen wird und per Katalog ‚passgenau' für jede Kuh zu bestellen ist (Abb. 83).

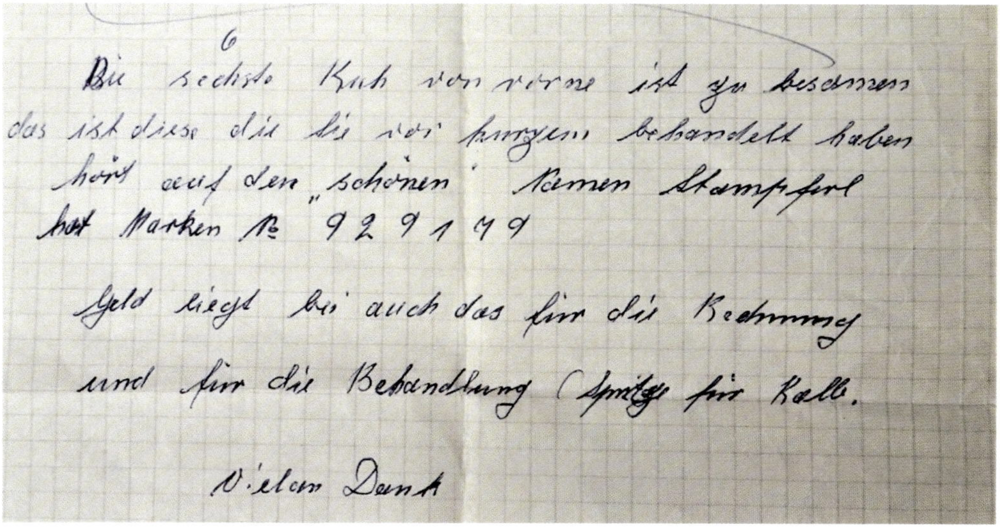
6
Die sechste Kuh von vorne ist zu besamen
das ist diese die Sie vor kurzem behandelt haben
hört auf den „schönen" Namen Stampferl
hat Marken № 929179
Geld liegt bei auch das für die Rechnung
und für die Behandlung (Spritze für Kalb.
Vielen Dank

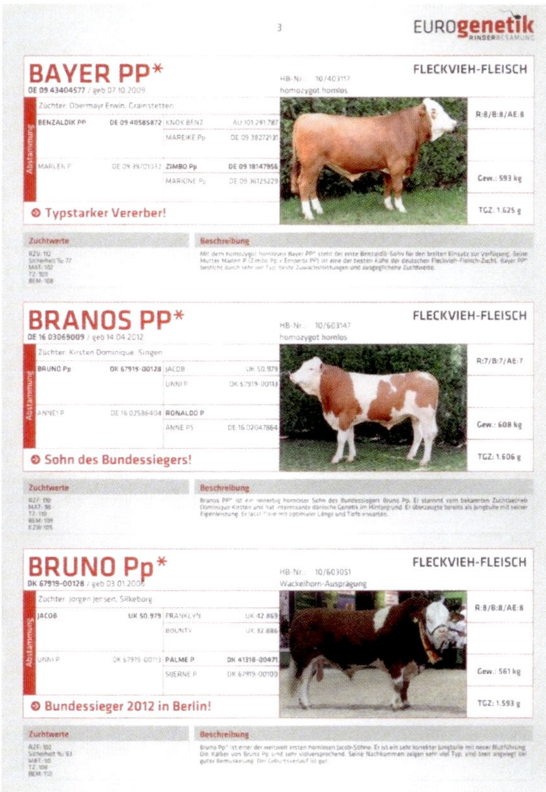

Abb. 82: Zettel an einen Tierarzt mit der Bitte, eine Kuh zu besamen, dabei spielt der feste Standort der Kuh im Stall, ihr Name und die Nummer ihrer Ohrmarke eine Rolle, 1960er-/1970er-Jahre (S.H., Plenting)

Abb. 83: Katalogseite mit Zuchtstieren, deren Samen hier bestellt werden kann, 2015 (KB)

Die Körper der Zuchttiere: Normierung und Individualisierung

Und die Tiere? Was bedeutet(e) Tierzucht für sie?
Züchter und Zuchtverbände leg(t)en ‚Rassestandards' der Tiere fest, das heißt, sie definierten und normierten die Körper und Eigenschaften der Tiere einer Rasse, sie entwickelten messbare Beurteilungskriterien und versuchten, die Tiere an die gewünschten Zuchtziele anzupassen.[144] Menschen form(t)en Tiere und die einzelnen Tiere erfuhren und erfahren dabei besondere Beachtung: Sie wurden und werden genau beobachtet und beurteilt – früher eher nach Erfahrungswerten, später eher nach wissenschaftlichen Kriterien (z. B. Mendelsche Vererbungslehre, heute Genanalyse etc.). Das Instrumentarium dazu verfeinerte sich, die landwirtschaftlichen Lehrbücher spiegeln dies.[145]

Zahlen definieren – neben ihrem Aussehen – die Zuchttiere, ihre Körper sind quantifiziert (siehe auch Abb. 91, S. 54). Der Zuchtwert eines Stiers beispielsweise bezieht sich heute auf die Milchmenge seiner Töchter, seine Gewichtszunahme und das ‚Schlachtergebnis' wie auch seine Gesundheitswerte.[146] Für die Zucht ausgewählte Tiere bekamen und bekommen einen Abstammungsnachweis, einen Eintrag in das ‚Herdbuch'[147] des Zuchtverbandes. Dazu müssen die Tiere individuell erfassbar sein,[148] sie erhalten Namen, wobei der gleiche Anfangsbuchstabe von Mutter und Tochter für eine ‚Zuchtlinie' steht (Abb. 84). Derart mit einem Stammbaum ‚geadelte' Tiere gewinnen und gewannen erheblich an Wert, besonders wenn sie zusätzlich auf Tierschauen und Wettbewerben gegeneinander antreten und Preise erringen.

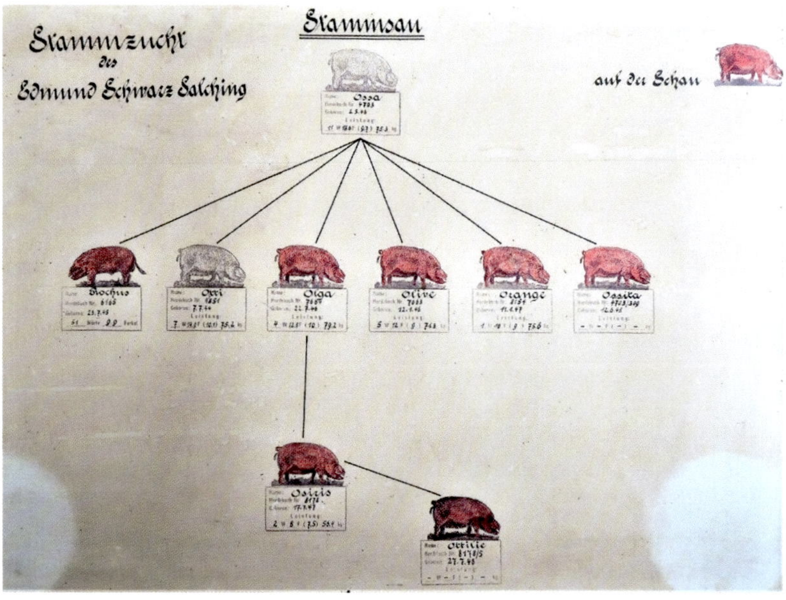

Abb. 84: Stammbaum von Zuchttieren: z. B. „Stammsau Ossa", Tochter „Olga", Enkelin „Orsiris", Urenkelin „Ottilie", Schautafel für Bayerisches Zentrallandwirtschaftsfest in München, um 1949/1950 (Familie Schwarz, Salching)

Zur Förderung der Tierzucht veranstaltete der Landwirtschaftliche Verein für Bayern 1810 auf dem ersten Landwirtschaftsfest (Oktoberfest) in München eine „Viehbeschau" mit Viehausstellung und Prämierung[149]. Nach diesem Muster organisierten die Landwirtschaftlichen Bezirksvereine in der Folgezeit ähnliches auf regionalen Volksfesten. So etwa 1812 auf dem ersten Landwirtschaftsfest (Gäubodenvolksfest) in Straubing[150] (Abb. 85) oder ab 1860 auf dem ersten Volksfest in Bogen.[151] Es entstand eine Kultur des Wettbewerbs mit Zuchttieren.[152] Bis heute spielen solche Wettbewerbe sowohl für die gewerbliche als auch für die Liebhaber-Tierzucht eine wichtige Rolle.

Abb. 85: Viehprämierung auf dem Straubinger Volksfest, Foto, 1912 (StadtA SR)

Abbildungen der Siegertiere, als Skulptur (Abb. 86), Gemälde oder später vor allem als Foto, hielten und halten Erfolge fest und dokumentieren den Stolz der Züchter auf sie. Die Darstellungen folgen festgelegten Perspektiven auf das Tier, beispielsweise wenn die wuchtigen Zuchtstiere in ‚voller Pracht' von der Seite fotografiert wurden oder Milchkühe häufig von hinten, mit Blick auf das Euter (Abb. 85, 87). Darüber hinaus sind viele dieser Tierabbildungen auch Zeugnisse individueller Tierbiographien.

Abb. 87: Foto von präsentierten Milchkühen, Schwarzach (?), um 1952 (Karl Bauer, Hundldorf)

Abb. 86: Modell eines prämierten Zuchtstiers aus dem „Schmidtmannschen Besitz [...] Salzburg", Landwirtschaftsschule Straubing, um 1910 (KB)

Kuhnamen

Kuhnamen gelten als Symbol einer noch ‚heilen' Landwirtschaft, in der enge Beziehungen zwischen Tier und Mensch herrschen, die durch die aufkommende Massentierhaltung beendet worden sein soll. Tatsächlich ist die Sache anders:[153] Kuhnamen gab es vor und nach der Intensivierung der Tierhaltung; es gibt sie bis heute.

Früher mussten die Hirten den Kühen hinterherschreien, brüllen, bitten und betteln; die Namen mussten sich einfach als Lockruf eignen. Christliche Namen waren tabu. Mit der aufkommenden Massentierhaltung haben sich die Namen geändert. Das lag vor allem daran, dass die Tiere jetzt immer im Stall standen (Abb. 88) und die Tierzucht eine Kontrolle der einzelnen Zuchtlinien erforderte, was Kuhnamen mit gleichen Anfangsbuchstaben für Mutter und Tochter erleichterten.

Abb. 88: In diesem Stall hatte jede Kuh ihren Namen: Über ihrem Platz hängt jeweils ein Schild mit Namensangabe, dem Datum des Deckens und der voraussichtlichen Geburt ihres Kalbes, Foto, Mitte 20. Jahrhundert (KB)

Trotz Massentierhaltung blieb das Verhältnis zwischen Mensch und Tier mehrdeutig. Nutzen, Töten und Zuneigung schließen sich auch unter Bedingungen von Intensivtierhaltung nicht aus. Alle Zuneigung, die der Bauer und die Bäuerin dem Tier entgegenbringen, das gesamte Leben des Tieres zielt schließlich auf das Schlachthaus, den Tod ab.

Tiere sind Lebewesen und Betriebsmittel zugleich. Dies ist der Grund für die vielen Angriffe, denen die landwirtschaftliche Tierhaltung in der Gegenwart ausgesetzt ist. Denn während im landwirtschaftlichen Betrieb mehrdeutige Beziehungen zwischen Mensch und Tier herrschen, unterscheiden die Menschen, die nicht in der Landwirtschaft tätig sind, sehr scharf zwischen Nutztieren und Tieren, zu denen Beziehungen aufgebaut werden. Denn Nutztiere haben für diese ja keinen existentiellen Wert.

Die Intensivierung der Tierhaltung hat also nicht zu einem Ende der Kuhnamen, sondern zu ihrer Ausbreitung und noch dazu zu einer Veränderung des Namensbestandes geführt. Mittlerweile aber sind es vor allem die Digitalisierung des Herdenmanagements und die automatisierte Melktechnik, welche – auch im Laufstall – die Kuhnamen vielleicht bald überflüssig machen.

(Johann Kirchinger)

Das Schwein, das Fleisch und die Vielfalt der Arten

Lange Zeit war das Schwein in ländlichen Regionen der ‚Hauptfleischlieferant' für die breite Bevölkerung; bis heute ist Deutschland ein ‚Schweinefleischland' geblieben.[154]

‚Fleisch-Tier'

Das intelligente Hausschwein (Sus scrofa domesticus) wurde lange Zeit meist nebenbei und wenig aufwendig gehalten: so 1871 beispielsweise in „isolirt stehenden schlechten und hölzernen" Schweinekoben (Abb. 89).[155] Später gab es Kritik: „Der Schweinestall darf kein Saustall, auch kein kostspieliger Palast sein, er muss aber bei aller Einfachheit […] alles bieten, was in sanitär-hygienischer wie wirtschaftlicher Hinsicht zum besten Gedeihen […] gefordert werden […] muss."[156] Die Schweine wurden oft von Küchen- und anderen Abfällen[157] ernährt, später beförderten Feldfrüchte wie Kartoffeln oder Rüben die Schweinemast. Entscheidend war, dass die Tiere schnell wuchsen und Fleisch ansetzten – Schweine hielt man „von vornherein [nur] für den Fleischverzehr."[158] Und dieser stieg, vor allem in reicheren Regionen südlich der Donau in der zweiten Hälfte des 19. Jahrhunderts an, so dass hier die Schweine zunehmend abgesetzt werden konnten, während die Schweine in Regionen nördlich der Donau eher dem Eigenbedarf dienten.[159]

Abb. 89: Hölzerner Schweinekoben, Bayerischer Wald, Foto, 20. Jahrhundert (Slg. Otto Kerscher, KB)

Zucht zum ‚Fleischschwein' und die Reduktion der Arten

Zu Beginn des 20. Jahrhunderts begann man in der Region mit einer gezielten Schweinezucht: 1907 soll sie beispielsweise im Bezirk Straubing noch eher „wahl- und planlos“ durch unkoordinierte Kreuzungen „großer weißer Rassen mit halbroten einheimischen Landschlägen“ gehandhabt worden sein, allerdings mit Erfolg – per Bahn konnten damals „10.000 Stück“ verschickt werden.[160] 1909 gründete sich dann der ‚Verband niederbayerischer Schweinezüchter‘ und die Schweinezucht wurde systematisiert und professionalisiert.[161] Aus der Vielzahl der Schweinerassen und regionalen ‚Landschläge‘ konzentrierten sich die Züchter zunehmend auf nur eine Rasse, das „Deutsche veredelte Landschwein“ [162] (Abb. 90). Als Zuchtziele galten hier 1957: „untadelige feste Gesundheit“, „gute Fruchtbarkeit der Sauen“, „hervorragende Frohwüchsigkeit“ und ein „gut durchwachsenes Fleischschwein“, so „wie es der heutige Markt verlangt.“[163] Diese schon ältere Rasse züchtete man durch Einkreuzung dänischer und holländischer Rassen vom ‚Fettschwein‘ zum ‚Fleischschwein‘ mit mehr Rippen und damit größerer Länge um. Seit 1968 hieß sie deswegen dann „Deutsche Landrasse“ und ist heute das am meisten verbreitete Zuchtschwein (Abb. 91). Andere Schweinerassen gerieten in den Hintergrund, sofern sie nicht, wie das belgische ‚Piétrain‘-Schwein, zu einer weiteren ‚Fleischverbesserung‘ entsprechend den Wünschen des Marktes beitrugen. Männliche Mastferkel wurden und werden meist kastriert, um die Fleischqualität durch ‚Ebergeruch‘ nicht zu beeinträchtigen, heute ist dazu eine Betäubung vorgeschrieben.[164]

Abb. 90: Modell eines „Deutschen veredelten Landschweins“, Landwirtschaftsschule Straubing, um 1930–1950 (KB)

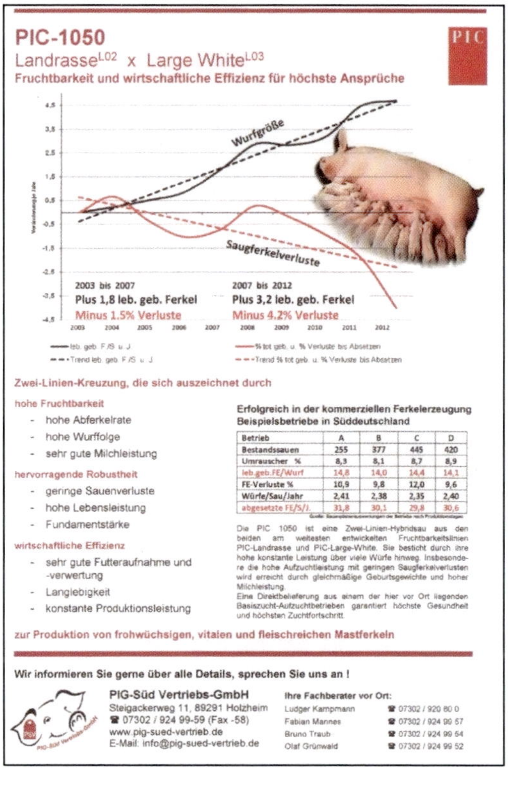

Abb. 91: Wie werden Zuchttiere heute beschrieben? Zahlenangaben bestimmen den Wert einer „Zwei-Linien-Hybridsau“: „Landrasse x Large White“, Werbezettel eines gewerblichen Ferkelerzeugers, 2015 (KB)

Erhalt alter Nutztier-Rassen

Mittlerweile gibt es auch Tierhalter, die sich bewusst alten Nutztier- bzw. Schweinerassen (Abb. 92–94) zuwenden, um ihre Vielfalt zu erhalten.[165] So züchtet der Unternehmer und Nebenerwerbslandwirt Ulrich Brunner aus Arnstorf, Landkreis Rottal-Inn, das ‚Bunte Bentheimer'-Schwein und betreibt eine ‚symbiotische Landwirtschaft', in der verschiedene Tierarten zusammenleben.[166]

1981 wurde im Rottal die ‚Gesellschaft zur Erhaltung alter und gefährdeter Haustierrassen'[167] gegründet, sie führt eine ‚Rote Liste' gefährdeter Nutztierrassen und hat 1995 ein ‚Arche-Projekt' ins Leben gerufen: Zertifizierte ‚Arche-Höfe' halten alte Nutztierrassen in der landwirtschaftlichen Produktion und tragen so dazu bei, diese vor dem Aussterben zu bewahren.

Abb. 92–94: Modelle verschiedener älterer Schweinerassen: „Bayerische Landzuchtsau", um 1900; „Cornwall-Eber", Ackermann I, Züchter und Besitzer Engelen, Büchling, 1912; „Großes weißes Edelschwein im Yorkshire-Typus", 1898 (KB)

Interview: Schweinezüchter

„Bei schönen Tieren bekomme ich Herzklopfen"

„Bei uns am Hof betreiben wir schon in der dritten Generation Tierzucht und haben uns immer mehr spezialisiert (siehe S. 37f., 42): Mein Vater hat seit den 1930er-Jahren Rinder (‚Fleckvieh') und Schweine (‚Deutsches veredeltes Landschwein') gezüchtet. Nach meiner Hofübernahme 1971 habe ich mich ausschließlich auf Schweine konzentriert und neue Rassen (‚Landrasse' aus dänisch-holländischer Herkunft) und später belgische ‚Piétrain'-Schweine eingeführt (Abb. 95). Die Fleischfülle sollte verbessert und magerer werden. Die erhöhte Stressanfälligkeit dieser Tiere versuche ich seitdem durch gezielte Zucht zu reduzieren. Seit 2019 arbeitet unser Sohn, der 2003 den Hof übernommen hat, ausschließlich mit ‚Piétrain'-Schweinen.

Wir alle betreiben das Zuchtgeschäft mit großer Passion, trotz aller sich verschärfenden Regeln: Man muss Gefühl und einen Blick für die Tiere mitbringen. Das ist genauso wichtig wie Erfahrung und wissenschaftliche Erkenntnisse. Bis heute bekomme ich Herzklopfen, wenn ich ein besonders schönes Tier von Adel und Harmonie sehe. Schön ist, wenn das Tier ‚trocken' und muskulös ist, der ‚Kotelett-Strang' am Rücken erkennbar und der Schinken am Hinterteil gut ausgeformt ist. Mittlerweile verkaufen wir ab Hof. Unsere wichtigsten Kunden sind Besamungsstationen und spanische Schweinehalter."

Wilhelm Schwarz, Schweinezüchter, Landwirt i.R., 83 Jahre, Salching, 2021

Abb. 95: Der Schweinezüchter Wilhelm Schwarz mit einem ‚Piétrain'-Eber, Salching, 2021 (Foto KB)

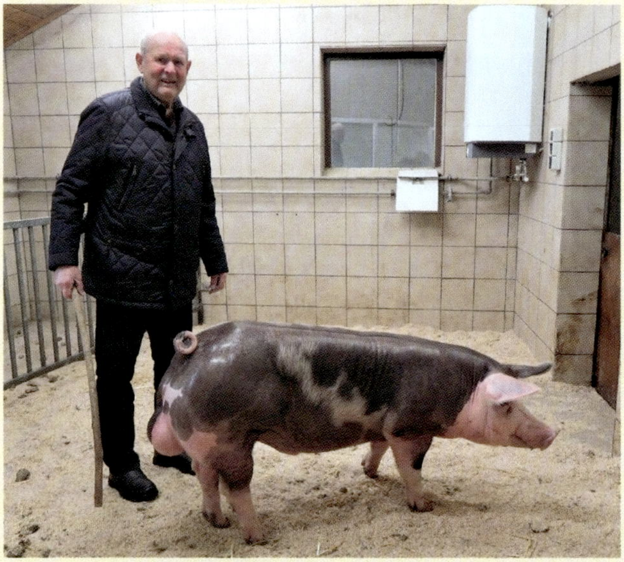

Künstlerblick: Das Schwein als Bildmotiv

Einen anderen Blick auf das Schwein hatte der Straubinger Künstler Dazi Tyroller. Er beschäftigte sich vor allem mit den ambivalenten Bedeutungen dieses Tiers für die Menschen.

Menschen und Schweine

Der Straubinger Künstler Dazi Tyroller (Abb. 96) setzte sich intensiv mit dem Thema ‚Schwein' auseinander.[168] Von Mitte der 1980er- bis in die 2000er-Jahre hinein machte er dieses Tier zum Inhalt zahlreicher Grafiken, Bilder, Zeichnungen und Objekte – nachdem er sich auch dokumentarisch mit ihm befasst hatte.

Abb. 96: Dazi Tyroller, Foto, um 2010 (alle Bilder bis Abb. 99 Privatsammlung)

Dazu inspiriert worden war Dazi Tyroller durch seinen Künstlerfreund Heinz Braun (1938–1986). 1984 veranstaltete Tyroller in der gemeinsam mit seiner Frau in Straubing geführten ‚Galerie Gegenwart' eine Ausstellung mit Brauns Bildern. Plakatmotiv war damals ein Schwein, das von einem Metzgermesser bedroht wird (Abb. 97). In Gegensatz dazu gestalteten beide Künstler gemeinsam das Bildmotiv einer fröhlich ‚tanzenden Sau' vor dem Hintergrund der Haindlinger Kirche – dem damaligen Wohnort von Dazi Tyroller (Abb. 98).

Die Ambivalenz des Schweins aus menschlicher Sicht hat Dazi Tyroller besonders interessiert: Einerseits gilt das Schwein als Symbol für Sinnlichkeit, Triebhaftigkeit, Fruchtbarkeit, als ‚Glücksschwein' (siehe S. 147). Andererseits wird es abgewertet, etwa sprachlich als ‚blöde Sau' oder auch als bloßes Nutztier. Das Schwein als Verkörperung menschlicher Eigenschaften thematisierte Dazi Tyoller beispielsweise im Bildmotiv des ‚einsamen Schweins' in der modernen Zivilisation (Abb. 99). Dazu passt ein Zeitungs-Zitat aus des Künstlers Nachlass: „Menschen sind senkrechte Schweine"[169] – für Tyroller war die Verwandtschaft nicht zu übersehen.

Dazi Tyroller (1954–2014), Künstler, zuletzt Rammersberg, Gde. Hunderdorf, 2020

Abb. 97: „Metzgersau", Acryl auf Papier, Plakatmotiv von Heinz Braun, 1984

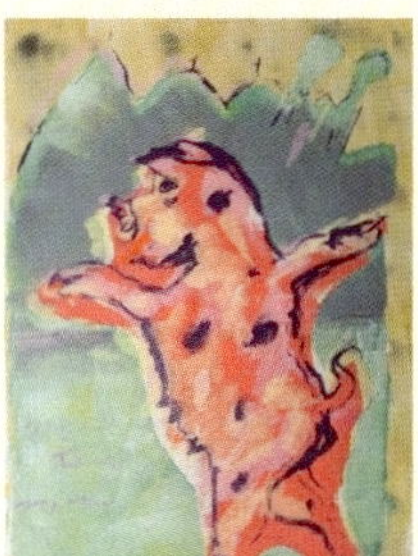

Abb. 98: „Tanz, Depp, tanz", Acryl auf Papier, Heinz Braun & Dazi Tyroller, 1984

Abb. 99: „Das einsame Schwein", Acryl auf Sperrholz, Dazi Tyroller, 1990

Das Huhn: ‚Pionier der Moderne'

Das Haushuhn (Gallus gallus domesticus, Abb. 100) spielt für die Geschichte der Tierhaltung in der Moderne eine besondere Rolle: An ihm lassen sich alle relevanten Entwicklungen des Umgangs mit Nutztieren in diesem Zeitraum aufzeigen.

Lange gab es auf fast allen Bauernhöfen freilaufende Hühner zur Selbstversorgung (Abb. 101). Wärmebedürftige Küken wurden oft im Haus gehalten, ansonsten suchten sich die Tiere ihr Futter draußen und blieben nachts im Hühnerstall. Hühnerhaltung geschah eher nebenbei, wurde nicht extra kalkuliert, gehörte zum Arbeitsgebiet der Frauen und verschaffte den Bäuerinnen Bargeldeinnahmen, das sogenannte ‚Eiergeld'.[170]

Abb. 100: Die Henne als Eierlegerin: Modell, Landwirtschaftsschule Straubing, um 1910 (KB)

Abb. 101: Freilaufende Hühner auf dem ‚Lermerhof' in Niederharthausen, Gde. Aiterhofen, Foto, o.J. (um 1900) (Slg. Otto Kerscher, KB)

Intensivierte Tierhaltung und die Entdeckung des ‚Tierwohls'

Steigerung der Erträge, z. B. Legehennen

Beginnend in den 1930er-Jahren, besonders aber ab den 1950er-bis 1970er-Jahren wurden in der Hühnerhaltung zunehmend industrielle Produktionsmethoden angewandt – erstmals in der Tierhaltung überhaupt:[171] Hintergrund war zunächst ein Mangel, dann ein ansteigender Bedarf an Eiern und Hühnerfleisch, den der hiesige Markt nicht befriedigen konnte. Importe wurden notwendig, beispielsweise aus den USA.[172] Deshalb versuchte man, die landeseigene Tierhaltung zu intensivieren.

Besonders bei den Hühnern schien sich die Chance zu bieten, politische Ziele der Autarkie mit einer Aussicht auf Einkommenssteigerung für die Landwirte zu verbinden.[173] Ein Bündel von Maßnahmen wurde ergriffen, um die Rentabilität der Hühnerhaltung zu erhöhen. Dazu zählten: Die ganzjährige Stallhaltung, vitaminisiertes Kraftfutter, das den Nährstoffbedarf der Stallhühner abdeckte (Abb. 102), die Steigerung der Anzahl von Tieren pro Fläche und seit den 1960er-Jahren ihre Haltung in Käfigen, die wie einzelne Batteriezellen übereinandergestapelt wurden (‚Batteriehaltung') (Abb. 103). Künstliches Licht und durchgängige Wärme sollte unabhängig von natürlichen Rhythmen die ‚Legeleistung' steigern. Die Züchtung von sogenannten ‚Hybridhühnern', Inzuchtkreuzungen, die entweder besonders viele Eier legen oder besonders schnell Fleisch ansetzen, brachte mehr Ertrag.

Die Lehrbücher der Landwirtschaftsschule Straubing aus den 1960er-Jahren empfahlen diese neue Art der Hühnerhaltung.[174] Intensivierte bäuerliche Legehennenhaltung mit Direktvermarktung wurde ein Betriebsmodell. Neu kamen hinzu: auf die Hühnermast spezialisierte Betriebe.[175]

Abb. 102: Emaille-Werbeschild für Kraftfutter, 1960er-Jahre (KB)

Abb. 103: Foto von ‚Batteriehaltung', in: Anna Renner: Das Reich der Bäuerin, Stuttgart 1967, S. 454 (KB)

Parallel dazu entstanden gewerblich-industrielle Betriebe in größeren Dimensionen, die zunehmend den Markt beherrsch(t)en. So ist der heutige Schlachthof ‚Donautal Geflügelspezialitäten' in Hofweinzier bei Bogen eine Zweigniederlassung der ‚Lohmann & Co. AG' (Wiesenhof). Täglich werden hier über 220.000 Masthähnchen geschlachtet. Diese Geflügelschlachterei zählt zu den „größten ihrer Art in Deutschland."[176] Möglich sind diese hohen Zahlen unter anderem durch ein umfangreiches, vertraglich verbundenes Netzwerk von großen Mastbetrieben als Zulieferer, über eine eigene Brüterei in Regenstauf bis zur eigenen Futtermühle in Straubing.[177] Die Gewinnung von Masthähnchen in großem Maßstab stellt sich hier als ein industrielles Zusammenspiel von spezialisierten vor- und nachgelagerten Produktionsschritten dar.[178]

‚Tierwohl' im Fokus

An der stark intensivierten Hühnerhaltung entzündete sich in den 1960er-/1970er-Jahren eine erste breite Debatte um das ‚Tierwohl': 1973 kritisierte der Zoologe Bernhard Grzimek (1909–1987) in seiner Fernsehsendung ‚Kein Platz für Tiere' die ‚Batteriehaltung' der Legehennen im Käfig als Tierquälerei. Diese Kritik erreichte ein Massenpublikum und stieß die bis heute anhaltende Diskussion um das Thema Tierschutz in der modernen Nutztierhaltung an.[179] Das Thema lag schon in den 1960er-Jahren in der Luft. So hatte die Engländerin Ruth Harrison 1964 ein kritisches Buch über ‚animal machines' veröffentlicht und es wurde die Forderung nach ‚animal welfare', übersetzt ‚Tierwohl', aufgestellt.[180] In England bearbeitete man in der Folgezeit die Frage nach dem Wohlergehen der Tiere im Rahmen moderner Nutztierhaltung auch wissenschaftlich weiter. Dies mündete in den 1990er-Jahren in das Konzept der sogenannten ‚Five Freedoms', ‚Fünf Freiheiten', die man den Nutztieren zugestehen sollte.[181] Solche Ideen zum ‚Tierwohl' flossen auch in die deutsche Debatte ein, die in Zusammenhang mit der Hühnerhaltung in Gang gekommen ist. 1972 wurde in der BRD ein neues Tierschutzgesetz verabschiedet, allerdings zunächst ohne konkrete Ausführungsbestimmungen für die Haltung von Hühnern. Die Diskussion um das ‚Tierwohl' hält bis heute an und hat unter anderem Gesetzesänderungen zur Folge: So wurde ab 1999 die konventionelle ‚Batteriehaltung' von Hühnern in Deutschland gesetzlich verboten; 2015 ist ein Ausstiegsdatum für die Haltung der Tiere in ‚Kleingruppenkäfigen' festgelegt worden und zwar für das Jahr 2025.[182]

Mittlerweile gibt es Hühnerhalter, die die Haltungsbedingungen für ihre Tiere geändert haben, sei es, dass sie an Tierschutzprojekten, z. B. gegen das Schnäbel-Kupieren, teilnehmen, sei es, dass sie die Tiere in zertifizierter Biohaltung mit Auslauf und mehr Zeit zum Heranwachsen halten.[183]

Interview: Landwirtschaftlicher Hühnerhalter mit Selbstvermarktung

„Offenheit ist uns wichtig"

Konrad Strauß: „1968 habe ich die Hühnerhaltung auf unseren Hof gebracht. Die Großtiere wurden abgeschafft und ich habe einen Stall für 5000 Hennen errichtet. Mein Schwiegervater war nicht begeistert, denn damals galt nur Großvieh etwas: ‚Willst du verderben und weißt nicht wie, dann halte dir viel Federvieh' – so lautete ein üblicher Spruch. Aber ich habe mich mit Hühnern ausgekannt, denn schon mein Vater hatte sich darauf spezialisiert. Zunächst hatten wir Käfighaltung, das war relativ unkompliziert."

Thomas Strauß (Abb. 104): „2003 sind wir zur Bodenhaltung übergegangen. Damals habe ich einen neuen Stall errichtet, mittlerweile sind es vier für etwa 10.000 Hybridhühner. Unsere Tiere können an die frische Luft, der angebaute ‚Wintergarten' ist ein geschützter Freilaufraum (Abb. 105) und sie haben ausreichend Beschäftigungsmaterial zum Scharren und Picken. 2015–2019 waren wir Modellbetrieb für ‚nicht schnabelkupierte Legehennen'. Unsere Hennen legen etwa 290 Eier pro Jahr, durchleben eine Mauser und kommen nach etwa eineinhalb Jahren zum Suppenhuhn-Schlachter. Unsere Eier und Eiprodukte vermarkten wir selbst und wir legen Wert auf Offenheit und Transparenz."

Konrad und Thomas Strauß, Landwirte,
77 und 43 Jahre, Hadersbach,
Stadt Geiselhöring, 2020

Abb. 104: Thomas Strauß, 2020
(beide Fotos Susanne Fesl, Atting; KB)

Abb. 105: Bodenhaltung der Hühner im sog. ‚Wintergarten' mit Frischluftzugang und Beschäftigungsangeboten, 2020

Interview: Landwirtschaftlicher Bio-Hühnerhalter

„Weniger ist mehr"

Abb. 106: Der Puten- und Hühnerhalter Walter Lehner, 2020 (Foto KB)

Abb. 107: Die biozertifizierten ‚Bronzeputen' haben Auslauf ins Freie, 2020 (Foto Walter Lehner, Wallkofen)

„Ich habe verschiedene Berufe, bin aber immer auch der Landwirtschaft treu geblieben (Abb. 106). Meine Eltern begannen auf unserem Hof Mitte der 1960er-Jahre eine Hähnchenmast mit etwa 10.000 Tieren. Mehrmals im Jahr wurden die Tiere ausgetauscht und an einen großen Schlachthof verkauft. Mir hat diese massenhafte Form der Tierhaltung nicht gefallen und ich hätte auch viel investieren müssen, um im sich immer schneller drehenden Karussell des Wachstums mithalten zu können.

Deshalb haben meine Frau und ich einen anderen Weg gewählt: So halten wir heute etwa 330 ‚Bronzeputen' (Abb. 107) und zwei Mal pro Jahr etwa 400 Masthühner. Wir sind ein Biobetrieb und Mitglied im Naturlandverband. Unsere Tiere haben einen großen Auslauf, sie bekommen Biofutter und haben mehr Zeit zum Heranwachsen. Wir schlachten unser Geflügel am Hof und vermarkten es auch selbst – zum angemessenen Preis. Das passt und ich habe auch Zeit für mein Hobby, die Jagd. Insgesamt mag ich Tiere sehr gerne, mir gefällt es, mit ihnen umzugehen. Es macht mir auch nichts aus, sie zu schlachten, dann aber nur auf eine humane Art und Weise. Tiere dürfen nicht leiden und man muss sie ganz verwerten."

Walter Lehner, Zimmerer, Heilerziehungspfleger i.R., Landwirt, 60 Jahre, Wallkofen, Stadt Geiselhöring, 2020

‚Zündstoff' erhielt und erhält die Diskussion um das ‚Tierwohl' immer wieder durch Berichte über ‚Lebensmittelskandale' und Tierquälereien in der sogenannten ‚Massentierhaltung'.[184] Ein Fall aus hiesiger Region wurde beispielsweise 2014 publik und seine gerichtliche Aufarbeitung zog sich bis 2020 hin. Anhand von Presseberichten kann die Geschichte nachvollzogen werden[185] (Abb. 108): Es ging um salmonellenverseuchte Eier aus den ‚Bayern-Ei'-Betrieben des Unternehmers Stefan Pohlmann, die als Ursache für zahlreiche europaweite Krankheitsfälle, in einem Fall mit Todesfolge, angesehen wurden. Pohlmann hatte drei große Betriebe in Niederbayern, in Niederharthausen, Gemeinde Aiterhofen; in Ettling, Landkreis Dingolfing-Landau und in Tabertshausen, Landkreis Deggendorf.[186] Dort hielt er jeweils über 400.000 bzw. in einem Fall knapp 200.000 Legehennen in Kleingruppenkäfigen.[187] Medien machten die 2014 aufgetretenen Salmonellen-Krankheitsfälle und ihre mögliche Ursache publik, der Fall wurde untersucht, der Betreiber angeklagt, Behörden mangelnder Aufsicht bezichtigt, Tierschutzverstöße wegen Überbelegung der Ställe und unzureichender Hygiene festgestellt und schließlich ein relativ mildes Urteil gefällt.

Als 2018 die mittlerweile von ‚Bayern-Ei' in ‚EBE-Agrar GmbH & Co. KG' umbenannte Firma die leerstehenden Betriebsgebäude in Niederharthausen an einen Geflügelzüchter für eine groß dimensionierte Hähnchenmastanlage verkaufen wollte, verhinderte dies die Gemeinde Aiterhofen per Gemeinderatsbeschluss[188] – Zeichen eines gewandelten Bewusstseins.

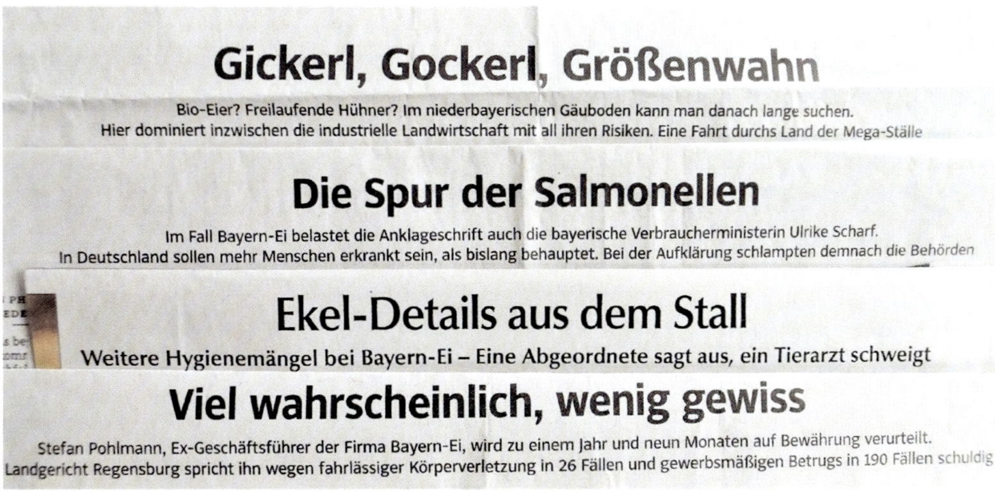
Gickerl, Gockerl, Größenwahn

Bio-Eier? Freilaufende Hühner? Im niederbayerischen Gäuboden kann man danach lange suchen. Hier dominiert inzwischen die industrielle Landwirtschaft mit all ihren Risiken. Eine Fahrt durchs Land der Mega-Ställe

Die Spur der Salmonellen

Im Fall Bayern-Ei belastet die Anklageschrift auch die bayerische Verbraucherministerin Ulrike Scharf. In Deutschland sollen mehr Menschen erkrankt sein, als bislang behauptet. Bei der Aufklärung schlampten demnach die Behörden

Ekel-Details aus dem Stall

Weitere Hygienemängel bei Bayern-Ei – Eine Abgeordnete sagt aus, ein Tierarzt schweigt

Viel wahrscheinlich, wenig gewiss

Stefan Pohlmann, Ex-Geschäftsführer der Firma Bayern-Ei, wird zu einem Jahr und neun Monaten auf Bewährung verurteilt. Landgericht Regensburg spricht ihn wegen fahrlässiger Körperverletzung in 26 Fällen und gewerbsmäßigen Betrugs in 190 Fällen schuldig

Abb. 108: Schlagzeilen aus dem Straubinger Tagblatt und der Süddeutschen Zeitung zum Fall ‚Bayern-Ei', 2017–2019 (KB)

Liebhabertiere der Bürger: Hühner im Geflügelzuchtverein

Ein anderes, nicht primär wirtschaftliches Interesse am Huhn (Abb. 109) gab und gibt es von bürgerlicher Seite: 1879 schlossen sich Interessierte aus der Stadt Straubing und Umgebung – von Straßkirchen über Puchhof bis Atting – zum ‚Verein für Geflügelzucht in Straubing' zusammen.[189] Die meisten Mitglieder dieses Vereins waren Gewerbetreibende, Beamte, Lehrer, Pfarrer usw., einige wenige Gutsbesitzer gab es und kaum Landwirte. Ziel des Vereins war es, „die Geflügelzucht ihrem ganzen Umfang nach zu heben". Als geeignete Mittel erschienen dazu u.a. „monatliche Zusammenkünfte" mit „sachdienlichen Vorträgen", die „Prämierung und Auszeichnung hervorragender Züchter und fleißiger Wärter", „Ausstellungen (Abb. 110, 111), Versteigerungen und Verlosungen von produktiven Geflügelpaaren" von Hühnern bis zu „fremdländischen Stubenvögeln" und „praktischen Geräthschaften". Auch sollte ein „Vereinsgeflügelhof" entstehen und das Geflügel „überhaupt" geschützt und gepflegt werden.

Abb. 109: Das ‚schöne Rassegeflügel', z.B. ‚Italiener'-Hahn, Präparat, Bruckner Gymnasium Straubing, 20. Jahrhundert (KB)

Abb. 110: Katalog der Geflügelausstellung beim Straubinger Volksfest 1904: „Nur gute […] gesunde und rein ächte Tiere werden angenommen" (StadtA SR)

Abb. 111: Preisteller für einen ‚Italiener'-Hahn, 2010 (Jörg Mildenberger, Straubing)

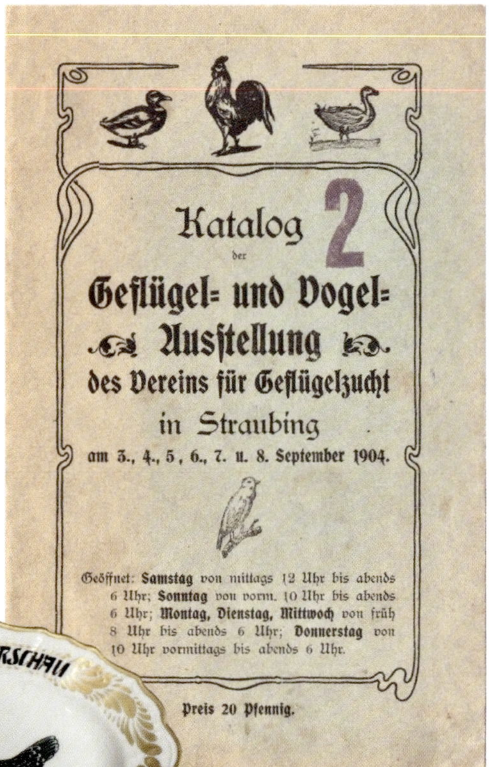

Katalog 2

der

Geflügel- und Vogel-Ausstellung

des Vereins für Geflügelzucht

in Straubing

am 3., 4., 5., 6., 7. u. 8. September 1904.

Geöffnet: **Samstag** von mittags 12 Uhr bis abends 6 Uhr; **Sonntag** von vorm. 10 Uhr bis abends 6 Uhr; **Montag, Dienstag, Mittwoch** von früh 8 Uhr bis abends 6 Uhr; **Donnerstag** von 10 Uhr vormittags bis abends 6 Uhr.

Preis 20 Pfennig.

Ganz im Sinne der bürgerlichen Vereinskultur wurde hier ein gemeinsames Hobby gepflegt und man versuchte, sich fortzubilden und erzieherisch tätig zu sein. Allerdings bemerkte 1907 der Sekretär des landwirtschaftlichen Bezirksausschusses Straubing, Johann Wutzlhofer, dass sich die „Geflügelzucht" im „Berichtsbezirke" auf „niederer Stufe" bewege: „Zwar bemüht sich der Geflügelzuchtverein Straubing […], weitere Kreise für diese […] landwirtschaftliche Nebensparte zu interessieren. Doch wird unseres Erachtens bei den städtischen Vereinsmitgliedern […] die Sache etwas sportsmäßig betrieben, während die ländlichen Kreise derselben ziemlich teilnahmslos gegenüberstehen:"[190] Hühnerhaltung auf dem Land als selbstverständlicher, aber 1907 unwichtig erscheinender Betriebszweig contra bürgerlicher Wettstreit um das schönste ‚Rassegeflügel'.[191]

‚Rassegeflügelzucht'

In Geflügelzuchtvereinen und ihren Verbänden wurden Standards für die Zucht von ‚Rassegeflügel' festgelegt und publiziert. Beispielsweise erschien 1899 erstmals ‚Kramers Taschenbuch der Rassegeflügelzucht'[192] mit Beschreibungen und farbigen Illustrationen der vielgestaltigen Rassen und Farbschläge der Hühner, Enten, Gänse und Truthähne: In einer späteren Ausgabe von 1926 fanden sich dann hier nicht nur neue Rassen und Zuchtzweige wie die ‚Zwerghühner', sondern auch geänderte „Musterbeschreibungen", denn der „Geschmack der Züchterwelt" habe „sich in mancher Beziehung verfeinert." Zucht war und ist hier vor allem eine Frage der Ästhetik und des Geschmacks. Bis heute geht es um den „friedlichen Wettstreit der schönsten Tiere jeder Rasse", präsentiert und benotet auf Tierschauen. Auch wurden und werden Märkte zum Verkauf und ‚Fachsimpeln' veranstaltet: In Straubing ab 1910 der Taubenmarkt[193] und ab 1991 der ‚Dreikönigsmarkt'[194] in den Ausstellungshallen am Hagen.

Heute ist eine neue Zielsetzung der Geflügelzuchtvereine hinzugekommen: Man möchte die Vielfalt des ‚Rassegeflügels' als „altes Kulturgut" erhalten (Abb. 112) angesichts einer heutigen Reduktion der Arten im Bereich des Wirtschaftsgeflügels, der Hybridhühner.[195]

Abb. 112: ‚Rassegeflügel': Aquarell von M. Holdenried als Sinnbild für den Straubinger Geflügelzuchtverein, 1999 (Geflügelzuchtverein Straubing)

„Geflügelzucht macht Freude!"

Abb. 113: Jörg Mildenberger prüft seinen ‚Italiener'-Hahn, 2020 (beide Fotos KB)

Abb. 114: Taubenhaus und die 1992 errichtete ‚Vereinshalle', daneben befinden sich die Zuchtanlagen des Geflügelzuchtvereins, 2020

„Schon als Kind im Rheinland bin ich mit Tauben und Hühnern in Kontakt gekommen, aber erst als Erwachsener habe ich selbst Hühner gezüchtet, seit 1988 in Hunderdorf. Schon bald bin ich in den Straubinger Geflügelzuchtverein eingetreten. Hier trifft man Gleichgesinnte. Und man kann in der vereinseigenen Geflügelzuchtanlage (Abb. 114) eine eigene Parzelle mit Stallung mieten. Da gibt es keinen Ärger mit Nachbarn, wenn mal ein Hahn kräht.

Besonders gern mag ich ‚Italiener'-Hühner, eine alte temperamentvolle Rasse, die teilweise vom Aussterben bedroht ist (Abb. 113). Ich halte sie in vier verschiedenen Farbschlägen und züchte regelmäßig Nachwuchs. Jeder Züchter achtet auf festgelegte Rassemerkmale, setzt aber auch eigene Akzente bei seinen Tieren. Das wichtigste ist die Vitalität der Hühner: Man muss sie täglich beobachten, um herauszufinden, welche die Besten sind, die man zur Zucht weiterverwendet. Schon mehrfach habe ich Meisterschaften mit meinen ‚Italienern' gewonnen. Das macht Freude!

Zum Geldverdienen mache ich das Ganze nicht, Geflügelzucht ist für mich ein entspannendes Hobby, bei dem man nah an der Natur ist."

Jörg Mildenberger, Gärtnermeister, erster Vorstand des Straubinger Geflügelzuchtvereins, 55 Jahre, Straubing, 2020

Hühner als neue Heimtiere?

Und schließlich erlebt die Hühnerhaltung heute im privaten, nichtlandwirtschaftlichen Bereich einen Boom, der das Huhn zum geliebten neuen Heimtier werden lässt.[196] Insbesondere in gegenwärtigen Corona-Zeiten scheint das Interesse an der privaten Hühnerhaltung zusätzlich noch einmal gestiegen zu sein.

Gründe

Sucht man nach den Motivationen hierfür, nennen Presseberichte pragmatische und emotionale Gründe: Einerseits gilt die Hühnerhaltung als relativ unkompliziert: „Die Vögel sind anspruchslose Esser, Ställe gibt es zum Bestellen im Netz, für die Urlaubszeit werden Nachbarskinder das Füttern und Eierklauben gerne übernehmen;"[197] man kann eierlegende Hennen ohne Hahn, und damit ohne Lärmbelästigung, halten und es sollen drei Hennen für den Anfang reichen. Auch können Futterautomaten und Stalltüren mit Zeitschaltuhr die Haltung erleichtern. Allerdings scheinen mittlerweile manche die neuangeschafften Tiere schon wieder abgeben zu wollen, denn „das echte Huhn macht Dreck, verwandelt den Garten in eine Kraterlandschaft und verbreitet keinen besonders lieblichen Duft."[198] Realität und Idealbild der Hühnerhaltung stimmen hier nicht überein und mangelnde Erfahrung mit den Tieren lässt sie lästig werden. Um diesem Problem zu begegnen, gibt es mancherorts auch die temporäre ‚Vermietung' von Hühnern.[199]

Gegenmodell: Nutztiere als geliebte Heimtiere

Auf der anderen Seite bestehen emotionale Anforderungen an die Tiere und zwar im Sinne eines Gegenentwurfs zur nutztierfernen Moderne und zur industrialisierten Lebensmittelproduktion: Hier lässt sich das Leben eines Nutztiers hautnah beobachten, seine Individualität wahrnehmen und gleichzeitig miterleben, wie die eigenen Hühner Eier legen. Die Autorin Jessica Sabasch schreibt: „Wenn jeder Mensch drei Hühner um sich hätte, denke ich […] wäre die Welt vielleicht ein besserer Ort. Wir würden lernen, dass sie nicht nur leben, um uns Fleisch und Eier zu liefern, sondern empfindsame Wesen sind. Persönlichkeiten."[200] Auch wird häufig als Argument angeführt, dass man ein gesundes Lebensmittel erhalte, denn man wisse, woher die Eier stammen und wie die Tiere gehalten und gefüttert wurden: „Eier garantiert frei von Schadstoffen."[201]

Die Grenze vom Nutz- zum Haustier scheint in dieser Art Hühnerhaltung überschritten zu sein. Allerdings tun sich neue Grenzen auf, wenn es um die Frage des Schlachtens geht: Soll das geliebte Haustier, wenn es nicht mehr so viele Eier legt, geschlachtet werden oder nicht? Und wenn ja, wie geht das? Darüber schweigen sich moderne Ratgeber oft aus[202] (Abb. 115).

Abb. 115: Ratgeber für Hühnerhaltung zu Hause, 2020 (KB)

Interview: Private Hühnerhalterin

„Tierhaltung ist unser Hobby – dazu gehören auch Hühner"

Abb. 116: Doris S. beim Füttern ihrer Hühner, 2020 (beide Fotos KB)

„Um ehrlich zu sein, was wir hier haben, ist ‚heile Welt': Eine Hofstelle auf dem Land, Pferde, Hunde, Hühner … nichts zum Geldverdienen oder gar davon zu leben. Aber Tiere und Landleben machen uns glücklich (Abb. 116).

Die Hühnerhaltung ist meine Sache: Optisch gefallen mir die Tiere, auch die Eier können wir gut gebrauchen: Sie stammen von fünf unterschiedlichen Hühnerrassen, sind verschiedenfarbig (Abb. 117) und haben besonders gelbe Dotter, weil die Hühner draußen vielfältiges Futter finden. Frische gesunde Lebensmittel sind für mich wichtig. Unsere Hennen legen im natürlichen Rhythmus: Im ersten Jahr fast täglich ein Ei, dann deutlich weniger. Die älteren Hennen tausche ich durch nachgezogene junge Hennen gruppenweise aus. Auch schlachten wir selbst, eine eher unangenehme Sache.

Abb. 117: Bunte Eier von verschiedenen Hühnerrassen, 2020

Zur Hühnerhaltung gehört ein Hahn dazu, weil er seine Hennen beschützt und zusammenhält. Er bekommt einen Namen, mittlerweile haben wir ‚Franz IV.'. Unsere Hennen bleiben namenlos, weil es ja komisch wäre, eine ‚Erna' o.ä. zu schlachten. Als große Bereicherung empfinde ich es, das ausgeprägte Sozialleben unserer Hühner zu beobachten."

Doris S., Erzieherin, Hausfrau, 63 Jahre, Fischerdorf, Gde. Parkstetten, 2020

Das Schlachten der Nutztiere

In der nicht-landwirtschaftlichen Hühnerhaltung spielt das Schlachten der Tiere keine oder nur eine untergeordnete Rolle, andere Aspekte stehen im Vordergrund. In Gegensatz dazu gehört das Schlachten bei der landwirtschaftlichen Nutztierhaltung mit dazu und prägt das Verhältnis der Landwirte und Metzger zu den Tieren: Tierliebe und Schlachten schließen sich für sie, laut Johann Kirchinger, nicht aus, denn die Tiere sind Lebewesen und existenzielle ‚Betriebsmittel' zugleich.[203] Im gewerblich-industriellen Bereich der Nutztierhaltung mag – aufgrund einer sehr großen Anzahl der Tiere und stark arbeitsteiliger ‚Produktion' – der Bezug zu den einzelnen Tieren ein anderer sein, aber das wäre eigens zu untersuchen.[204]

Das einst sichtbare handwerkliche Schlachten der Tiere wurde im Lauf der Entwicklung zunehmend ausgelagert und ‚hinter Mauern' verlegt. Den Akt des Tötens blendete man aus dem öffentlichen Bewusstsein aus und steigerte durch industrialisierte Arbeitsweise die Schlachtzahlen.[205]

Hausschlachtung für den Eigenbedarf

Bei der Hausschlachtung kleinerer und mittelgroßer Tiere vom Geflügel bis zum Schwein legten die Hofbewohner weit bis ins 20. Jahrhundert hinein oft noch selbst Hand an. Zur Selbstversorgung hatten viele das Jahr über ein Schwein gemästet, das in der Winterzeit am Hof als ‚Weihnachter' oder ‚Mettensau' geschlachtet wurde.[206]

Das Schlachten nahm der Landwirt entweder selbst vor (Abb. 118) oder bestellte einen ‚Brandmetzger'. Schlachten war Männersache.[207] Die dazu notwendigen Gerätschaften, das Messer, der ‚Sautrog', der ‚Schlachtgalgen' und der Borstenschaber usw. befanden sich meist am Hof. Alles vom geschlachteten Tier wurde verwertet und meist noch warm verarbeitet. Die Vorbereitungen und das Weiterverarbeiten gehörte eher zum Arbeitsgebiet der Frauen.[208] Das Blut des geschlachteten Tieres fing man auf, rührte es, damit es nicht gerann; reinigte die Därme als Wursthaut, bereitete aus dem Kopf, Blut und Innereien Blut- und Leberwürste sowie Pressack oder aus den Füßen Sulzen zu. Das meiste Fleisch wurde durch Suren (Pökeln) und Selchen (Räuchern) als Vorrat konserviert. Frisch gab es das Kesselfleisch. Aus dem Sud entstand die ‚Britsuppe', die man, zusammen mit Blut- und Leberwürsten, beim anschließenden Schlachtfest auch an die Nachbarn verschenkte. Wie aus einem Tier ein Lebensmittel wurde, das konnte beim Hausschlachten direkt miterlebt werden.

Solche Hausschlachtungen waren lange Zeit mangels Alternativen zur Selbstversorgung notwendig gewesen, vor allem in den

Notzeiten in und nach dem Ersten und Zweiten Weltkrieg, als die Nahrung staatlich rationiert war. Schwarzschlachtungen kamen damals häufig vor.[209] Erst als seit Ende der 1950er- bis 1960er-Jahre sich die ländliche Versorgungslage auch in Bezug auf Fleisch verbesserte und neue Konservierungsmethoden wie das Tiefgefrieren in privaten Haushalten üblich wurde,[210] nahmen die Hausschlachtungen ab. Allerdings meldete noch 2016 das Straubinger Tagblatt, dass es im Bayerischen Wald immer noch mehr Hausschlachtungen als andernorts gäbe; als Grund dafür wurde das „Vertrauen in das selbst gefütterte Tier" genannt.[211] Das deckt sich mit einzelnen Bestrebungen heute, das Schlachten am Hof oder auf der Weide und die bewusste Nutzung aller Teile des Tiers zum Essen neu zu entdecken[212] (Abb. 119).

Abb. 118: Hausschlachtung eines Schweins auf einem großen Hof in Hadersbach, Stadt Geiselhöring, um 1925 (Familie Schwarz, Salching) (siehe S. 37–42)

Abb. 119: Die Hausschlachtung und ganze Verwertung eines Tieres neu entdeckt: Publikation von 2018 (Privatbesitz)

Vom handwerklichen Metzger ...

Größere Tiere wie Rinder, aber auch Schweine wurden von Metzgern geschlachtet. Die handwerklich-gewerbliche Tierschlachtung fand lange Zeit öffentlich statt. In Bogen beispielsweise schlachteten die Metzger[213] auf den Fleischbänken am Marktplatz in der Nähe von Brunnen oder vor ihren Häusern. Für jedes geschlachtete Tier musste eine Abgabe gezahlt werden und die Fleischpreise waren behördlich reguliert. Auch hatten amtlich bestellte Fleischbeschauer den Gesundheitszustand der Schlachttiere zu überprüfen und zu bescheinigen.[214] Immer wieder gab es Klagen über mangelnde Reinlichkeit.[215] Mitte des 19. Jahrhunderts versuchte der Markt Bogen durch den Bau eines kommunalen Fleischhauses im Hof des Rathauses die Situation zu verbessern. Allerdings genügte dieser einfache Bau den Anforderungen nicht lange. Deshalb zeigten die Bogener Metzger Eigeninitiative: Nach der Beendigung zünftischer Einschränkungen durch die Gewerbefreiheit 1868 errichteten vor allem die Metzgerwirte neue private Schlachthäuser.[216] Das Schlachten fand jetzt nicht mehr vor den Augen von „Kindern" oder „nicht beteiligten Personen", sondern hinter verschlossenen Türen statt (Abb. 120), wie es die ortspolizeiliche Ordnung von 1903 forderte.[217]

Abb. 120: Der Bogener Metzger Berghammer mit Mitarbeitern, Foto, um 1935 (Privatbesitz)

Auch in Straubing gab es zunehmend Kritik an den hygienischen Verhältnissen in den alten kommunalen Fleischbänken der Spitalgasse: „Das Innere dieses Stadels [Fleischbank] – pfui, was sieht man da. Alte Krusten von Blut, an den beiden Portalen je ein Misthaufen. […] Ein Gestank zum Umfallen […]", so lautete z. B. 1892 eine Meldung in der Presse.[218] Man suchte nach Lösungen, die Situation in Sachen Fleischversorgung für die im 19. Jahrhundert stark angewachsene Bevölkerung der Stadt zu verbessern.[219]

… zum kommunalen Schlachthof

Unter Einflussnahme des späteren Direktors, des Tierarztes und Schlachthofexperten Dr. Hugo Heiß (1863–1936), errichtete die Stadt Straubing einen großen, modernen Schlachthof an der Heerstraße, einer Ausfallstraße in Richtung Osten.[220] (Abb. 121). Die gesamte, 1899 eröffnete Anlage umfasste ca. 15.000 Quadratmeter Fläche, verfügte über mehrere Schlachthallen für verschiedene Tierarten (Abb. 122), Stallungen, ein maschinell betriebenes Kühlhaus, Kuttlerei, Pökelraum, Freibank, Wohnungen, Gärten, elektrisches Licht, eine Kanalisation usw. Der neue Schlachthof sollte, laut Dr. Heiß, nicht nur rationelles Schlachten ermöglichen, sondern auch eine „sanitäre Mission" erfüllen:[221] „Schlachthöfe sind Stätten der Hygiene […] und eine sanitäre Wohlfahrtseinrichtung. […] Er [der Schlachthof] muss aus städtischen Mitteln erbaut, betrieben und verwaltet werden und unter städtischer Leitung stehen […]. Nie soll der Schlachthof eine einträgliche Erwerbsquelle für die Stadt sein [… sondern nur] ein Tempel der Hygiene."[222]

Anstelle von Gewinnmaximierung stand für den Tierarzt Dr. Heiß eine Verbesserung der Situation der Menschen und der Schlachttiere im Fokus.[223]

Abb. 121: Postkarte des 1899 eröffneten Straubinger Schlachthofes, 1903 (StadtA SR)

Abb. 122: Foto der dortigen ‚Schweineschlachthalle', 1899 (StadtA SR)

Abb. 123: Fleischbeschau mit dem Mikroskop: Mit dieser Ausrüstung wurde durch Tierärzte die Fleischbeschau durchgeführt, das Fleisch entsprechend seiner Tauglichkeit zum Verzehr gestempelt, Mitte 20. Jahrhundert (KB)

Hintergrund waren zwei Entwicklungen des 19. Jahrhunderts: Einerseits wandelte sich der medizinische Blick auf das Tier: Der Aufschwung der Mikrobiologie, die Entdeckung von Parasiten und von Bakterien ließen Tiere als von Krankheitserregern besiedelte, potentielle ‚Gefahrenherde' für die Gesundheit der Menschen erscheinen. Die Angst vor Ansteckung machte Hygiene und eine intensivere Kontrolle notwendig.[224] Vom bloßen Ansehen der Tiere wandelte sich die Fleischbeschau zur wissenschaftlichen Untersuchung von Fleischproben nach der Schlachtung unter dem Mikroskop. Das Fleisch der Schlachttiere wurde durch amtliche Stempelung für den menschlichen Verzehr eingeteilt in ‚tauglich', ‚bedingt tauglich', ‚minderwertig', ‚nicht tauglich'[225] (Abb. 123).

‚Humanes Schlachten'

Auf der anderen Seite entwickelte sich im 19. Jahrhundert die Tierschutzbewegung, der auch der Straubinger Schlachthofdirektor Dr. Heiß eng verbunden war.[226] Man wurde sich bewusst, dass auch Tiere Schmerz empfinden können und forderte Mitleid mit den Schlachttieren und deren ‚menschlichere' Behandlung.[227] Konkret ging es den Tierschützern darum, die Tiere beim Schlachten nicht mehr den „Qualen eines langsamen Todes" auszusetzen, sie nicht betäubungslos ausbluten zu lassen (schächten), sondern sie ‚human' zu töten.[228] Dazu gehörte das schnelle, möglichst stressfreie und schmerzlose Schlachten nach vorheriger wirksamer Betäubung der Tiere. Anstelle des bis dahin üblichen ‚Stirnschlags' (Abb. 124) empfahl Dr. Heiß in seiner 1904 veröffentlichten, preisgekrönten Schrift über „Das Betäuben der Schlachttiere mittels blitzartig wirkender Betäubungsapparate"[229] den neuartigen Bolzenschussapparat (Abb. 125). Das Betäuben der Tiere vor dem Schlachten mit diesem Apparat setzte sich durch, im Straubinger Schlachthof ab 1902 bzw. 1905, überall in Deutschland bis heute.[230]

Der kommunale Straubinger Schlachthof wurde trotz anwachsender Schlachtzahlen im Jahr 1984 geschlossen.[231] Heute schlachten sehr viele hiesige Metzger nicht mehr selbst, sondern beziehen ihr Fleisch von den großen privatwirtschaftlichen Schlachthöfen in Landshut, Vilshofen und Waldkraiburg, allerdings gibt es auch Ausnahmen.

Abb. 124: Schlachtszene: Betäubung des angebundenen Rindes mit einem Hammer. Dieses ‚Schlagen' erforderte Kraft und Präzision und war nicht immer wirkungsvoll, Chromolithographie, um 1930 (KB)

Abb. 125: Abbildung ‚Bolzenschussapparat' aus der Schrift von Dr. Heiß zum ‚humanen Töten' von 1904, S. 16 (StadtA SR)

Interview: Metzger

„Das Schlachten und Veredeln gehören dazu!"

Stefan Zankl (Abb. 126): „In unserem Betrieb schlachten wir noch selbst. Unsere Schlachttiere holen wir von Landwirten aus der Umgebung im Umkreis von etwa 15 Kilometern. Pro Woche sind es etwa 20 Sauen und ein Rind aus konventioneller Haltung. Vor dem Schlachten selbst haben wir Respekt. Tiere sind Lebewesen und sie sollen so wenig wie möglich davon mitkriegen. Die Rinder betäuben wir mit einem Bolzenschussgerät, die Schweine mit einer elektrischen Betäubungszange. Neue gesetzliche Richtlinien fordern immer wieder neue Investitionen, z. B. einen USB-Stick in der Betäubungszange, damit der Schlachtvorgang kontrolliert werden kann – Anschaffungen, die ein kleinerer Betrieb nicht immer so leicht stemmen kann. Viele Metzger schlachten deshalb nicht mehr selber, für mich kommt das aber nicht infrage."

Florian Zankl (Abb. 127): „Auch privat bin ich ‚Fleischfan': Ich probiere sehr gerne verschiedene Grillarten mit meinen Freunden aus. Daraus hat sich meine Fortbildung zum ‚Fleischsommelier' ergeben. Und ich biete in meiner ‚Fleischakademie' gut besuchte Grillseminare und Zerlegekurse an."

Stefan und Florian Zankl, Metzgermeister, 52 und 23 Jahre, Saulburg, Gde. Wiesenfelden, 2020

Abb. 126: Der Metzger Stefan Zankl in seinem Schlachtraum, 2020 (Foto KB)

Abb. 127: Der Metzger Florian Zankl beim Würzen von Fleisch, 2020 (Foto Familie Zankl, Saulburg)

Industrieller Schlachthof ‚auf der grünen Wiese'

Am Beispiel des großen, privatwirtschaftlichen Geflügelschlachthofes ‚Donautal Geflügelspezialitäten' (vgl. S. 59f.) in Hofweinzier bei Bogen zeigt sich zum einen das Auslagern industrieller Schlachtbetriebe aus den Ortschaften und damit weg von den Blicken der Menschen und zum anderen ein Anwachsen von deren Kapazitäten:[232] Keimzelle dieses Geflügelschlachthofes war die Geflügel-, Eier-, Wild- und Obstgroßhandlung von Josef Wührl[233] (1907–1990), die sich seit 1948 in unmittelbarer Nähe des Bogener Bahnhofs befand (Abb. 128). 1960 kam hier eine Geflügelgroßschlächterei hinzu, mit einer eigenen Halle samt Kühlhaus. 1978 verließ der Betrieb die Stadt Bogen und errichtete seinen neuen Sitz am Fuß des Bogenbergs in der Nähe von Hofweinzier, Stadt Bogen. Die Großschlachterei ging als Zweigniederlassung in den Besitz der ‚Lohmann & Co. AG' (Wiesenhof)[234] über. Wurden 1979 täglich durchschnittlich 58.000 Hähnchen geschlachtet, sind es heute täglich mehr als 220.000;[235] sie ist damit eine der größten Geflügelschlachtereien Deutschlands (Abb. 129).

Abb. 128: Werbeanzeige für die Eier- und Geflügelgroßhandlung Wührl in Bogen, in: SRT 7.6.1952 (Hans Neueder, Bogen)

Abb. 129: Geflügelschlachthof ‚Donautal' bei Hofweinzier, Stadt Bogen, 2021 (Foto KB)

Fleisch essen oder nicht?

Fleisch war und ist nicht irgendein Lebensmittel[236]: Lange Zeit galt Fleisch als Luxus, der den oberen Gesellschaftsschichten vorbehalten war. Die breite Bevölkerung auf dem Land konnte nur selten Fleisch konsumieren. Langsam in der zweiten Hälfte des 19. Jahrhunderts, rasant nach 1945, steigerte sich der Fleischkonsum, ermöglicht durch den Wirtschaftsaufschwung und eine intensivierte Tierhaltung. Fleisch als Festtags- und ‚Herrenspeise' verwandelte sich in eine alltägliche Speise und das Fleischessen wurde ‚demokratisiert'. Heute stellen sich andere Fragen als früher, z. B. die nach den Kosten der Herstellung hochwertigen Fleisches zu billigen Preisen für Tier, Umwelt und Mensch bzw. nach der Frage, ob Tiere überhaupt gegessen werden sollten.

Regionale und soziale Unterschiede

In der Ständegesellschaft des 18. Jahrhunderts gab es deutliche soziale Unterschiede beim Essen: So charakterisierte der aus Mallersdorf stammende Aufklärer Johann Pezzl (1756–1823) 1784 einen Taglöhner als jemanden, der „auf seinem Herdlein das Jahr 4mal Fleisch kocht, und in der Woche von schlechten Wassersuppen, und ungeschmalznen Nudeln lebt". Bei den „Adeliche[n] und Prälat[en]" hingegen seien „die Brater in steter Bewegung [...], um dem hochgebohrenen [...] Bauche das Mahl zu bereiten."[237] Im 19. Jahrhundert blieben die sozialen Unterschiede beim Essen, ausgedrückt durch Pflanzenkost versus Fleischkost, bestehen. 1846 notierte Joseph Friedrich Lentner (1814–1852) für den Landgerichtsbezirk Bogen: „Im Vorderwald bessert sich die Nahrungsweise der Bewohner [...]. Sie gleicht [...] der im Donaugau üblichen [...]. Mehl- und Milchspeisen mit Vegetabilien überwiegen, obwohl auch Fleisch gegeben wird. [...] Bei dem ärmeren Volke geben Hirgstmilch [gestockte saure Milch], grobe Mehlspeisen, Knode [Knödel] und Nudl in Wasser gesotten, Kraut und Brein [Brei, Mus] die tägliche Nahrung."[238]

Das Essen war zudem größtenteils abhängig von dem, was im Umfeld produziert werden konnte, dies bewirkte stärkere regionale Unterschiede.[239] Südlich der Donau nahm der Fleischkonsum im Alltag stärker zu, blieb aber immer noch etwas Besonderes: So vermerkte der Mallersdorfer Amtsarzt Dr. Andreas Heiß (1801–1877) 1860 kritisch, dass es bei „besseren Bauers- und Söldnerfamilien" auch für Dienstboten drei Mal pro Woche Fleisch mit Sauerkraut und Knödeln gäbe, diese das aber nicht zu schätzen wüssten und „unzufrieden" seien.[240]

Andere Amtsärzte äußerten sich negativ zu Völlereien, etwa wenn zu Kirchweih große Mengen Fleisch verzehrt wurden, die dann „gastrische Beschwerden" verursachten.[241] Was für die

Einen Inbegriff des Luxus war, einmal so viel Fleisch wie möglich essen zu können, galt den Anderen als ungesund.

Hierarchie der Fleischsorten auf dem Land

Welches Fleisch wurde gegessen? Physikats- und andere Berichte[242] des 19. Jahrhunderts nennen als Basis der ländlichen Fleischversorgung das Schweinefleisch (Abb. 130) sowie dessen Fett, das Schweineschmalz. Parallel dazu nahm die Haltung der Schweine südlich der Donau zu. Geflügel wurde eher selten erwähnt und wenn, dann als Fleisch für die „Wenigbemittelten", zu besonderen Festen oder als Suppenhuhn. Das Rind- und Ochsenfleisch, meist in „gesottener" Form, genoss einen hohen Stellenwert. Ochsenmast war ein traditioneller Betriebszweig von Landwirten im Bayerischen Wald, allerdings weniger für das Selbstessen von Rindfleisch, als vielmehr für die Zugarbeit auf dem Feld und zum Verkauf der Tiere. Selten gab es Kalb- oder Lammfleisch sowie Wild und Fisch.

Abb. 130: Fleisch essen auf dem Land zu besonderen Gelegenheiten, z. B. ‚Mettenwürste' von der selbstgeschlachteten ‚Weihnachtssau' in Kelburg, Gde. Rattenberg, Foto, um 1970 (Slg. Otto Kerscher, KB)

Leitbild ‚Fleisch'

Um 1900 empfahl der Bogener Amtsarzt Julius Mayr „mehr Fleischkost statt Schmalzkost" für einen erwünschten „Umschwung in der Volksernährung."[243] Fleischessen galt bis weit ins 20. Jahrhundert hinein als Leitbild, einmal wegen seines zumindest bis Mitte des 20. Jahrhunderts exklusiven Charakters, zum anderen wegen seines Gesundheitswertes. Hauswirtschaftliche Lehrbücher der 1920er-/1930er-Jahre betonten beispielsweise das „vollwertige Eiweiß" des Fleisches, das wichtige Nährstoffe beinhaltet.[244] Allerdings war die erste Hälfte des 20. Jahrhunderts durch zwei Weltkriege mit nachfolgenden Notzeiten durch Ernährungsengpässe und einer teilweisen unfreiwilligen Rückkehr zur Pflanzenkost gekennzeichnet, Fleisch war oft Mangelware.[245]

Erst als seit Ende der 1950er- und in den 1960er-Jahren das ‚Wirtschaftswunder' zu steigenden Löhnen und eine Intensivierung der Tierhaltung zu mehr Verfügbarkeit von Fleisch führte, begann die sogenannte ‚Fresswelle': Der Fleischkonsum[246] – als Zeichen für neuen Wohlstand – stieg kontinuierlich bis in die 1990er-Jahre an; der ‚Sonntagsbraten' (Abb. 131) entwickelte sich allmählich zum Alltagsgericht. Seitdem stagniert der Fleischkonsum auf hohem Niveau, mit leichten Rückgängen in der jüngeren Zeit: 2016 wurden in Deutschland etwa 59 Kg Fleisch pro Person und Jahr verzehrt. Aus dem Fleischmangel nach 1945 ist heute ein Überangebot geworden, das – besonders in Deutschland – zu sehr günstigen Preisen verkauft wird.[247] Das gilt nicht nur für die Schale Hackfleisch vom Discounter, sondern auch für die ‚edlen' Teile vom Tier wie Filet oder Schnitzel, die heute meist konsumiert werden. Das Fleisch hat an ‚Wert'(schätzung) und Exklusivität verloren[248] (Abb. 132).

Abb. 131: Der bürgerliche Sonntagsbraten, Bildseite aus Erna Horn: Der neuzeitliche Haushalt, Kempten 1957, Tafel 15 (KB)

Abb. 132: Günstige Angebote für Fleisch aus dem Discounter, Ausschnitt aus einem Aldi-Werbeprospekt, 2020 (KB)

Veränderte Perspektiven

In dem Moment, in dem genug Fleisch verfügbar und nicht mehr Luxusgut war, mehrten sich kritische Stimmen: Seit den 1970er-Jahren, besonders aber ab den 1990er-Jahren wurden und werden folgende Themen in der Öffentlichkeit breit diskutiert: Die Bedingungen einer intensivierten Tierproduktion (sogenannte ‚Massentierhaltung'), ihre Auswirkungen auf die Tiere (‚Tierwohl') und die Umwelt (Düngerproblem, Klimaauswirkungen). Auch die gesundheitlichen Folgen von zu viel Fleischkonsum für die Menschen (Krankheiten, Antibiotikaresistenzen) sieht man heute oft kritisch, es gibt Appelle, den Fleischkonsum zu reduzieren.[249]

Auch das heutige Vergessen und Ausblenden des Tiers hinter dem Fleisch – unter anderem bedingt durch die zunehmende Vermarktung küchenfertig verarbeiteter, toter Tiere anstelle von lebenden, bei denen der Konsument noch selbst Hand anlegen musste – hat verschiedene Folgen: Auf der einen Seite gibt es eine zunehmende Zahl an Vegetariern und Veganern,[250] die das Essen von Fleisch bzw. das Nutzen von Tieren insgesamt ablehnen. Auf der anderen Seite wird wieder mehr Wertschätzung für das ganze Tier und die aus ihm gewonnenen Produkte gefordert.

Die Ablehnung des Fleischessens hat schon eine längere Geschichte, ist aber jetzt erst in die Mitte der Gesellschaft gerückt, vertreten wird diese Haltung oft von jüngeren, weiblichen, gut ausgebildeten Städtern.[251] Dagegen scheint der neue ‚Kult' ums Fleischessen (z. B. Grillen) in Kombination mit der Forderung alles – ‚from nose to tail' – vom Tier zu verwerten, häufig eine Angelegenheit von Männern zu sein.[252] Und dazwischen gibt es zunehmend mehr sogenannte ‚Flexitarier', die einen bewussteren Umgang mit Fleisch möchten, Biofleisch kaufen bzw. auch öfters auf Fleisch verzichten. Sie sind nicht selten Vertreter einer finanzkräftigen Bildungsbürgerschicht.[253]

Auch im neuen Kontext ist das alte ‚Leitbild Fleisch' nicht ganz verloren gegangen, etwa wenn bei veganen pflanzlichen Ersatzprodukten Dinge angeboten werden, die wie Fleisch aussehen, aber keines sind, also z. B. vegane Wurst oder Burger. Dabei handelt es sich um einen großen Wachstumsmarkt, der auch von industriellen Fleischproduzenten wie etwa die ‚Rügenwalder Mühle' (Abb. 133) oder ‚Wiesenhof' bedient wird.[254]

Abb. 133: Leitbild Fleisch: Leberwurst und ihr veganer Ersatz, produziert von der Fleischfabrik Rügenwalder Mühle, 2021 (KB)

Interview: Fleischfan

„Fleisch essen tut mir gut"

„Solange ich denken kann, habe ich vor allem Fleisch gegessen, dazu Brot oder Kartoffeln, das Gemüse habe ich weggelassen. Meine Mutter wäre fast verzweifelt, hat aber doch dann einen Weg gefunden, dass ich Fleisch essen konnte, ohne dass meine Geschwister auf Gemüse verzichten mussten. Ich komme aus einem Dorf in der Nähe von Gießen und mag am liebsten panierte Schnitzel mit verschiedenen Saucen, wie in Hessen üblich. Seitdem ich in Bayern lebe, ist Schweinebraten mit Knödeln und Kraut dazu gekommen. Aber Fleisch pur schmeckt mir immer noch am besten: Es macht satt, gibt Kraft und ich bin zufrieden.

Abb. 134: Janos N. mit seiner ‚Leibspeise', 2020 (Foto KB)

Durch den Einfluss meiner Freunde und vor allem meiner Frau esse ich mittlerweile etwas mehr Gemüse, auch wenn ich es nicht so gut vertrage. Trotzdem gibt es bei mir immer noch fast jeden Tag Fleisch oder Wurstwaren (Abb. 134).

Mittlerweile achte ich sehr darauf, woher das Fleisch kommt, denn die Tiere sollen wenigstens ein gutes Leben gehabt haben, wenn sie für die Nahrung der Menschen sterben müssen. Ich kaufe Fleisch nur beim Metzger oder im Bioladen, dann kann ich es auch genießen."

Janos N., Restaurator, 37 Jahre, Straubing, 2020

Interview: Vegetarierin

„Ich bin Vegetarierin"

Abb. 135: Gemüseanbau im Garten der Familie von Judith W., 2020 (Foto KB)

„Seit etwa sechs Jahren verzichte ich auf Fleisch und Fisch. Das kam so: Schon als Jugendliche habe ich angefangen, meine Lebensweise zu hinterfragen. Bis dahin war das Essen von Fleisch für mich ganz selbstverständlich, wenn auch nicht in großen Mengen. Ich habe mich über Ernährung informiert, vor allem im Internet bin ich fündig geworden. Der konkrete Auslöser war ein schockierender Film über Tiermisshandlungen namens ‚Earthlings', den ich damals angeschaut habe. Da ist mir der Appetit auf Fleisch vergangen. Seitdem kann ich Fleisch nicht mehr nur als eine Speise ansehen, sondern erkenne immer das Tier dahinter, das dafür sterben musste. Ich kann das Fleisch vom Tier gedanklich nicht mehr trennen, wie es sonst bei uns üblich ist. Was das Leid von Tieren angeht, bin ich sehr empfindlich.

Meine Eltern haben mich auf meinem Weg bestärkt und mir gleich ein vegetarisches Kochbuch geschenkt. Mein Vater baut im Garten viel frisches Gemüse an, wir sind gut versorgt (Abb. 135). Der Verzicht auf Fleisch ist ein Teil von mir geworden. Ich bin nicht missionarisch, möchte aber meinen Beitrag dazu leisten, die Welt ein bisschen besser zu machen."

Judith W., Studentin Grundschullehramt, 21 Jahre, Straubing, 2020

Interview: Veganerin

„Wir leben in einer nicht-veganen Welt"

„Seit etwa sieben Jahren bin ich Veganerin und vermeide es, tierische Produkte zu nutzen. Das heißt, ich esse kein Fleisch und verzichte auf Eier, Milch, Honig, Gelatine usw. Kleidungsmäßig verzichte ich auf Leder, Wolle, Seide usw. und versuche, diese durch pflanzliche Naturstoffe zu ersetzen: Eine Handtasche aus Kork statt aus Leder beispielsweise (Abb. 136). Manchmal ist es schwierig, die richtigen Produkte zu finden, denn wir leben in einer nicht-veganen Welt, aber das Internet hilft da weiter.

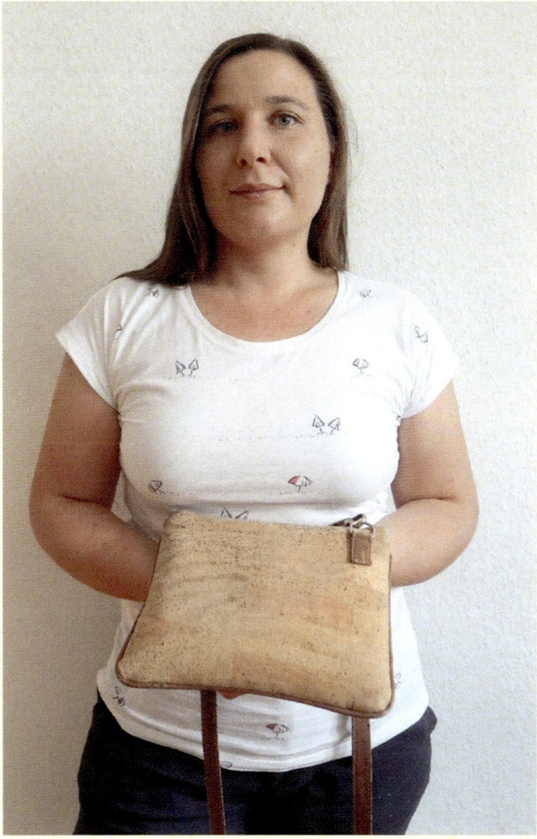

Abb. 136: Sarah H. mit einer veganen Handtasche aus Kork, 2020 (Foto KB)

Bei mir hat sich die Sache konsequent entwickelt: Schon als Zehnjährige habe ich kein Fleisch mehr gegessen. Auslöser war eine Fernsehdokumentation über industrielle Hühnerhaltung. Mir ist der Appetit auf Fleisch vergangen. Meine Oma hat das nicht verstehen können, aber meine Eltern haben meinen Fleischverzicht bestärkt.

Später kam die nächste Phase: Nicht nur zu verzichten, sondern sich auch inhaltlich damit auseinanderzusetzen. Was bedeutet der Verzicht auf tierische Produkte für die Probleme dieser Welt? Ich finde, man darf Tiere nicht (aus)nutzen, bloß weil man es kann."

Sarah H. M.A., Leiterin Beratungs- und Informationsstelle für bürgerschaftliches Engagement, Staatswissenschaftlerin, 30 Jahre, Straubing, 2020

Das Pferd: Neue Rolle für ein Statussymbol

Das Pferd spielt(e) eine gewisse Sonderrolle im Bereich der Nutztiere: Es war nicht nur ein wichtiges ‚Arbeitstier', dessen Muskelkraft im Bereich des Verkehrs, des Militärs und der Landwirtschaft lange Zeit als unabdingbar galt. Darüber hinaus konnte es auch als Statussymbol vor allem der Männer fungieren, z. B. bei Pferderennen. Nachdem die Motorisierung die alltägliche Arbeit der Pferde ersetzt hatte, verschwanden die Tiere seit den 1950er-/1960er-Jahren aus dem Leben der meisten Menschen.[255] Gegen Ende des 20. Jahrhunderts dann erschienen sie wieder in einem neuen Kontext: Jetzt waren sie Sporttiere für die Freizeitgestaltung, vor allem der Frauen und Mädchen in Reit- und Fahrvereinen.

Das Pferd als ‚Arbeitstier': Mobilität

Bis heute wird die Antriebskraft von Maschinen in PS – Pferdestärken – gemessen. Die Kraft der Pferde (Equiden) war hierfür der Vergleichsmaßstab, denn jahrhundertelang nutzten die Menschen die Pferde, um sich und Gegenstände bewegen zu lassen. Pferde als ausdauernde und schnelle Fluchttiere mit Kraft waren als Zug-, Wagen- und Reittiere unersetzlich.[256] Die Entwicklung des Hufeisens und des Kummets (Zuggeschirr um den Hals) im Mittelalter wie auch die der Kutsche in der frühen Neuzeit schufen die Voraussetzungen für die Nutzung der Pferde als ‚Verkehrsmittel'.[257] Reisen galt lange Zeit eher als Luxus, das zeigt die hier abgebildete herrschaftliche Pferdekutsche (Abb. 137). Die ‚Ordinari-Postkutschen' der Thurn und Taxis-Post stellten zwar seit dem 17./18. Jahrhundert die ersten öffentlichen Verkehrsmittel dar, jedoch erst die Eisenbahn seit der Mitte des 19. Jahrhunderts und die Motorisierung des 20. Jahrhunderts mit Auto, Bus und Flugzeug ermöglichten es jedermann, mobil zu sein.[258]

Abb. 137: Herrschaftliche Pferdekutsche, Krippenfiguren Oberalteich, um 1750–1800 (KB)

Im Nahbereich hingegen gehörten Pferde zum selbstverständlichen Alltag der Bevölkerung: Wagenpferde brachten ihre Besitzer, z. B. im ‚Gäuwagen'[259] in die Stadt oder an andere Ziele (Abb. 138). ‚Dienstpferde' trugen als Reittiere den Gutsverwalter, Landpfarrer (Abb. 139) oder den Landarzt zu ihren Einsatzorten, solange, bis sie von Zug, Auto oder Fahrrad (‚Drahtesel') abgelöst wurden.

Abb. 138: ‚Gäuwagl' der Gastwirtsfamilie Roßmüller aus Straßkirchen, Foto, 1917 (Willi Goetz, Straßkirchen)

Das Pferd als Statussymbol

Abb. 139: Der Geistliche Rat Joseph Kilger (1865–1941) aus Heilbrunn, Gde. Wiesenfelden, mit seinem Dienstpferd, 1932 (AfHG Steinach)

Die Haltung der Pferde war und ist teuer: Weil sie als das „edelste" unter allen Haustieren galten wegen ihrer „schönen Gestalt [...] Kraft, Ausdauer, [...] Muth und [...] Gelehrigkeit", erhielten Pferde oft das beste Futter und die beste Behandlung.[260] Der Pferdeknecht (‚Baumann') stand in der Hierarchie der Dienstboten am höchsten. Gleichzeitig aber lieferten die Pferde außer ihrer Arbeitskraft keine Milch wie die Rinder und eher selten Fleisch: Lange Zeit war das Essen von Pferdefleisch[261] mit einem christlichen Verbot belegt gewesen. Erst im 19./20. Jahrhundert entstanden aus Tierschutzgründen – um alte Zugpferde von ihren Leiden zu erlösen und um die ärmere Bevölkerung zu ernähren – Pferdemetzgereien wie die Pferdemetzgerei Riedl in Straubing. Insgesamt jedoch trugen die Pferde eher wenig zur Ernährung der Menschen bei.

Pferde galten aus diesen Gründen als Luxus: Landwirte zeigten sie stolz auf Fotos von ihrem Hof – wie am Titelbild zu sehen ist (Abb. 1, siehe S. 5) oder ließen sie an Pferderennen oder

Festumzügen teilnehmen[262] (Abb. 140). Schwere Fuhren, z. B. Getreide zur Straubinger Schranne, wurden noch um 1900 von Großbauern mit dem sogenannten ‚Bruckwagen'[263] (Anhänger zum Lastentransport) vierspännig erledigt. Die Pferde waren aus diesem Anlass besonders geschmückt, sie erhielten, laut dem Steinacher Gutsverwalter Ludwig Niggl (1875–1971), ihr „Galageschirr": „Am Kummet hing ein Dachsfell, am Halfter, am Überwurf waren Messingplättchen angebracht, die mit roten Tuchstreifen geziert waren". Mit geschmückten und gut gepflegten Pferden ließ sich ‚Staat machen': „Nach seinen Gespannen wurde der Hof und der Bauer beurteilt"[264] und die Pferde standen in der Hierarchie der Hoftiere am höchsten.

Abb. 140: Teilnahme des Further Bäckermeisters Anton Karl mit geschmücktem Pferd am Festzug anlässlich einer Fahnenweihe in Oberalteich, Stadt Bogen, 1952 (Claudia Karl-Fischer, Furth)

‚Der pflügende Bauer'

Das bekannte Bildmotiv des ‚pflügenden Bauern' zeigt die enge Kooperation von Mensch und Tier bei der früheren Feldarbeit: Das Tier zieht und der Mensch lenkt, wobei der Mensch die Zugtiere zuvor angelernt hat. Die Tiere, meist Ochsen und/oder Pferde, wurden angespannt mit einem Kummet oder Stirnjoch, hatten oft einen Futter- oder Beißmaulkorb und wurden mit einer Peitsche angetrieben; Dinge, um die Körperstärke der Tiere zu nutzen und sie gefügig zu machen.[265] Tierschützer wiesen schon im 19. Jahrhundert darauf hin, dass Anspanngeräte an die Tiere angepasst sein sollten und die Tiere nicht über ihre Kräfte zu beanspruchen seien.[266]

Bei der Nutzung im Feld gab es Differenzierungen, etwa wenn die schnelleren Pferde für leichtere Arbeiten und langsame, kräftige Ochsen eher für den schweren Zug eingesetzt wurden.[267] Ein sich gegenseitiges Kennen und Erfahrungswissen prägte das Verhältnis. Auch wirtschaftliche Komponenten spielten eine Rolle, etwa wenn in reicheren Regionen wie dem Gäuboden oder im Kleinen Labertal eher mit teureren Pferden geackert und in ärmeren Regionen wie dem Bayerischen Wald eher mit günstigeren, weil genügsameren und mehrfach verwertbaren Rindern gearbeitet wurde.[268]

In dem Moment, als die ersten Maschinen auftauchten, verfestigte sich das Bildmotiv des mit Hilfe der Tiere ‚pflügenden Bauern' als Abzeichen für traditionelle landwirtschaftliche Arbeit und ist es bis heute: Zu sehen ist dieses Motiv auf zahlreichen landwirtschaftlichen Urkunden, Lehrbuchtiteln und Bildern vor allem in der ersten Hälfte des 20. Jahrhunderts (Abb. 141–143). In den 1950er-/1960er-Jahren ersetzten Traktoren – das ‚Dieselross' – und andere landwirtschaftliche Maschinen die tierische Antriebskraft (Abb. 144). Die Pferde verschwanden von den Höfen und Rinder wurden nur noch zur Lebensmittelgewinnung gehalten. Lediglich im Bereich der Waldarbeit gibt es heute noch Zugtiere, die sogenannten ‚Rückepferde'.[269]

Abb. 141–143: Der ‚pflügende Bauer' als Bildmotiv: 1901 auf einem Farbdruck von W. Georgi, 1934 auf einer landwirtschaftlichen Urkunde und 1955 als Bildzitat, Wolferszell, Gde. Steinach, Foto von Bruno Mooser (Familie Dengler, Büchling; Familie Boxberger, Paitzkofen; StadtA SR)

Abb. 144: „Das letzte Pferd", Straubing, Foto von Bruno Mooser, 1956 (StadtA SR)

Das Rottaler Pferd: Funktionswandel der Pferde

Am Beispiel des Rottaler Pferdes (Abb. 145) zeigt sich die Problematik des Funktionswandels der Pferde.[270] Pferde waren in vielerlei Hinsicht wichtig, weswegen der Staat schon früh begonnen hat, die Pferdezucht zu fördern, beispielsweise im 1769 in Landshut gegründeten ‚Churfürstlich […] bairischen Landesgestüt'.[271] Hier wurden u.a. Deckhengste zur Verfügung gestellt und Zuchtbücher geführt. Im Rottal[272] hatte die obrigkeitliche Förderung der Pferdezucht schon früher, im 16. Jahrhundert, begonnen. Gezüchtet wurden die Rottaler Warmblutpferde zunächst als leichte Reit- und Wagenpferde, im 19. Jahrhundert dann als schwerere Ackerpferde. Und als diese nicht mehr im Zug gebraucht wurden, ab den 1960er-Jahren als Sportpferde. Allerdings war letzteres nicht von Erfolg gekrönt, so dass heute das Rottaler Pferd eine vom Aussterben bedrohte Nutztierrasse ist.[273] Zu deren Erhalt gibt es heute einen eigenen Förderkreis. Ein Brandstempel mit dem Buchstaben ‚R' kennzeichnete Tiere dieser Rasse (Abb. 146). Als in den 1960er-Jahren die ‚Rottaler' kaum noch existierten, ersetzte man diesen Stempel durch ein ‚B' für ‚Bayerisches Warmblut'.[274] Seit 2019 ist das ‚Brandmarken' der Tiere ohne Narkose verboten. Heute wird zur Kennzeichnung der Pferde ein Mikrochip in den Halsbereich der Tiere injiziert.

Abb. 145: Der Steinacher Gutsverwalter Ludwig Niggl auf seinem Dienstpferd, der Rottaler Stute ‚Mirl', Foto, 1907 (AfHG, Steinach)

Abb. 146: Rottaler Brandeisen, vor 1963 (Bayerischer Pferdezuchtverband, München)

Das Pferd als ‚Männertier', z. B. im Militär

Die längste Zeit war das Pferd eher ein ‚Männertier' gewesen: Eine einst enge Beziehung von Mann und Pferd lässt sich gut am Beispiel des Militärs aufzeigen, eine Männerdomäne bis 2001.[275] Militärpferde wurden als Reit- und Zugpferde sowie zur Repräsentation benutzt. Mit ihnen ließ sich Hierarchie abbilden, zwischen dem, der oben sitzt und dem ‚Fußvolk' unten. Pferde gehörten jahrhundertelang zur militärischen Grundausstattung.[276]

Als ein spätes Beispiel für die militärische Nutzung der Pferde sind die Straubinger ‚Chevaulegers' (Leichte Reiter) zu nennen. 1905 wurde in der Garnisonsstadt Straubing[277] eine neue Kavalleriekaserne errichtet. Sie beherbergte das ‚7. Chevauleger-Regiment Prinz Alfons' mit etwa 800 berittenen Soldaten (Abb. 147). Die ‚Chevaulegers' und ihre Pferde (Abb. 148) waren in der Stadt und im Umland mit ihren Manövern und der Teilnahme an Paraden und Umzügen in farbigen Uniformen präsent. Erst 1934/1935 verschwanden die Militärpferde aus dem öffentlichen Bild Straubings, als ‚Panzerjäger' und später Artillerie die Kavallerie ersetzten.

Abb. 147: Fotografische Erinnerungskarte eines Straubinger Chevaulegers, um 1910 (KB)

Abb. 148: Postkarte eines Straubinger Chevaulegers, Anfang 20. Jahrhundert (StadtA SR)

Abb. 149: Militärsattel aus dem Ersten Weltkrieg, Erinnerungsstück von Eduard Karl aus Oberalteich, 1914–1918 (Claudia Karl-Fischer, Furth)

Pferde im Krieg

Militärpferde zogen mit ihren Soldaten in den Ersten und in den Zweiten Weltkrieg, sie dienten als Reitpferde und später als Zugtiere von schweren Artilleriegeschützen. Nicht nur sehr viele Menschen, sondern im Verhältnis dazu noch mehr Pferde ließen dabei ihr Leben.[278]

Viele Soldaten hegten wohl ein enges Verhältnis zu ihren Tieren. Deutlich wird dies beispielsweise daran, dass der Oberalteicher Bäckermeister Eduard Karl (1894–1954) seinen Militärsattel aus dem Ersten Weltkrieg zeitlebens als Erinnerungsstück aufgehoben und an seine Nachfahren ‚zu treuen Händen' weitergegeben hat (Abb. 149). Heute, da auch im Militär Maschinen die Funktion der Pferde übernommen haben, erzählt dieser Sattel vom vergangenen „letzten Jahrhundert der Pferde."[279]

Pferderennen: Vom Volksvergnügen zum Profisport

Pferderennen gehörten in Bayern und in der Region schon früh zu den regelmäßig veranstalteten Volksvergnügungen. Beispielsweise wurden 1833 Pferderennen, die man auf „Patrocinien oder Kirchweihfesten der Städte, Flecken und Dörfer" veranstaltete, als „altherkömmliche Volksbelustigung" beschrieben.[280] Den Anfang hatte – neben den schon älteren ‚Scharlachrennen'[281] – 1810 das Münchner Landwirtschaftsfest, das spätere Oktoberfest gemacht: Anlässlich der Hochzeit des Kronprinzen Ludwig I. mit Therese war zum Volksfest ein Pferderennen

Abb. 150: Preisfahne Erster Preis Volksfestrennen Straubing, 1927 (GB)

veranstaltet worden, Muster für die ab 1812 nachfolgenden Kreis-Landwirtschaftsfeste, z.B. in Straubing (heute Gäubodenvolksfest). Seitdem wurden bei größeren und kleineren Volksfesten, wie z.B. auch dem Bogener Bezirksvolksfest ab 1860[282], Viehschauen sowie Pferderennen als festliche Höhepunkte veranstaltet. ‚Ökonomen', Metzger, Wirte, Gutsbesitzer und andere ließen ihre Pferde auf einer Wiese in Festplatznähe gegeneinander antreten: In Straubing unter anderem auf der Hagenwiese, zunächst in Form von Galopprennen (Abb. 150), ab 1837 dann auch als Trabrennen, ab Ende der 1860er-Jahre mit Sulkies[283]; in Bogen gab es auf der Kotauwiese ‚Trab-Reiten' (Abb. 151).

Abb. 151: Plakat für das Bogener Volksfest 1911: Ankündigung eines „Trab-Reitens" (StadtA BOG)

Rennverein und Trabrennbahn Straubing

Die Gründung des ‚Renn-Vereins Straubing' 1873[284] und die Eröffnung der Trabrennbahn in Straubing 1901[285] waren Zeichen für eine Professionalisierung des Pferdesports nach englischem Vorbild (Abb. 152). 1904 kam beim Straubinger Rennverein eine eigene Traberzucht mit ‚Traineuranstalt' hinzu, 1940 ein eigenes Trabergestüt.[286] Doch auch andernorts gab es in den frühen 1950er-Jahren Pferderennen, so in Alburg, Atting, Bogen, Oberpiebing, Parkstetten oder Rettenbach.[287] Eine Sonderrolle fiel dem südöstlich von Straubing gelegenen Großenpinning zu.[288] Hier gründete sich 1949 ein eigener Rennverein, der Pferde- und Motorradrennen ausrichtete. Doch bereits 1953 wurden dort die letzten Rennen gefahren. Grund war dabei nicht allein die übermächtige Straubinger Konkurrenz, sondern der Mangel an

Abb. 152: Pferderennen als gesellschaftliches Ereignis: Postkarte, gelaufen 1904 (StadtA SR)

Abb. 153: ‚Simmerl' und sein Trainer Rolf Luff beim „Preis von Deutschland", 1969 (StadtA SR)

Pferden, welche seit den 1950er-Jahren der Technisierung in der Landwirtschaft zum Opfer gefallen waren.[289]

Straubing hingegen verzeichnete Erfolge. Mit ‚Ejadon'[290] war in den 1950er-Jahren erstmals ein Traber aus dem eigenen Gestüt auf internationaler Ebene erfolgreich. Noch bekannter wurde Traberhengst ‚Simmerl'[291] aus der Zucht von Ludwig Berger in Großenpinning (Abb. 153). Zwischen 1963 und 1970 verfestigte ‚Simmerl' als schnellster und gewinnreichster Traber Deutschlands Straubings Ruf als ein ‚Mekka' des deutschen Trabrennsports (Abb. 154). Nach wirtschaftlichen Schwierigkeiten in den 1990er-Jahren befindet sich die Straubinger Trabrennbahn heute in Privatbesitz, steht aber weiterhin dem Rennverein für die Nutzung zur Verfügung und wird als eine der wenigen heute noch verbliebenen neun Trabrennbahnen in Deutschland weiter betrieben.[292]

(Stefan Maier)

Abb. 154: Trabrennen in Straubing, Foto von Bruno Mooser, um 1980 (StadtA SR)

Großbürgerliche Rennpferdezucht in Puchhof und Steinach

Reiche, geadelte Großgrundbesitzer ließen sich um 1900 in hiesiger Region nieder, um sich mit Schloss, Jagd, landwirtschaftlichen Mustergütern und einem eigenen Rennstall mit Pferdezucht den Traum vom Landleben zu verwirklichen. Die Rede ist von den Juristen Carl von Lang-Puchhof (1854–1916)[293] und seinem Schwiegersohn August von Schmieder (1867–1941)[294] (Abb. 155), die sich ab 1870 in Puchhof, Gemeinde Aholfing, bzw. 1901 in Steinach einkauften und dort repräsentative Schlösser errichteten. Zunächst unterhielten Carl von Lang und August von Schmieder gemeinsam einen Rennstall für Galopp-Pferde in Berlin-Hoppegarten.[295] Dazu gehörte die Vollblut-Pferdezucht, anfangs zusammen in Aholfing betrieben, ab 1907 von August von Schmieder in seinem neu errichteten eigenen Pferdegestüt in Niedersteinach[296]. Unterhalten wurde in Steinach eine große Mutterstutenherde (Abb. 156), dazu gab es teure Zuchthengste wie beispielsweise den um 100.000 Mark erworbenen ‚Malua'. Von Schmieder zählte vor dem Ersten Weltkrieg zu den erfolgreichsten Rennpferdezüchtern Bayerns und erzielte hohe Preisgelder.[297] Im Billardzimmer seines Neuen Schlosses in Steinach hatte er seine erfolgreichsten ‚Galopper' in Form einer Bildergalerie festgehalten (Abb. 157).

Die Inflation und Weltwirtschaftskrise der 1920er-Jahre machten dem Schlossleben wie auch der Rennpferdezucht ein Ende.[298] Allerdings ging aus den Bemühungen um die Verbesserung der Futtergrundlage der Rennpferde die bis heute bestehende ‚Grünlandbewegung' hervor, die die Bewirtschaftung der Wiesen und Weiden zum Thema hat.[299] Und am Standort des ehemaligen Steinacher Gestüts kam es in den 1960er-/1970er-Jahren zu einem Wiederaufleben der Rennpferdezucht – jetzt nicht mehr von Galopp-Pferden, sondern von ‚Trabern'.[300]

Abb. 155: Der Rennstallbesitzer August von Schmieder in Reitkleidung, Fotogravüre, um 1913 (KB)

Abb. 156: Die Vollblut-Zuchtherde auf der Weide und ihre Besitzer August und Mary von Schmieder, Gemälde von Emil Adam, um 1910 (Nachlass Carlmax von Schmieder, Dublin, Irland)

Abb. 157: Ein in Berlin-Hoppegarten siegreiches Rennpferd mit Jockey, koloriertes Foto (?), um 1909 (Elisabeth von Schmieder, Sintra, Portugal)

Abb. 158: Der Maler Max Feldbauer, Foto von Hugo Erfurth, 1932 (Museum für Kunst und Gewerbe Hamburg, gemeinfreie Datei)

Das ‚Pferdezeitalter' im Bild

Der akademische Maler Max Feldbauer (Abb. 158) bevorzugte Pferde als Malmotive und zeigte sie in ihrer ganzen Bandbreite der traditionellen Nutzung. Im Unterschied zu klassischer ‚Pferdemalerei' englischer Prägung – wie sie im Hause von Schmieder geschätzt wurde[301] – bildete er die Tiere nicht realistisch ab, sondern betonte den „rein malerischen, farbigen Ausdruck" und nannte das „Improvisationismus": „Ich stellte mich hin und fing an und hörte auf. Fertig!"[302]

Der Künstler arbeitete 1896 bis um 1917 für die Münchner Zeitschrift ‚Jugend'[303] (Abb. 159, 160). Ironisch, skizzenhaft stellte er hier Szenen aus dem Militär, Rennbahnmilieu und ländlichen Leben dar. Derb und bissig wollte er sein, keinesfalls ländlich, idyllisch, kitschig.[304] Auch später, als Professor bzw. Präsident der Dresdner Kunstakademie (1918–1934)[305], blieb er den Pferdethemen treu, gestaltete u.a. auch Werbeplakate wie 1926 das für die Schweizer Brauerei ‚Haldengut'[306] (Abb. 161).

Der Künstler hatte familiäre Beziehungen zur hiesigen Region.[307] Seine Mutter entstammte der Münchshöfener Gutsbesitzerfamilie Rabl und er pflegte enge Kontakte dorthin: 1899/1900 hielt sich Max Feldbauer im Gestüt Puchhof zum Malen auf. 1906 hatte er seine Schülerinnen der ‚Damenakademie München' zu einem sommerlichen Malaufenthalt nach Münchshöfen mitgebracht. 1944 bis zu seinem Tod fand er in Fruhstorf bzw. Münchshöfen Zuflucht. Einige Pferdebilder haben sich von ihm in hiesiger Region erhalten, Beispiele für die letzte Blüte des ‚Pferdezeitalters'[308], bevor diese Tiere aus dem Alltag verschwanden.

Max Feldbauer (1869–1948), akademischer Maler, zuletzt Münchshöfen, Gde. Oberschneiding

Abb. 159, 160: Illustrationen von Max Feldbauer für die Zeitschrift ‚Jugend', zwischen 1896 und 1917 (KB)

Abb. 161: Werbeplakat für die Schweizer Brauerei Haldengut in Winterthur, Farbdruck, 1926 (Familie Dengler, Büchling)

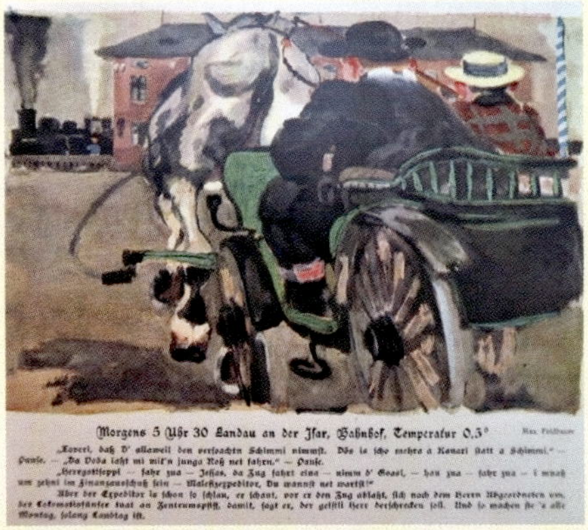

Die Wiederentdeckung der Pferde als ‚Freizeittiere' der Mädchen und Frauen

In den 1950er-/1960er-Jahren waren Pferde von den meisten Höfen als ‚Arbeitstiere' abgeschafft worden und verschwanden aus dem Blickfeld. Um 1970 gab es in Bayern nur noch etwa 35.000 Tiere,[309] ein Tiefstand war erreicht.

Reit- und Fahrvereine

Abb. 162: Claudia Karl-Fischer in der Reithalle des ‚Reit- und Fahrvereins Mitterfels', 2020 (Foto KB)

Heute sieht die Sache anders aus: Im sogenannten ‚Nachpferdezeitalter'[310] fand die Wiederentdeckung dieser Tiere statt – in einem neuen Kontext: Nicht nur ihre Zahl stieg an auf etwa 130.000 Pferde in Bayern im Jahr 2020.[311] Auch ihre Nutzung stieß wieder auf größeres Interesse, nun im Bereich der sportlichen Freizeitreiterei. Zeichen dafür sind die zahlreichen ‚Fahr- und Reitvereine',[312] die in der zweiten Hälfte des 20. Jahrhunderts neu gegründet worden sind, so z. B. 1950 der ‚Ländliche Reit- und Fahrverein Straubing und Umgebung' in Oberpiebing, Gemeinde Salching; 1958 (bzw. 1973) der ‚Reit- und Fahrverein Mitterfels' (Abb. 162) oder 1985 der ‚Reitclub Neukirchen' und andere mehr. Hier wird heute ein breites Programm angeboten, das von Reitunterricht über Voltigieren, Spring- und Dressurreiten, Kutschenfahren bis zu Turnieren, Wettbewerben und Festveranstaltungen wie das ‚Weihnachtsreiten' usw. reicht. Auch gehört die alltägliche Pflege und das Bewegen der auf den Reiterhöfen eingestellten Pferde dazu.

‚Frauen- und Mädchentier'

Das spricht mittlerweile vor allem ein weibliches Zielpublikum an, wie nicht nur Zahlen belegen, sondern auch Presseberichte andeuten: „Füttern, striegeln, reiten. 30 Mädchen hatten Ferienspaß mit Pferden" auf der Reitanlage Schober in Hinterdegenberg, Markt Schwarzach, das war beispielsweise 2019 im Straubinger Tagblatt zu lesen.[313] Auch die Wandlung des Spielzeugs von Nachziehpferden als Bubenspielzeug zum ‚Barbiepferd' der Mädchen (Abb. 163, 164); die neue weibliche Trendsportart des ‚Hobby Horsing', eine Art Parcoursreiten mit Steckenpferden (Abb. 165) oder auch die zahlreichen Pferdebücher und -filme für Mädchen sind Indizien für den Wandel des Pferdes zum ‚Mädchentier'.[314]

Abb. 163: Das Pferd als Bubenspielzeug, z. B. Foto von Franz Stettmer, Schwarzach, um 1910 (Rudi Stettmer, Schwarzach)

Abb. 165 Hobby Horsing, eine neue Trendsportart besonders von Mädchen, Foto, Pfaffenberg, Markt Mallersdorf-Pfaffenberg, 2020 (Bettina Schröfl, Pfaffenberg)

Abb. 164: Das Pferd als Mädchenspielzeug, z. B. ‚Barbie'-Pferd, Firma Mattel, 1990er-Jahre (KB)

Aber warum sind heute so viele Mädchen und Frauen pferdebegeistert? Dazu gibt es verschiedene Theorien:[315] Es scheint hier um eine eher partnerschaftliche Haltung zum Tier zu gehen – ähnlich wie bei einem Heimtier – um die Pflege und das Sich-Kümmern, aber auch um Körperlichkeit und Sinnlichkeit auf dem Weg zum Erwachsenwerden, um das Schaffen einer Gegenwelt zu Schule und Alltag und einer eigenen emanzipatorischen Subkultur der tierlieben ‚Pferdemädchen'. Darüber hinaus wird auch auf eine non-verbale Kommunikationsfähigkeit der Frauen mit den Tieren verwiesen und dies als ‚Chance' für eine verbesserte Beziehung zwischen Mensch und Tier allgemein angesehen.[316] Insgesamt jedenfalls hat das Pferd, das man heute nicht (oder kaum mehr) zum Arbeiten braucht, eine neue Bedeutung und Art der Nutzung bekommen.

Interview: Pferdeliebhaberin

„Eine besondere Beziehung"

Abb. 166: Claudia Karl-Fischer und ‚Dudoso', 2020 (Foto KB)

„Erst als Erwachsene habe ich angefangen zu reiten, aber ich stamme aus einer pferdebegeisterten Familie. Mein Vater und mein Großvater liebten Pferde und hielten sie bis etwa 1960 (siehe S. 86, 90). Mit ihren Geschichten von besonderen Pferdeerlebnissen bin ich aufgewachsen.

1999 habe ich mir mein erstes eigenes Pferd gekauft, die Friesenstute ‚Femke'. Ihren Platz bekam sie im Stall des nahegelegenen ‚Reit- und Fahrverein Mitterfels'. ‚Femke' hat mich entscheidend geprägt, sie war Freundlichkeit und ‚Liebe pur'. Ihre gesundheitlichen Probleme im fortgeschrittenen Alter waren für mich Anlass, eine Ausbildung zur Pferdekinesiologin zu machen. Letztes Jahr ist ‚Femke' verstorben und ich habe mir ein weiteres Pferd zugelegt, den spanischen Wallach ‚Dudoso' (Abb. 166). Er hat eine hohe Bewegungsintelligenz, die mich herausfordert.

Ich reite nicht wegen Wettbewerben, sondern nur für mich selber (Abb. 167): Mein Ziel ist die klassische Reitkunst, bei der man die Symbiose mit einem Tier erleben kann. Das Pferdehobby ist sehr zeitaufwendig und auch teuer, aber man bekommt viel zurück: Einen Ausgleich zum Alltag, der Aufgabe und Persönlichkeitsbildung ist."

Claudia Karl-Fischer, kaufmännische Angestellte und Pferdekinesiologin, 49 Jahre, Furth, Stadt Bogen, 2020

Abb. 167: Claudia Karl-Fischer beim Ausritt an der Donau, um 2020 (Foto Bianca Weigl, Landau)

Die Insekten: Nutztiere – ‚Schädlinge'? Über Bienen, Kartoffelkäfer, Fliegen & Co.

An den Insekten ‚scheiden sich die Geister', sie werden – mehr als andere Tierarten – kulturell bewertet, in die Kategorien ‚nützlich' oder auch ‚schädlich' eingeteilt. Abgesehen davon, dass die Insekten unverzichtbarer Bestandteil ökologischer Kreisläufe und Indikator für die schwindende Artenvielfalt[317] sind, haben einzelne Arten wie z. B. die Bienen ein positives Image und andere Arten wie z. B. der Kartoffelkäfer, die Fliege oder die Kakerlake ein eher negatives Image: Die Einen werden als Nutztiere gehalten, die Anderen vernichtet. Wie es zu dieser Polarisierung kommt und wie das ‚Prinzip Schädling' in verschiedenen Facetten funktioniert, soll im Folgenden vorgestellt werden.

Künstlerinnenblick: Insektenobjekte

„Ich falle in ein Thema rein": Insektenmasken und Kunst mit Bienen

Abb. 168: Renate Haimerl Brosch in ihrem Atelier, 2020 (Foto KB)

„Ich komme vom Land, aus Neukirchen, wo sich heute auch mein Atelierhaus befindet (Abb. 168). Seit 1993 bin ich hier und in Regensburg als freiberufliche Künstlerin tätig. Tierthemen beschäftigen mich schon lange und intensiv.

Auf Insekten bin ich 2015 bei einem ‚artist-in-residence' Aufenthalt in den USA gestoßen. Wir befanden uns auf einer ehemaligen Farm ‚in der Pampa' und ich war geschockt: Über die Mengen an Plastikmüll, die alltäglich anfielen und darüber, dass regelmäßig Insektenvernichtungsmittel versprüht wurden – alles sollte ‚clean' sein. Also habe ich über amerikanische Insekten recherchiert, Plastiktüten gesammelt, Insekten mit Schablonen auf die Plastiktüten gebracht (Abb. 169) und diese dann zu einer Art Wespennest zusammengefügt. Auch entstanden damals meine ersten Insektenmasken aus Draht. Nach der homöopathischen Idee ‚Gleiches mit Gleichem' zu bekämpfen, habe ich mehrere Insektenmasken namens ‚Protektor' gestaltet (Abb. 170).

2016 bis 2018 ging es dann mit dem Thema Bienen weiter: Ich habe Drahtgeflechte in Bienenrahmen eingebaut und diese dann in Bienenkästen gehängt. Die Bienen lieferten dazu Waben – Kunst in Zusammenarbeit mit Tieren!" (Abb. 15, S. 12)

Renate Haimerl Brosch, Künstlerin und Kulturmanagerin, 66 Jahre, Regensburg und Neukirchen, 2020

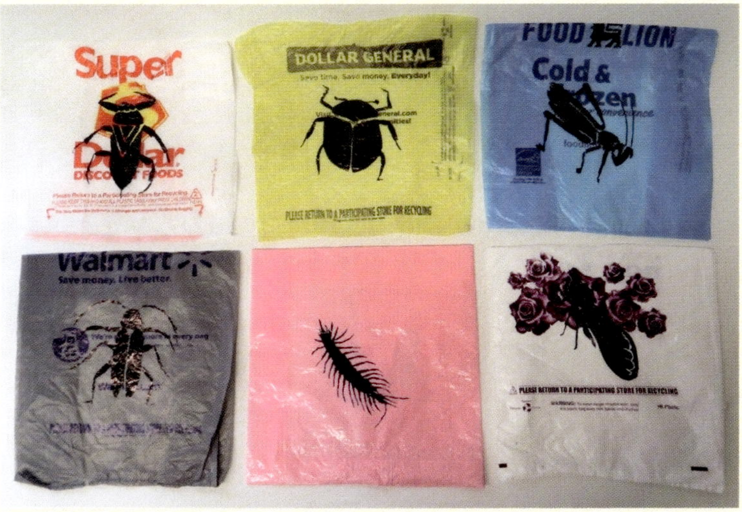

Abb. 169: Insektenprojekt während des Studienaufenthalts in den USA: bedruckte Plastiktüten, 2015 (Renate Haimerl Brosch, Neukirchen)

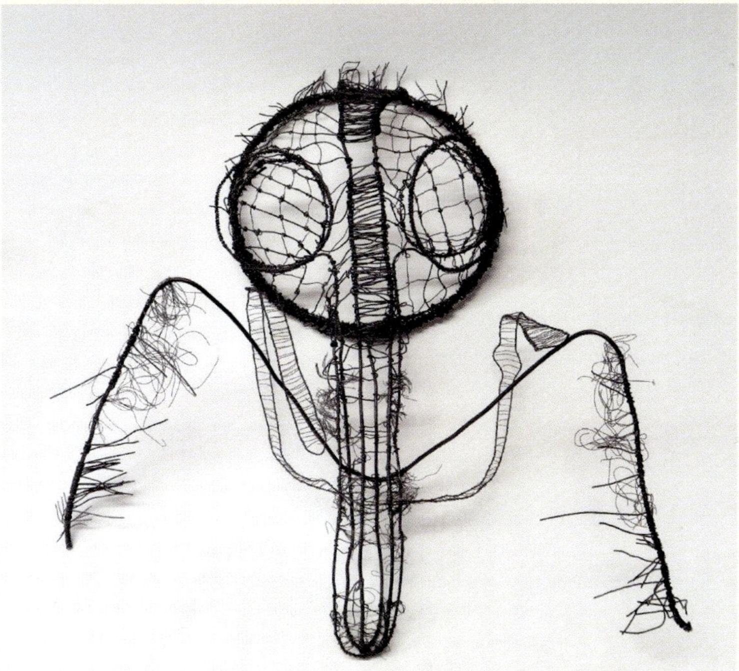

Abb. 170: Einer von drei Insektenköpfen: „Protector III", Eisendraht gebogen, 2015/2016 (Renate Haimerl Brosch, Neukirchen)

Die Bienen: Beliebte Insekten

Honigbienen (Apis mellifera) waren für die Menschen schon lange Zeit mehr als Honig- und Wachslieferanten sowie Pflanzenbestäuber: Ihr komplexes Sozialleben fasziniert(e) die Bürger; Bienen konnten Therapietiere sein und (Wild-) Bienen gelten heute als Symbol für bedrohte Natur.

Honig

Wer es früher süß haben wollte, brauchte Honigbienen. Bevor ab Mitte des 19. Jahrhunderts die Zuckerrübe[318] bezahlbare Süße für Lebensmittel lieferte, waren die Menschen auf Bienenhonig oder auf teuren Import-Rohrzucker angewiesen. Bienenhaltung gehörte zu den selbstverständlichen landwirtschaftlichen Erwerbszweigen zur Selbstversorgung und zur Pflanzenbestäubung, wenngleich eher nebenbei.[319] Besonders im Bayerischen Wald lieferten die Bienen den begehrten dunklen ‚Waldhonig' und bis nach 1945 im Gäuboden den helleren ‚Raps- und Hederichhonig'.[320] Bienenmagazine und Honigschleuder[321], beide gegen Mitte des 19. Jahrhunderts erfunden, sowie eine neue sanftere Bienenart ‚Carnica' anstelle von ‚Nigra' waren der Beginn einer ‚rationellen' Bienenzucht mit gesteigerten Erträgen im 20. Jahrhundert.[322] Zuvor mussten aus den Stroh-Bienenkörben – ‚Impnfaßl'[323] genannt (Abb. 171) und oft auf dem ‚Schrot' (Art Balkon) der Häuser aufgestellt – bei der Honigernte die Waben aus dem Korb geschnitten und dadurch zerstört werden. Eine Verbesserung brachten mobile, genormte Holzrähmchen, einzuhängen in die Magazine (Abb. 172); sie konnten einzeln entnommen und wabenschonend geschleudert werden. Imkerpfeifen dien(t)en dazu, die Bienen bei der Honig-‚Ernte' ruhig zu stellen (Abb. 173).

Abb. 171: Bienenkorb, ein ‚Impnfassl', Bayerischer Wald, 19./Anfang 20. Jahrhundert (KB)

Abb. 172: Magazin für Bienen, innen mit einzuhängenden Rahmen, Bayerischer Wald, 19./Anfang 20. Jahrhundert (KB)

Abb. 173: Die Imkerin Hilde Zehetbauer mit Imkerpfeife, Foto von Helmut Stix, 2014 (Helmut Stix, Landshut)

Moral

Abb. 174: Viele Pfarrer und Lehrer beschäftigten sich mit der Bienenzucht und prägten das Bild vom ‚Bienenvater', Buchtitel Dr. Lampe´s Bienenzucht, Leipzig o.J. [um 1905] (Franz Gold, Pittrich)

Darüber hinaus galten die Bienen den Bürgern schon seit dem 19. Jahrhundert nicht nur wegen des Honigs als ‚nützlich', sondern auch als Musterbeispiele für bürgerliche Werte wie Fleiß, Familien- und Ordnungssinn. Im Bienenleben sah man ein Vorbild für das Zusammenleben und für die Arbeitsweise der Menschen. So empfahl 1844 ein von einem „Oberlehrer" geschriebener landwirtschaftlicher Ratgeber den Bauern: „Darum ihr lieben Landleute! Ahmet sie [die Bienen] nach und betreibet euer Geschäft mit Fleiß, mit Liebe, mit Umsicht und Verstand; dann werden auch eure Bemühungen reichlich belohnt werden."[324] Viele Pfarrer und Lehrer[325] widmeten sich der Bienenzucht und versuchten, sie voranzubringen, das Bild des sorgsamen ‚Bienenvaters' entstand (Abb. 174): Bienenhaltung wurde von bürgerlicher Seite gefördert und mit moralischen Werten verbunden.

Imkervereine und die Förderung der Bienenzucht

Abb. 175: Emailleschild: Werbung für ‚Deutschen Honig' im ‚Einheitsglas', Mitte 1950er-Jahre (Franz Gold, Pittrich)

Seit den 1920er-Jahren erhielten die Honigbienen, ausgelöst durch Kriegsfolgen und die Weltwirtschaftskrise, wieder erhöhte wirtschaftliche Bedeutung zur Selbstversorgung der Bevölkerung. Das Warenzeichen für ‚Deutschen Honig' sowie das ‚Einheitsglas' wurden eingeführt, verstärkte Werbemaßnahmen unternommen[326] (Abb. 175) und vermehrt Imkervereine begründet: In hiesiger Region beispielsweise schlossen sich 1921 örtliche Imker zum ‚Bienenzucht- und Obstbauverein Kirchroth' zusammen, deren erklärtes Ziel es war, durch Bündelung der Aktivitäten die Bienenzucht zu befördern.[327] Regionales Zentrum der Imkerei aber war Straubing, zumal es hier schon seit 1870 einen Imker-Ortsverein gegeben hatte und hier der ‚Kreisbienenzuchtverein für Niederbayern' gegründet worden ist.[328]

Bienen als Therapietiere in der Strafanstalt

In Straubing spielten die Bienen auch deshalb eine besondere Rolle, weil in der 1901 eröffneten „Musteranstalt für den modernen Strafvollzug", der ‚Königlichen Strafanstalt Straubing' (heute Justizvollzugsanstalt) Bienen zu Therapiezwecken gehalten wurden.[329] Neben anderen Kleintieren wie Tauben, Hühner oder Kaninchen schaffte die Anstalt für ihre 1917 angegliederte psychiatrische Abteilung, damals ‚Krankenanstalt für irre Verbrecher' genannt, Bienen an. Im dortigen Obstgarten wurden 1924 und 1926 zwei große Bienenhäuser errichtet (Abb. 176). Bienenbegeisterte Justizvollzugbeamte[330] betreuten sie und die Bewohner der psychiatrischen Abteilung sollten bei den Arbeiten mithelfen. Eines dieser Bienenhäuser war als ‚Musterbienenhaus' angelegt und immer wieder Ziel von Imker-Lehrkursen in Straubing.[331] Zudem betrieb die Anstalt in Kooperation mit dem Straubinger Imkerverein seit den 1920er-Jahren eine eigene Königinnen-Bienenzuchtstation auf einem ehemaligen Militärschießplatz in Radldorf, Gemeinde Perkam.[332] Hier waren auf einem umzäunten Gelände Zuchtkästen aufgestellt (Abb. 177). Es sollten Bienenköniginnen von Drohnen der Sorte ‚Nigra' begattet (belegt) und damit eine ‚Reinzucht'[333] begonnen werden. Diese Belegstelle erhielt die Namen ihrer jeweiligen Leiter, z. B. ‚Rösch-Heide' nach dem Justizoberinspektor Rösch (1912–?) aus Straubing. Ende der 1950er-Jahre gab man diese Zuchtstation auf. 1978 eröffnete dann der Straubinger Imkerverein seinen eigenen ‚Lehrbienenstand' in der Passauer Straße, damit verbunden war auch die Abgabe von Zuchtköniginnen.[334] Und in der psychiatrischen Abteilung der Justizvollzugsanstalt beendete man die Bienenhaltung. Als Therapietiere dienten in den 1990er-Jahren hier nur noch Hasen als Streicheltiere, heute sind in der Justizvollzugsanstalt alle Therapietiere aus Tierschutzgründen abgeschafft.[335]

Abb. 176: Älteres der beiden Bienenhäuser in der psychiatrischen Abteilung der JVA Straubing, 1924 (AJVA SR)

Abb. 177: Die Bienenköniginnen-Belegstelle in Radldorf, Foto, nach 1928 (AJVA SR)

Abb. 178: Festwagen der JVA mit Bienenkönigin, Volksfestumzug Straubing 1929, Foto von Johann Schreiner (Historischer Verein Straubing)

Bienen als neue Haustiere

In Gegensatz dazu erleben Bienen heute im privaten Bereich einen neuen Boom: Nicht-Landwirte und Städter legen sich vermehrt eigene Bienenvölker zu. So gibt es beispielsweise in Straubing einen ‚Stadt-Imker' und Zeitungsartikel wie auch Imkervereine berichten von gestiegenem Interesse der Bürger an der Bienenhaltung.[336] Besonders geschätzt dabei wird nicht nur das selbst gewonnene Lebensmittel Honig, sondern auch über die Tiere erfahrbare Nähe zur Natur und den Wechsel der Jahreszeiten: Bienen scheinen schon fast neue ‚Haustiere' geworden zu sein – auch in der Hinsicht, dass die Honigbienen stark von ihren Haltern abhängen: Zum einen durch die Notwendigkeit der Winterfütterung, wenn ihnen der Honig – ihr eigentliches Winterfutter – entnommen wird und zum anderen durch die notwendige alljährliche Bekämpfung der Varroa-Milbe, der sie sonst ausgeliefert wären.[337]

Interview: Vorstand Imkerverein

„Bei den Bienen sieht man, was man tut"

Abb. 179: Franz Gold beim Imkern, 2020 (beide Fotos Familie Gold, Pittrich)

„Schon von klein auf begleiten mich die Bienen (Abb. 179). Mein Opa hielt hier am Hof etwa 30 Bienenvölker und war Imker ‚mit Leib und Seele' (Abb. 180). Ich wusste immer, dass ich eines Tages selbst Bienen haben werde. Mitte der 1990er-Jahre fing ich mit zwei Bienenvölkern an, heute haben wir fünfzehn. Als Nahrungsgrundlage dienen unsere Wiesen, die wir nicht mehr düngen, ein Blütenparadies.

Beim Imkern gefällt mir, dass man so viel vom Wechsel der Jahreszeiten mitbekommt. Die Hauptarbeit ist von März bis August, wenn die verschiedenen Pflanzen hintereinander blühen. Neben der Honigernte beginnt dann auch die Schwarmzeit der Bienen. Bienen zu halten ist für mich Ausgleich zur Büroarbeit, hier sieht man was man tut: Bienenkästen bauen, Wachs gießen, Honig schleudern und die Tiere beobachten. Zwei Stunden pro Woche für die Bienen, der Zeitaufwand ist überschaubar.

Seit 2013 bin ich Vorstand im Imkerverein Kirchroth-Pondorf. Ein wichtiges Thema hier ist die Varroa-Milbe, die seit den 1970er-/1980er-Jahren unsere Bienen bedroht, ohne Behandlung überleben sie nicht. Darüber hinaus helfen wir Jung-Imkern und fördern das Interesse an Bienen, wo immer es geht."

Franz Gold, Maschinenbautechniker und Hobbybauer, 62 Jahre, Pittrich, Gde. Kirchroth, 2020

Abb. 180: Der bienenbegeisterte Opa Josef Gold vor seinem großen Bienenhaus in Pittrich, um 1952

Interview: Neu-Imker

„Faszination und Respekt vor den Bienen"

Abb. 181: Der ‚Neu-Imker' Udo Hannowsky und sein Lehrbuch, 2020 (beide Fotos KB)

„Kurz bevor ich in Rente gegangen bin, habe ich nach einer sinnvollen Freizeitbeschäftigung gesucht und bin auf die Bienen gestoßen: Auf sie habe ich mich gut vorbereitet, Kurse und Vorträge besucht und Fachliteratur gelesen (Abb. 181). Beim Imkerverein bekam ich Anleitung. 2018 war es dann soweit: Mit fünf Bienenvölkern habe ich angefangen und die Bienenkästen selbst gebaut. Meine Bienen stehen nicht bei mir zu Hause in unserer dicht bebauten Wohnsiedlung, sondern auf dem Land, auf dem Hof meines Schwiegersohnes (Abb. 182). Dort haben die Bienen mehr Ruhe und Platz und außerdem gibt es dort auch den begehrten Waldhonig.

Das Ganze ist ‚learning by doing' und man erlebt auch mal böse Überraschungen. Nach einem Bienenstich am Kopf kam heraus, dass ich eine Bienengiftallergie habe, von der ich bislang nichts wusste. Aber das hat mich nicht vom Imkern abgehalten, ich habe eine Desensibilisierungskur gemacht.

Die Bienen faszinieren mich, ihr komplexes Sozialleben, ihre Kommunikation und Leistungsfähigkeit. Gleichzeitig habe ich auch Respekt vor ihnen. Immer wieder gibt es etwas Neues: Mein nächstes Projekt ist es, Propolis zu gewinnen und zu verarbeiten."

Udo Hannowsky, Maschinenbauingenieur und Logistiker i.R., 64 Jahre, Parkstetten, 2020

Abb. 182: Udo Hannowsky bei seinen Bienen, 2020

Bienen als Sympathieträger haben 2018/2019 auch eine politische Funktion bekommen: Als eine breit angelegte Studie von Krefelder Insektenforschern einen starken Artenschwund der Insekten in Deutschland festgestellt hatte und dies 2017 veröffentlicht wurde,[338] wählten Politiker der ÖDP und andere Naturschützer die Biene zum Leitmotiv für ein Volksbegehren zur ‚Artenvielfalt und Naturschönheit in Bayern'. Unter dem Motto ‚Rettet die Bienen'[339] (Abb. 183) rückten sie die gefährdeten (Wild-) Bienen ins Zentrum der Aktion, die auf den Artenschwund der Insekten und die Behebung von dessen Ursachen hinweisen wollte. Tatsächlich war das Volksbegehren erfolgreich und beförderte eine kontroverse Diskussion um den Artenschutz und dessen gesetzliche Folgen, sowie ein verstärktes allgemeines Bewusstsein für die Notwendigkeit einer ‚bienen- und insektenfreundlichen' Umgebung.[340]

Abb. 183: Plakat für das Volksbegehren „Rettet die Bienen", 2019 (KB)

‚Schädlinge'? Insekten als ‚Feinde'

Parasiten, Ungeziefer, Schädlinge – mit diesen Begriffen bezeichnen Menschen unliebsame Gäste aus dem Tierreich: Diese überschreiten Grenzen, dringen in menschliche Sphären ein und tun dort Dinge, die sie aus menschlicher Sicht nicht tun sollten. Dafür werden sie zu ‚Schädlingen' erklärt und bezahlen das oft mit ihrem Leben.

Der Kartoffelkäfer als „Volksfeind"[341]

Besonders in der Land- und Hauswirtschaft fielen und fallen pflanzen- und fleischfressende Insekten negativ auf. Der aus Amerika stammende Kartoffelkäfer[342] (Leptinotarsa decemlineata) (Abb. 184) beispielsweise hat sich seit Ende der 1870er-Jahre als sogenannter ‚Koloradokäfer' in Europa verbreitet. Er frisst die Blätter der Kartoffelpflanze und verhindert so die Ausbildung der Kartoffelknollen. Ernteeinbußen des Grundnahrungsmittels Kartoffel sind die Folge; deswegen wurde und wird der Kartoffelkäfer als ‚Schädling' angesehen. Seine Bekämpfung entwickelte sich im Dritten Reich zur Staatsaufgabe: Man vermutete im Kartoffelkäfer schon seit dem Ersten Weltkrieg eine von ‚Feinden', vor allem Franzosen, eingesetzte biologische Waffe. Im Zweiten Weltkrieg errichtete der NS-Staat eine ‚Kartoffelkäfer-Forschungsstelle' sowie einen ‚Kartoffelkäfer-Abwehrdienst'. Für Schulkinder wurde 1941 eine ‚Kartoffelkäfer-Fibel'[343] erstellt und verteilt (Abb. 185). Letztere stellte in Bildergeschichten den Kartoffelkäfer als große Gefahr für die Volksernährung dar und rief zu dessen Vernichtung auf: Kinder sollten den Käfer per Hand vom Feld klauben, Erwachsene ihn mit Kalk-Arsen vergiften – mit wechselhaftem Erfolg.[344] Um 1950 wiederholte sich das Propaganda-Argument vom Kartoffelkäfer als biologische Waffe: Damals war ein starker

Abb. 184: Schaukasten mit gesammelten Käfern für den Schulunterricht, darunter auch der Kartoffelkäfer, Grundschule Bogen, um 1950/1960 (KB)

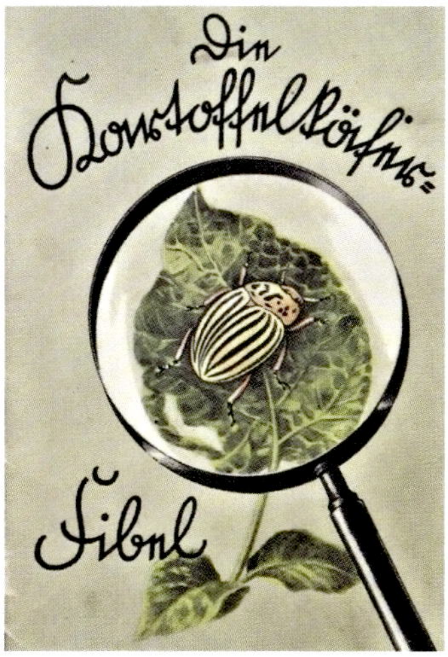

Abb. 185: Kartoffelkäferfibel von Helmut Köstlin: Der Kartoffelkäfer als ‚Feind' und was man dagegen tun kann, 1941 (KB)

Kartoffelkäferbefall im Gebiet der neugegründeten DDR festzustellen, der Kartoffelkäfer galt jetzt als feindlicher ‚Amikäfer' und wurde als ‚Staatsfeind' erneut bekämpft.[345]

Abwerten und Vernichten, z. B. die Fliege

Eher harmlos, aber ebenfalls unbeliebt waren und sind die verschiedenen Arten der Fliegen (Brachycera). Schon lange hatten sie ein eher negatives Image gehabt[346]: In der Bibel zählen die Bremsen zu den zehn ägyptischen Plagen der Menschheit (4. Plage in: Exodus, 8,16–28). Bremsen (hebräisch ‚zebub') wurden mit dem Teufel und dem Bösen gleichgesetzt: ‚Beelzebub' als der ‚Herr der Fliegen'. Ihre Vorliebe für Aas, Fleisch und Exkremente brachte die Fliegen seit dem Mittelalter in Verbindung mit Tod und Vergänglichkeit.

Auch in der Land- und Hauswirtschaft sah und sieht man die Fliegen nicht gerne: Dasseln als Hautparasiten peinigen die Rinder. Der Stallmist gilt als „Brutstätte der Fliegen" und die Insekten ernähren sich von Abfällen, Exkrementen wie auch von gelagerten Lebensmitteln. Das macht(e) sie in den Augen der Menschen zu unreinen, lästigen Tieren und zu potentiellen Krankheitsüberträgern. Deshalb rieten hauswirtschaftliche Ratgeber,[347] die Fliegen als Schädlinge zu bekämpfen (Abb. 186), einerseits durch Hygiene, Sauberkeit, Fliegengitter und Fliegenschränke, andererseits durch deren Vernichtung: Letzteres mittels des 1909 erfundenen ‚Fliegenfängers', einer klebrigen Leimfalle (Abb. 187) oder durch die Fliegenklatsche, in den 1950er-/1960er-Jahren aus Kunststoff massenhaft hergestellt.[348] Daneben gab es seit Ende des 19. Jahrhunderts erste Insektizide,[349] zunächst von Apothekern, später von industriellen Betrieben produziert. Seit den 1940er-Jahren und vor allem in den 1950er-/1960er-Jahren wurden hochwirksame Mittel wie DDT (Dichlordiphenyltrichlorethan) verkauft, die teilweise mit Pumpzerstäubern, Vorläufern der Spraydose, in Räumen verteilt werden konnten (Abb. 188). Erst später erkannte man die gesundheits- und

Abb. 186: Die Fliege als ‚Schädling' und ihre ‚Vernichtung': Lehrbuch Landwirtschaftsschule Straubing, 1950er-Jahre (KB)

Abb. 187: Verpackung eines Fliegenfängers für den Stall, 1990er-Jahre (Erich Gruber, Straubing)

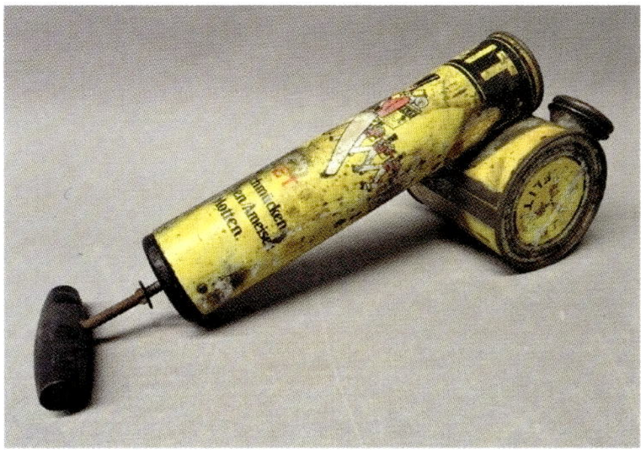

Abb. 188: Pumpzerstäuber „Flit“ für Insektizid, 1920er-/1930er-Jahre (KB)

Abb. 189: Schwalben im und beim Stall als biologische Insektenvernichter: Mehlschwalbe, geschnitzt von Edi Frisch, 2021 (Foto Sabine Bäter, Landshut, KB)

umweltschädigenden Folgen von DDT, was 1972 in Deutschland zu einem Verbot dieses Universal-Mittels führte.

Eine andere Methode der Fliegenreduktion waren ‚biologische Waffen‘ wie etwa die Mehl- und Rauchschwalben, deren Nester früher in oder bei den Ställen gern gesehen waren[350] (Abb. 189).

Andere Sichtweisen

Hier kommt ein anderer Blick ins Spiel: Die Fliege als Nahrung für andere Tiere, ihre Rolle im ökologischen Gesamtsystem, das nicht zwischen ‚nützlich‘ und ‚schädlich‘ unterscheidet, sondern jedes Tier als notwendigen Teil eines Ganzen sieht.

Eine noch andere Perspektive auf die missachtete Fliege hat der Straubinger Künstler Erich Gruber entwickelt: Am Fliegenleimstreifen in der heimischen Küche entdeckte er, wie er selbst erzählt hat, die Schönheit der Fliegen mit dem Ergebnis, dass er sich mit diesen Tieren künstlerisch auseinandergesetzt hat (Abb. 190, siehe auch S. 202).

Abb. 190: Die Schönheit der Fliege: „Fliegenbild“, Öl auf Leinwand, Erich Gruber, 1996 (Erich Gruber, Straubing)

Tier – Mensch – ‚Schädling‘?

Zuletzt soll anhand von drei Beispielen kurz darauf eingegangen werden, dass gelegentlich das ‚Prinzip Schädling‘ auch auf Menschen übertragen wurde: Beispielsweise listet eine Werbeanzeige aus der Bogener Stadt-Apotheke aus der Zeit um 1900 für ein „sicher wirkendes Insekten-Pulver“ das zu vernichtende „Ungeziefer“ auf: „Flöhe, Wanzen, Motten“ und „Schwaben“ (Abb. 191). Mit ‚Schwaben‘ waren die Küchenschaben (Blatta orientalis) gemeint, die man nicht mochte, weil sie als „ekelerregend“ galten, pflanzliche Nahrung verunreinigten, Krankheiten übertrugen, „unangenehm“ rochen und „nachts mit raschelnden Geräuschen umherhuschten".[351] Bezeichnet wurden diese Tiere aber nicht nur als ,Schwaben', sondern andernorts auch als ,Franzosen' oder ,Russen', je nachdem wo welches Feindbild vorherrschte.[352]

Auch gab es den umgekehrten Vorgang, nicht Tiere nach menschlichen Feinden zu benennen, sondern die Menschen den als schädlich erachteten Tieren gleichzusetzen: Beispielsweise zeigt eine Feldpostkarte aus dem Ersten Weltkrieg einen Soldaten inmitten einer fremden (?) Bauernstube mit Menschen und Tieren: Alle sind von Läusen befallen, was folgendermaßen kommentiert wird: „Von Kultur keine Spur, was [!] hier haust, ist verlaust" (Abb. 192). Die bäuerliche Bevölkerung wird hier als unrein, kulturlos und als Träger von Ungeziefer bezeichnet – eine Sichtweise die auch in den bürgerlichen Physikatsberichten der Region um 1860 auftaucht.[353] Einen Schritt weiter ging die Diffamierung ganzer Bevölkerungsgruppen im Dritten Reich, welche als menschliches ,Ungeziefer' bezeichnet wurden, das ,auszurotten' sei.[354] So setzte Heinrich Himmler 1943 die Juden mit schädlichen Läusen gleich. Solche Tiervergleiche, die den Menschen ihr Menschsein absprechen, sind sprachliches und gedankliches Gift, das teilweise auch heute noch oder wieder existiert.

Abb. 191: Kakerlaken, als „Schwaben" bezeichnet: Werbezettel für "Insektenpulver" aus der Bogener Stadtapotheke, um 1900 (KB)

Abb. 192: Schädlingsbefall: Abwertung der Landbevölkerung, Feldpostkarte, um 1914–1918 (KB

Heimtiere

Abb. 193: Herren mit Hund in Straubing, Foto von Bruno Mooser, 1955 (StadtA SR)

Heimtiere[355] – Hunde, Katzen, Kleintiere, Ziervögel etc. – könnte man auch ‚Lieblingstiere' nennen, denn die Menschen haben heute zu ihnen ein vor allem emotionales Verhältnis. Als menschliche Nahrung sind sie tabu. Die einzelnen Heimtiere leben in unmittelbarer Nähe ihrer Besitzer (Abb. 193) und erfüllen deren psychische Bedürfnisse nach Natur, Nähe, Treue, Partnerschaft und Liebe, Besitz, Pflege sowie nach nonverbaler Kommunikation. Sie sind das ‚Andere', ein Gegenüber der Menschen, dass sich viel anhört, es (scheinbar) versteht und antwortet, aber nicht in Menschensprache.[356] Man kann sich mit den Heimtieren identifizieren und sie formen, sie werden zum ‚besten Freund'.

Diese bürgerliche Tierliebe ist selektiv: Vor allem nicht zu große „Gesichtstiere" und solche mit Fell zum Streicheln sind beliebt, während andere Tiere wie die Nutztiere – Rind oder Schwein – ausgeblendet bleiben.[357] Eine solche Ambivalenz hat der Biologe Rupert Sheldrake (geb. 1942) – nicht ohne Zynismus – folgendermaßen charakterisiert: „Die einen verzehren Haustierfutter, die anderen werden dazu verarbeitet."[358]

Vorläufer

Eine Wurzel dieser nicht wirtschaftlich genutzten ‚Liebhabertiere' liegt im Bereich der früheren adeligen Freizeitgestaltung: Dressierte Jagdhunde galten beispielsweise als Statussymbol und als wertvoller Besitz der Jäger, sie wurden gut versorgt, ausgestattet und abgebildet. Sogenannte ‚Schoßhündchen' dienten als Kuschel- und Spieltiere dem standesgemäßen Lebensstil adeliger Hofdamen.[359] Die Anfänge von organisierter Tierliebe, die zur Tierschutz- bzw. Tierrechtsbewegung führte, sind im Kontext des englischen viktorianischen Adels und der englischen Oberschicht zu finden.[360]

Tiere als Familienmitglied

Allerdings bewirkten erst die Veränderungen der Industrialisierung im 19. und 20. Jahrhundert, dass aus einstigen Nutztieren im größeren Umfang Heimtiere wurden. Zu nennen wäre hier zum einen die Verstädterung und das Verdrängen der Nutztiere aus der Öffentlichkeit. Zum anderen ist damals die bürgerliche Kleinfamilie entstanden.[361] Hier, im privaten Bereich von Vater, Mutter und Kind blieb die raue Arbeitswelt außen vor. Hier dominierte eine neue Gefühlskultur, in die auch einzelne Heimtiere miteinbezogen wurden. Hund oder Katze durften jetzt ins Haus, erhielten den Status von Familienmitgliedern, Sozial- und Freizeitpartnern (Abb. 194, 195). Dazu gehörte auch, besonders bei den Hunden, Erziehung – eine Unterordnung unter den Willen des Menschen –, eine umfassende Versorgung, gemeinsame Freizeitgestaltung und oft auch ein eigenes Begräbnis.

Abb. 194: Tiere als Familienersatz: Genrebild nach R. Grützner: „Die Weihnacht des alten Junggesellen", Illustration aus unbekannter Zeitschrift, um 1882 (KB)

Abb. 195: Ein Familienhund, Schreinerfamilie aus Au vorm Wald, Gde. Hunderdorf, Foto, 1903 (KB)

Dafür entstanden im 20. Jahrhundert eine Heimtierindustrie und neue spezialisierte Berufe wie z.B. der Hundefriseur (Abb. 196). Welchen Umfang beides heute angenommen hat, war unter anderem auf den in Straubing veranstalteten Hundemessen ‚Mein Hund' zu sehen: Hier gab es z.B. 2019 ein überbordendes

Angebot für Hunde – von der Hundezahnbürste bis zum sogenannten „Kack Sack", vom „Luxus-Stuhl" bis zum „Hunde-Hotel"; Hundeschulen, Tierbestatter, Tier-Naturheilpraktiker, Tierfilm-Agenturen machten Werbung für ihre Dienste.[362]

Abb. 196: Hundeschur Straubing, Foto von Bruno Mooser, 1954 (StadtA SR)

Im Allgemeinen haben sich die Lebensbedingungen vieler Heimtiere heute verbessert, so der Zoologe Josef H. Reichholf (geb. 1945), sofern nicht Übertreibungen, was die Zucht, Haltung und Vermenschlichung der Tiere anbelangt, zu einem neuen „Kuscheltierdrama" führen.[363]

Zu bedenken gilt allerdings auch die Gegenseite: Nachdem diese Art der Tierhaltung von Freiwilligkeit und nicht von wirtschaftlicher Notwendigkeit geprägt ist, liegt die Schwelle, unliebsame Tiere wieder loszuwerden, niedriger: Die Existenz und Notwendigkeit von Tierheimen zeigt dies an.

Ersatztiere

Ein anderer Bereich von Tieren zu Hause sind die ‚Stellvertretertiere': Damit gemeint sind Darstellungen von Tieren oder Tierobjekte, die reale, rar gewordene (Nutz-) Tiere im Alltag ersetzen: Traditionelle Krippentiere, Osterhase und Osterlamm, das Glücksschwein zu Silvester sowie Märchentiere bekommen Zuwachs durch neue, medial vermittelte Tierfiguren von ‚Mecki', ‚Lurchi' bis zur ‚Sendung mit der Maus' und zum Katzenvideo auf ‚YouTube'.

Der Hund – nah am Menschen

Abb. 197: Otto und Josefa Wiesmaier mit ihrem Spitz: Familienmitglied und Wachhund am Bogenberg, Foto, um 1954 (KB)

Im Folgenden soll vor allem am Beispiel der vielseitigen Hunde das Thema ‚Heimtier' vorgestellt werden. Andere Heimtiere, wie z. B. die Katze, werden knapper behandelt und wieder andere wie Kaninchen oder Meerschweinchen können aus Platzgründen hier leider nicht berücksichtigt werden.

Hunde sind heute die zweithäufigsten Heimtiere: 2020 gab es in deutschen Haushalten etwa 10,7 Millionen von ihnen, Tendenz steigend.[364] Sie scheinen dem Bedürfnis der Menschen nach Nähe besonders entgegenzukommen, vor allem in Krisenzeiten wie etwa der Corona-Pandemie ab 2020.[365]

Ihr Sozialverhalten[366] als Rudeltiere prädestiniert sie dafür: Als soziale Wesen sind sie den Menschen insofern nah (Abb. 197), indem sie gelernt haben, deren Körpersprache, Stimmung und Sprache genau zu beobachten, zu interpretieren und ihre Handlungen danach auszurichten: Hunde gelten als ‚Menschenversteher', als treu und liebend. Darüber hinaus können sie gehorsam sein, sich bei Erziehung dem Willen ihres Besitzers – gewissermaßen als ‚Leittier' – unterordnen.

Hunde waren die ersten Haustiere des Menschen,[367] anfangs als gleichberechtigte Partner für die Jagd, später als untergeordnete Helfer für Haus und Hof bzw. die Viehhaltung. Aus dem Wolf (Canis lupus) hat der Mensch den domestizierten Hund (Canis lupus familiaris) gemacht. Es gibt aber auch die umgekehrte Theorie, dass die Wölfe sich selbst domestizierten, weil ihnen die Annäherung an den Menschen Vorteile brachte (z. B. Schutz, Futter) und sie dabei selbst Einfluss auf den Menschen und dessen Entwicklung nahmen.

Hunderassen für verschiedene Aufgaben

Anfangs waren Hunde vor allem Nutztiere mit verschiedenen Aufgaben. Durch Auslese, ab dem 19. Jahrhundert durch gezielte Züchtungen, schuf der Mensch die Vielzahl der etwa 400 Hunderassen,[368] die es heute gibt – vom Mops bis zum Bernhardiner, vom Dackel bis zum Kampfhund. Die Vielseitigkeit des Hundes spiegelt sich in den unterschiedlichen Aufgaben, die die Menschen den Tieren zuwiesen und die die Hunde auch körperlich formten: Solange beispielsweise die ‚hohe Jagd' als Adelsprivileg vorherrschte, gab es sehr viele verschiedene Jagdhunde[369] – z. B. ‚Saupacker' für die Wildschweinjagd, schnelle Hunde für die Parforcejagd, kleine Hunde zum Aufspüren wie den Dackel (Dachshund, Abb. 198), Pudel für die Wasservogeljagd usw. Als die großen heimischen Raubtiere ausgerottet waren und man sich vor allem auf die ‚niedere Jagd' nach kleineren Tieren und Rehwild verlegte, brauchten die Jäger eher einen universellen ‚Gebrauchshund', der alle jagdlichen Aufgaben zusammen bewältigen konnte.

Abb. 198: Der Dackel als Jagdhund, Nähe Haimelkofen, Gde. Laberweinting, Foto von Ferdinand Pöschl, um 1910 (Richard Stadler, Hofkirchen)

Abb. 199: Schäferhund und ‚Bullenbeißer', Schulwandtafel, Lithographie, 1885 (KB)

Weiterhin wurden verschiedene Arten von Schäferhunden für das Hüten von Viehherden gekreuzt, sowie sogenannte ‚Bullenbeißer' für das Treiben von Rindern (Abb. 199), kräftige, ausdauernde Hunde zum Ziehen von Lasten und schließlich die kleinen ‚Gesellschaftshunde' als Spiel- und Unterhaltungshunde der (weiblichen) Oberschicht. Seit dem 19./20. Jahrhundert wandelte sich die Nutzung der Hunde: Einerseits erhielten sie neue ‚Arbeitsgebiete' und andererseits wuchsen die emotionalen Anforderungen von Seiten der Menschen an sie, aus Nutztieren wurden Heimtiere.

‚Gebrauchshunde' im 20. und 21. Jahrhundert: Der ‚Deutsche Schäferhund'

Als mit veränderter Tierhaltung – weg von der Weide (Abb. 200), hin zur Stallhaltung – Hütehunde zunehmend ihre ‚Arbeit' verloren, erfanden die Menschen neue Aufgabengebiete für sie und schufen dazu den passenden, vielseitig einsetzbaren ‚Gebrauchshund', den ‚Deutschen Schäferhund': Dieser wurde ab den 1890er-Jahren durch den Dresdner Rittmeister Max von Stephanitz (1864–1936)[370] aus verschiedenen Hütehund-Schlägen herausgezüchtet und mit gewünschten Eigenschaften versehen. Von Stephanitz legte diese 1901 als ‚Rassestandards' in seiner Schrift ‚Der Deutsche Schäferhund in Wort und Bild'[371] fest und gründete 1899 den ‚Verein für Deutsche Schäferhunde' (SV) (Abb. 201). Hier ist seitdem die Schäferhundzucht institutionalisiert und bürokratisiert, es gibt ein ‚Zuchtamt' mit eigenem ‚Zuchtwart', hier führt man das ‚Zuchtbuch', ‚Körbuch', ‚Sprungbuch', eine ‚Leistungskartei' usw.[372]

Abb. 200: Schäferszene mit Hütehund vor dem Bogenberg, Gemälde von Alois Koch, 1954 (KB)

Abb. 201: Der ‚Vereinshund': Werbemarke des Vereins für Deutsche Schäferhunde, um 1920 (KB)

Vereins- und Diensthund

Die neuen Zuchtziele für den Deutschen Schäferhund betrafen dessen Körper (‚Gebäude') und Wesen. Es entwickelte sich eine spezifische Ästhetik: Die gespitzten Ohren sollten Wachsamkeit anzeigen, die Augen Intelligenz, das offene Maul (‚Fang') mit den sichtbaren Zähnen die scharfe Waffe des Hundes entsprechend den gewünschten ‚deutsch-soldatischen' Charaktereigenschaften von Wachsamkeit, Wehrhaftigkeit, Unterordnung unter den Herren[373] (Abb. 202). Damit erschien der Hund als geeignet für den Militär- und Polizeidienst.[374] Die Stadtpolizei Straubing erhielt beispielsweise 1913 ihren ersten

Abb. 202: Übliche Darstellung eines Schäferhundes, Postkarte, 1930er-Jahre (KB)

Abb. 203: Angriffsübung der ‚Schutzhundeausbildung', JVA Straubing, um 1929 (AJVA SR)

offiziellen Diensthund und im Straubinger Zuchthaus verfügte man 1912 schon über vier ausgebildete Schäferhunde (Abb. 203).

1921 gründeten Schäferhundefreunde und -züchter die Ortsgruppe Straubing des ‚Vereins für Deutsche Schäferhunde'; 1969 kam die Ortsgruppe Bogen hinzu.[375] Auf dem jeweiligen Vereins-Trainingsgelände unterzieht man die Tiere bis heute einer straffen Ausbildung, damit diese beispielsweise die extra für sie entwickelte Schutzhundeprüfung[376] ablegen können. Dazu gehören „Fährtenarbeit [die den besonderen Geruchssinn der Tiere nutzt], Unterordnung und Schutzdienst." Letzteres beinhaltet auch den Angriff auf Menschen mit Schutzanzug (Abb. 204) bzw. ‚Beißarm', auf sogenannte ‚Figuranten' als simulierte Feinde. Die Schutzhundeausbildung ist Voraussetzung für den Status als Diensthund sowie beliebter Hundesport im Verein.

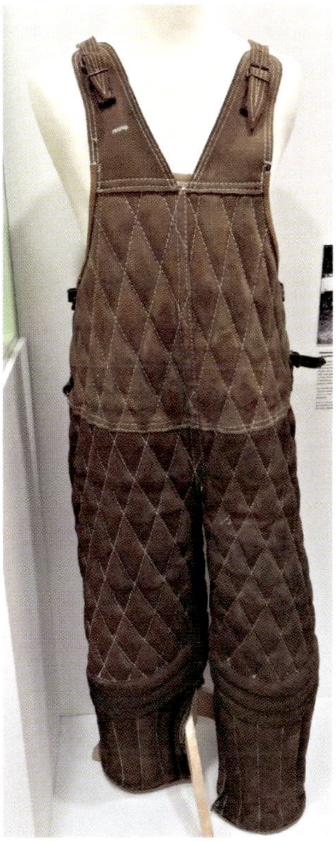

Abb. 204: Schutzanzug für einen ‚Figuranten' bei einer Angriffsübung mit Schäferhunden, Leder, 1960er-Jahre (Franz Heigl, Straubing-Ittling)

Mittlerweile gibt es im Schäferhundeverein die ‚Leistungszucht' der Schäferhunde für Arbeit und Sport und die ‚Ausstellungszucht' mit dem gewandelten Schönheitsideal eines abfallenden Hunderückens.[377] Besonders ‚schöne' Hunde werden bei Leistungsschauen und Wettbewerben vorgeführt, mit ihnen lassen sich Preise gewinnen und ihr Zuchtwert steigt (Abb. 206).

„Im Leistungswettbewerb glänzen"

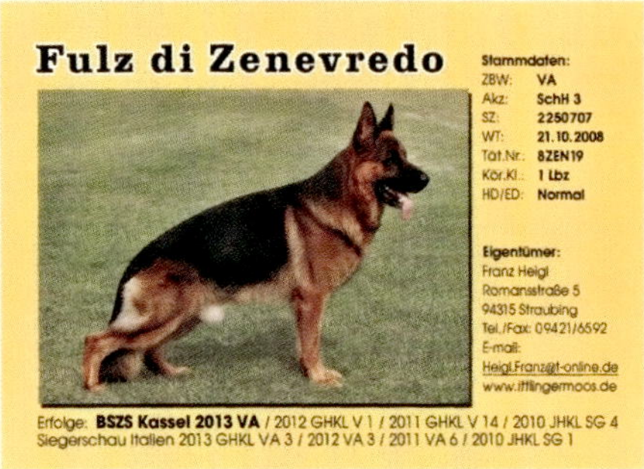

„Bei mir hat die Sache mit den Schäferhunden in den 1960er-/1970er-Jahren angefangen. Meine Frau hat mich mit ihrer Hundebegeisterung angesteckt. Seit 1969 bin ich Mitglied im Schäferhundeverein, zuerst in Straubing, dann in Bogen.

Unser erster wichtiger Hund war ‚Pirol von der Bayernwaldperle', ein Zuchthund aus Zwiesel. 1970 haben wir ihn gekauft und dann mit Liebe und Konsequenz ausgebildet.

Schon bald bin ich in die Zucht eingestiegen und habe mir einen eigenen ‚Zwingernamen' gegeben: ‚Vom Ittlinger Moos'. Einer meiner besten Hunde war der 2008 geborene ‚Fulz di Zenevredo' (Abb. 205, 206). Mit ihm und in Teamwork mit meinem Freund Edi Schwingel habe ich sehr viele Preise gewonnen, z. B. 2014 auf der Bundessiegerzuchtschau in Nürnberg. ‚Fulz' lebt immer noch bei mir. Fotos und Pokale von ihm zieren mein ‚Hundestüberl' (Abb. 207). Hier war und ist ein Treffpunkt für Hundezüchter.

Schäferhunde sind für uns mehr als normale Haustiere. Wir investieren viel Zeit in sie, täglich zwei bis drei Stunden, dazu zweimal pro Woche Training am Hundeübungsplatz. Ihre schönen Erfolge sind der Lohn für unsere aufwendige Zucht- und Ausbildungsarbeit."

Franz Heigl, gelernter Bäcker, Mitarbeiter Landratsamt i.R., 82 Jahre, Straubing-Ittling, 2019

Abb. 205: Franz Heigl mit einem seiner erfolgreichsten Hunde: ‚Fulz di Zenevredo', 2019 (Foto KB)

Abb. 206: Werbekarte für ‚Fulz', um 2014 (Franz Heigl, Straubing-Ittling)

Abb. 207: Siegerpokale im ‚Hundestüberl', 2019 (Foto KB)

Interview: Polizist mit Diensthund

„Man muss gerne mit Hunden arbeiten“

„Von frühester Kindheit an war ich von Hunden umgeben. Mein Vater war Jäger und hatte Jagdhunde. Als ich später zur Polizei gegangen bin, war für mich klar, Diensthundeführer zu werden (Abb. 208).

Diensthunde zu halten ist etwas anderes als Privathunde. Sie sind für die Polizeiarbeit gewissermaßen ein Hilfsmittel und müssen ‚funktionieren‘. Nach einer Grundausbildung als Schutzhund erhalten sie eine weitere spezialisierte Ausbildung zum Suchen von Rauschgift, Banknoten, Sprengstoff, Waffen, Leichen, Vermissten. Oder sie verfolgen Spuren von Tätern und greifen sie notfalls auch an. Hunde brauchen bei der Erziehung positive Verstärkung und klare Grenzen.

Mein Diensthund ist ein belgischer Schäferhund, ein Malinois. Ich habe ihn als Welpen bekommen und ‚Bendix‘ genannt. Er lebt bei mir in der Familie. Ausgebildet habe ich ihn als Schutz- und Rauschgiftspürhund (Abb. 209). Auch kann er nach Banknoten suchen. Mit seiner feinen Nase hat er Fähigkeiten, die der Mensch nicht hat. Wir sind ein Team, ich lenke ihn und er ist mein bester Kumpel, mit dem ich mehr Zeit verbringe als mit jedem anderen.“

Abb. 208: Diensthundeführer Andreas Linde und ‚Bendix‘, ein Malinois (Belgischer Schäferhund), 2020 (beide Fotos KB)

Andreas Linde, Polizeioberkommissar, Diensthundeführer, 43 Jahre, Straubing, 2020

Abb. 209: Eine von verschiedenen Übungen mit dem Diensthund, 2020

Hunde assistieren Menschen: z.B. der Blindenführhund

Als ein Beispiel für sogenannte Assistenzhunde und für ein besonders enges Verhältnis von Besitzer und Hund sind die Blindenführhunde[378] zu nennen. Systematisch dazu ausgebildet wurden Hunde erst seit dem Ersten Weltkrieg, als infolge Giftgaseinsatzes und explodierender Munition zahlreiche Soldaten ihr Augenlicht verloren hatten. Damals spielten ‚Deutsche Schäferhunde' als Sanitätshunde (Abb. 210) eine wichtige Rolle und diese Schäferhunde waren es auch, die erstmals von Militärhundeausbildern zu Blindenführhunden erzogen wurden: 1916 soll ein erster Blindenführhund einem Kriegsveteranen übergeben worden sein.

Die Ausbildung zum Blindenführhund ist sehr anspruchsvoll und dauert mehrere Jahre, weswegen diese Hunde entsprechend teuer sind. Ihre Aufgabe ist es, ihre erblindeten Besitzer sicher durch die Öffentlichkeit zu leiten: Der Mensch hängt hier vom Tier ab – eine Umkehrung der sonst üblichen ‚Machtverhältnisse' – und deswegen müssen beide gut zusammenpassen. Das dingliche Verbindungsglied zwischen beiden ist das Führgestell (Abb. 211): Für den Hund das Zeichen, dass er ‚arbeiten' und auf am Weg liegende Gefahren und Hindernisse hinweisen muss; für den erblindeten Mensch das Medium, durch das er die Hinweise seines Hundes wahrnehmen kann.

Mittlerweile sind zu den Schäferhunden als Blindenführhunde neue Hunderassen hinzugekommen, vor allem Labradore und Golden Retriever, die besonders wegen ihrer sozialen Verträglichkeit geschätzt werden.[379]

Abb. 210: Der Schäferhund als Sanitätshund im Ersten Weltkrieg, Postkarte, um 1914 (KB)

Abb. 211: Führgestell eines Blindenhundes, um 2000 (Ralph Zimmerhansl, Straubing)

Interview: Blindenführhund-Besitzer

„Wo ich bin, ist der Hund!"

Abb. 212: Ralph Zimmerhansl und seine Blindenführhündin ‚Zinga', Straubing, 2020 (Foto KB)

„Mit 27 Jahren habe ich mein Augenlicht bei einem Autounfall verloren und musste mich neu orientieren. Zwar habe ich gelernt, mit dem weißen Blindenstock zu gehen, aber trotzdem habe mich oft nicht heraus getraut, weil ich Angst hatte, nicht mehr heim zu finden.

Meine Frau hat angeregt, dass ich mir einen Blindenführhund zulege, um mobiler zu werden. Seit 2000 hat mich ‚Holly' durch meinen Alltag begleitet und seit 2013 ist es ‚Zinga' (Abb. 212): beides Labradorhündinnen, die von einer Schweizer Blindenführhundeschule ausgebildet worden sind.

Offiziell sind Blindenführhunde von der Krankenkasse bezahlte Hilfsmittel, aber natürlich sind sie viel mehr, Lebewesen mit eigenem Charakter, für die man Verantwortung übernimmt. Wenn ‚Zinga' das Führgeschirr angelegt bekommt, muss sie hochkonzentriert arbeiten: Geradeausgehen am Weg oder Hindernisse anzeigen durch stehenbleiben oder hinsetzen. Dafür wird sie gelobt und das macht ihr Spaß. Zwei bis drei Stunden pro Tag kann sie so arbeiten, zwischendrin braucht sie Pausen, um zu schnüffeln, markieren usw. und mehrmals wöchentlich Freilauf. Seit meine Frau verstorben ist, bin ich mit ‚Zinga' allein und sie ist momentan das Wichtigste in meinem Leben."

Ralph Zimmerhansl, Kaufmann, Masseur i.R., 56 Jahre, Straubing, 2020

Der Wachhund für Haus und Hof

Häufig waren es, neben dem Spitz, die ‚Deutschen Schäferhunde' oder größere Mischlingshunde mit Schäferhund-Anteil (Abb. 213), die als Wachhunde auf dem Bauernhof oder in anderen Haushalten ‚arbeiteten'.

Abb. 213: Schäferhund als Kettenhund, Dia Kreisbildstelle Bogen, 1950er-/1960er-Jahre (KB)

Hier hatten die Hofhunde[380] die Aufgabe, das Anwesen zu bewachen und die Ankunft von Fremden anzuzeigen; sie sollten ‚scharf' genug sein, um abschrecken zu können. Diese Hunde gehörten zur selbstverständlichen Ausstattung eines Hofes, wenn auch eher nebenbei. Fotos von Höfen, wie z. B. auf dem Titelbild zu sehen ist (Abb. 1, S. 5), zeigen zwar den Wachhund als vorhanden, aber er steht nicht im Mittelpunkt. Dementsprechend war ihre Haltung wenig aufwendig: Als Futter erhielten sie Küchenabfälle wie Knochen, Kartoffeln, Brot, auch Molke, kein spezielles Hundefutter; sie wurden im Krankheitsfall nicht zum teuren ‚Viehdoktor' gebracht; Kleintierpraxen verbreiteten sich erst in der zweiten Hälfte des 20. Jahrhunderts. Es gab keine extra Erziehung oder Ausbildung der Tiere. Die Kinder der Familie spielten meist nicht mit ihnen, und wenn, dann eher mit deren Nachwuchs.

Der Platz der Wachhunde war nicht im Haus der Familie, sondern draußen in der Hundehütte (Abb. 214). Damit sie vor Ort blieben, kettete man die Wachhunde

Abb. 214: Hundehütte, Entau, Gde. Irlbach, 20. Jahrhundert (Edgar Stein, Doris Köppl, Entau)

an die Hundehütte an oder sperrte sie in einen Zwinger. An der Hundekette entzündeten sich schon im 19. Jahrhundert Tierschutz-Diskussionen: Während für die Hofbesitzer die Hundekette Kontrolle über den meist unbeaufsichtigten Hund und damit Arbeitserleichterung und Sicherheit bedeutete, betonten die Tierschützer die Freiheitsberaubung des Tieres. So stand beispielsweise auf einem Plakat des Straubinger Tierschutzvereins von 1885 zu lesen: „Dem steten Wächter Deiner Hütte, dem wackren Hunde, der so treu, schmied' ihn nicht immer an die Kette, mach´ ihn von seinen Fesseln frei."[381]

Tatsächlich aber gab es ‚Kettenhunde' bis weit ins 20. Jahrhundert hinein. Gelegentlich sind Konflikte aktenkundig geworden, so z. B. der Fall einer Ittlinger Landwirtin,[382] deren Spitz noch 1974 an einer nur drei Meter langen Würgekette gehalten wurde und nur kurz am Abend frei im Hof laufen durfte, weil er sonst „über den Zaun gesetzt" oder „Leute gezwickt" hätte. Das Dauergebell dieses Hundes führte zu Konflikten mit Nachbarn und hatte eine Anzeige zur Folge, deren Ergebnis war, dass der Hund nicht mehr an einer kurzen Kette, sondern an einem „Laufseil" angebunden werden sollte.

Heute sind kurze Ketten verboten. Erlaubt ist das Anbinden an einer „Laufvorrichtung" (Abb. 215) mit mindestens sechs Metern Länge und „ausreichend Auslauf im Freien" oder das Halten eines Hofhundes im „Zwinger" mit einer bestimmten Mindestgröße und „Schutzhütte".[383] Diese Art der (ländlichen) Hundehaltung scheint heute jedoch am Schwinden zu sein, jedenfalls war es nicht leicht, Interviewpartner zu finden, die noch einen Hofhund als Wachhund hielten.

Abb. 215: Der Hofhund an einem Laufseil mit Rollen bei Windberg, Foto von Bruno Mooser, 1953 (StadtA SR)

Interview: Einstiger Hofhundbesitzer

„Der Hofhund war meine Angelegenheit"

Abb. 216: Josef Wagner und seine momentan verwaiste, selbstgebaute Hundehütte für den Hofhund, 2020 (Foto KB)

„Ich komme aus der Landwirtschaft und habe bis vor kurzem als Baggerführer gearbeitet. Jetzt bin ich in Pension und viel daheim. Was täte ich ohne unsere Tiere! Sie geben mir Beschäftigung. Wir haben ein Schaf, zwei Katzen zum Mäusefangen, jedes Jahr zwei Schweine, Hasen und Hühner.

Bisher hatten wir auch immer einen Hofhund – zuletzt die ‚Sandy', ein Rottweiler-Mischling. Sie ist letztes Jahr eingeschläfert worden.

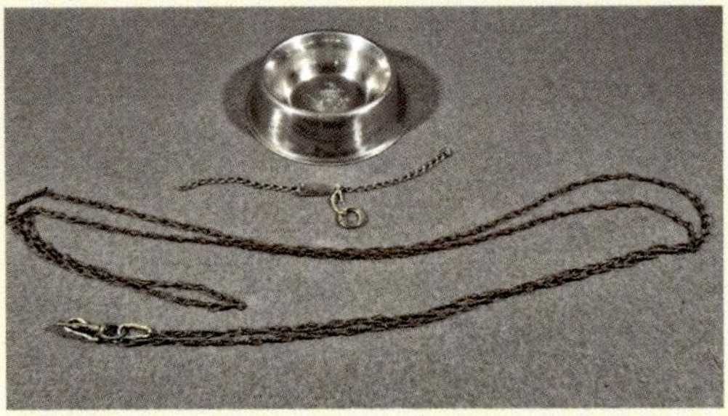

Abb. 217: Die sparsame Hundeausstattung: Halsband, Kette, Fressnapf, 2020 (Foto KB)

Unsere Hunde waren immer draußen, ihre Hundehütte habe ich selbst gebaut (Abb. 216). Wenn wir in der Arbeit waren, hing der Hund an einer langen Kette (Abb. 217). Waren wir daheim, durfte er frei herumlaufen, er ist am Hof geblieben. Unsere Hunde haben gut gefolgt, sie sind gekommen, wenn ich ihnen gerufen habe. Meist hat das ein halbes Jahr und ein paar ‚Datscherl' mit dem Stecken gebraucht, bis sie das von mir gelernt hatten. Unsere Hunde waren nie scharf, sie sollten nur anschlagen, wenn ein Fremder auf den Hof kommt.

Ich war sehr traurig, als die ‚Sandy' nicht mehr da war. Sie hat mich immer begleitet. Ich möchte bald wieder einen neuen Hund haben."

Josef Wagner, Baggerführer i.R., 62 Jahre, Wolfessen, Gde. Perasdorf, 2020

Interview: Hofhundbesitzer

„Schon immer mit Hofhund"

Abb. 218: Alois Bachner und seine Berner Sennenhündin ‚Lily' vor dem Hundezwinger, 2020 (Foto KB)

„Hauptberuflich arbeite ich als Produktionsleiter bei einer Maschinenbaufirma. Dazu habe ich noch eine kleine Nebenerwerbslandwirtschaft mit etwa 70 Schweinen, Muttersauen, Ferkelzucht und -mast. Das ist für mich eine schöne Abwechslung zur Büroarbeit.

Abb. 219: ‚Lily' als Welpe neu auf dem Hof, 2017 (Foto Alois Bachner, Schwimmbach)

Auf unserem Hof war schon immer ein Wachhund. Früher war es eine Art Schäferhund. Heute ist es die reinrassige Berner Sennenhündin ‚Lily' (Abb. 218, 219). Mir gefallen die Sennenhunde besser, das Gesicht und die Statur sind schöner. ‚Lily' ist nachts immer draußen im Zwinger eingesperrt, tagsüber läuft sie frei am Hof herum, das Tor ist dann zu.

Unser Hofhund hat die Aufgabe, den Hof zu bewachen und durch Bellen anzuzeigen, wenn jemand kommt. Als Kinder haben wir mit dem Hofhund nicht gespielt und bis heute darf der Hund nicht ins Haus hinein. Früher haben unsere Hunde Tischabfälle als Futter gekriegt und Milch von den Kühen, der Fressnapf war ein alter Topf. Heute bekommt die ‚Lily' Fertigfutter. In einer Hundeschule waren wir nicht. Und auch beim Schwimmbacher Hunderennen hat die ‚Lily' nicht teilgenommen, sie ist eben ein richtiger Hofhund."

Alois Bachner, Maschinenschlosser, Nebenerwerbslandwirt, 53 Jahre, Schwimmbach, Gde. Leiblfing, 2020

Im Album geblättert: Vom Wachhund zum Gefährten

Am Beispiel der Straubinger Heilerzieherin Ingrid Rossmeisl (geb. 1958), die auf dem Land aufgewachsen ist, lassen sich die fließenden Übergänge vom Hund als Nutztier zum Hund als Heimtier aufzeigen.

Bildergeschichte: Vom Nutztier zum Heimtier

Frau Rossmeisl hat Mitte der 1970er-Jahre ein Fotoalbum über ihre Jugend am Hof in Oberbucha, Gemeinde Windberg zusammengestellt sowie später im Interview darüber berichtet. Hier wohnte sie mit fünf Geschwistern, ihr Vater war Schreiner und die Familie betrieb zusätzlich eine kleine Landwirtschaft mit Tierhaltung zur Selbstversorgung. Es gab, neben zwei Kühen, zwei Schweinen, zwei Ziegen, wenigen Hühnern, Kaninchen, Meerschweinchen noch zwei Hofhunde: die Schäferhündin ‚Bella' und den Mischlingsrüden ‚Morris' (Abb. 220). Letztere hielten sich tagsüber draußen auf, hatten mit Stroh ausgekleidete Hundehütten, durften aber nachts in der Stube schlafen. Mit den Hofhunden (Abb. 221) und deren Nachwuchs beschäftigten sich die jugendlichen Kinder. Darüber hinaus besaß Ingrid einen eigenen Dackel namens ‚Fritzi' als Spielgefährten und alltäglichen Begleiter, meist ohne Hundeleine (Abb. 222, 223).

Abb. 220: Die beiden Hofhunde ‚Bella' und ‚Morris', Oberbucha, 1970er-Jahre (alle Fotos bis Abb. 223 Ingrid Rossmeisl, Straubing)

Abb. 221: Die Hofhunde als Spielkameraden

Diese, wie Ingrid Rossmeisl im Interview sagte, schöne Kindheit mit einer großen Nähe zu den Tieren hat sie geprägt: Sie ist nicht nur seit Anfang der 1980er-Jahre zur Vegetarierin geworden, sondern hat auch eine enge Zuneigung zu Hunden entwickelt – ein Grund dafür, sich später als Erwachsene in der Stadt Straubing ebenfalls einen Hund zuzulegen, nicht mehr als Wachhund, sondern als persönlichen Gefährten, mit dem sie ihre Freizeit intensiv verbrachte.

Abb. 222, 223: Der eigene Dackel ‚Fritzi', immer mit dabei: verkleidet als „Mafiaboss" und auf dem besonderen Rückzugsplatz, dem „Juchhe"

Abb. 224: Ein Teil der Ausstattung des Labradors ‚Murphy', 2006–2019 (Ingrid Rossmeisl, Straubing)

In der Ausstellung gezeigt wird ein Teil der Ausstattung von ‚Murphy' (Abb. 224), dem mittlerweile verstorbenen Labrador (2006–2019) von Ingrid Rossmeisl, der, fast wie bei Menschen, Kleidung, Spielzeug, Körperpflegeprodukte, ein bequemes Hundebett u.a.m. besaß, spezielles Futter bekam, in der Hundeschule war und gezielt erzogen wurde, Sport betrieb, spazieren geführt, abgelichtet und gemalt wurde, Urlaub im Hundehotel machte und nach seinem Ableben eine eigene Tierbestattung erhielt.

Interview: Hundeliebhaberin

„Balsam für meine Seele"

Abb. 225: Erinnerung an den geliebten verstorbenen Hund, ein gemaltes Portrait, 2020 (Foto KB)

„2019 ist mein Labrador ‚Murphy' verstorben. Er hat mich fast 13 Jahre lang begleitet und war nicht nur ein Vorzeigehund, sondern auch ‚Balsam für meine Seele' (Abb. 225). Ich bin Heilerziehungspflegerin und habe mit psychisch kranken Personen zu tun – das ist anstrengend und mein Hund war ein guter Ausgleich zum Beruf. Die Hunderasse Labrador ist das Richtige für mich, es sind liebenswürdige und gelehrige Familienhunde. Mein ‚Murphy' war ein bisschen ängstlich und gleichzeitig sehr gemütlich. Bei ihm ist es mir geglückt, eine enge Bindung aufzubauen und ihn konsequent und liebevoll zu erziehen. Wir haben zusammen viel Spaß gehabt.

Bei den ‚Straubinger Hundefreunden' bin ich 2007 Mitglied geworden und habe dort Gleichgesinnte getroffen. Dort war ich mit ‚Murphy' in der Hundeschule, habe die Begleithundeprüfung gemacht und mit ihm Agility-Hundesport betrieben (Abb. 226). Dazu sind noch die langen Spaziergänge gekommen, zweimal täglich. Das hat gutgetan!

Abb. 226: Gemeinsamer Agility-Sport, 2012 (Ingrid Rossmeisl, Straubing)

Als ‚Murphy' krank wurde, habe ich viel unternommen, bin zum Tierarzt und zur Hundephysiotherapeutin nach Cham gefahren. Es hat leider nichts genützt und ich habe ihn zu Hause einschläfern lassen müssen. Seine Urne steht heute bei mir im Wohnzimmer."

Ingrid Rossmeisl, Heilerziehungspflegerin, 63 Jahre, Straubing, 2020

Hunde in der Stadt Straubing: Sicherheit, Ordnung, Sauberkeit und Kontrolle

Die ‚Hundegeschichte' der Stadt Straubing seit Anfang des 19. Jahrhunderts bis heute zeigt auf, wie diese Tiere früher zwar einerseits ein – im Vergleich zu heute – relativ ‚freies' Leben führen konnten, andererseits aber zunehmend von rechtlichen Regelungen erfasst wurden, die das Zusammenleben von Mensch und Tier auf engem Raum organisier(t)en und kontrollier(t)en.[384]

Schutz vor der „Hundswuth"

Drei ‚Hundethemen' begleiteten und beschäftigten die Stadtväter Straubings im 19. und 20. Jahrhundert: der Schutz vor der Tollwut, die Aufrechterhaltung der öffentlichen Sicherheit und die Erhebung der Hundesteuer.

Abb. 227: Gesellschaft mit Hunden im Biergarten der Wundermühle auf dem Gstütt – trotz des Verbots, Hunde dorthin mitzunehmen, 1910 (StadtA SR)

Kernstücke bei den seit 1808 nachweisbaren ortspolizeilichen Anordnungen waren bis Mitte des 20. Jahrhunderts gegen Androhung von Geld- und Arreststrafen das Verbot, Hunde herrenlos nachts herumlaufen zu lassen, sie in die Kirchen, Friedhöfe, Fleischbänke, Wirtshäuser, Biergärten (Abb. 227) und in sonstige öffentliche Vergnügungsplätze und Volksversammlungen mitzunehmen sowie das Gebot, „hitzige Hündinnen" zu Hause zu verwahren und bissige Hunde oder größere Hunde mit einem sicheren Maulkorb zu versehen.[385] Man wollte damit vor allem die Gefahr der Tollwut bzw. „Wuthkrankheit" oder „Hundswuth" eindämmen. Die nicht heilbare, hochansteckende und durch den Speichel von befallenen Tieren übertragbare Viruserkrankung galt als eine der schlimmsten Krankheiten der Menschen, als „das schrecklichste aller Uebel."[386] Seit 1823 mussten auf Anordnung der Regierung von Niederbayern alle Hunde einmal jährlich erfasst und tierärztlich untersucht werden, seit 1840 sogar vierteljährlich.[387] Im Falle akuter Tollwutausbrüche in der Region, die alle paar Jahre vorkamen, wurde eine mehrwöchige oder sogar mehrmonatige „Hundesperre" (Abb. 228) verhängt: Hunde durften das Haus nur noch mit einem Maulkorb verlassen, frei laufende Hunde ohne Maulkorb

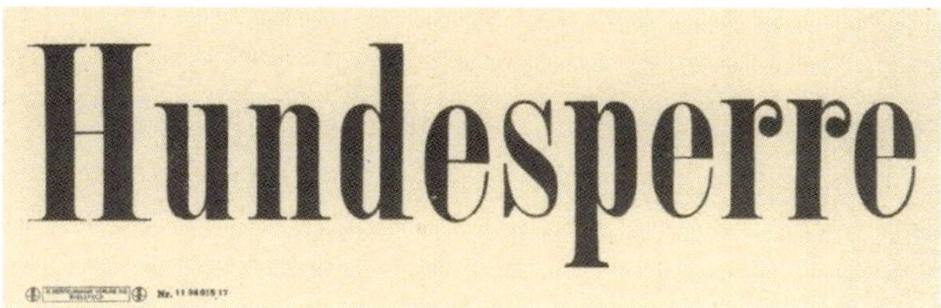
Hundesperre

Abb. 228: Papierschild für den Tollwutfall aus dem Bestand des Schlachthofes bzw. Veterinäramtes, 1920er-Jahre (StadtA SR)

wurden von der Polizei erschossen oder vom Wasenmeister „abgeschlagen."[388] Besonders ärgerlich für Straubing war, dass die Tollwut zumeist von Hunden aus dem Land in die Stadt getragen wurde, da „von Seite der Landbevölkerung größtentheils gar keine Vorsichtsmaßregeln getroffen werden wollen", wie Bürgermeister Josef Leeb 1866 klagte.[389] Gebissene Personen wurden wie das Dienstmädchen Rosa Hirtreiter 1912 unverzüglich zur Behandlung an das „Königliche Institut für Infektionskrankheiten [Robert-Koch-Institut]" in Berlin geschickt, wo sie die von Louis Pasteur 1885 entwickelte nachträgliche Impfung erhielten.[390] Wurde die Verletzung durch einen tollwütigen Hund aber nicht rechtzeitig erkannt, so starb das Opfer nach wie vor – wie 1928 der achtjährige Zuchthauswachtmeisterssohn Joseph Schrödinger nach einem „schrecklichen" Todeskampf.[391] In der zweiten Hälfte des 20. Jahrhunderts konnte die Gefahr der Tollwut zunehmend eingedämmt werden dank der Immunisierung der Füchse, die Hauptüberträger der Tollwut an Hunde, und der Schutzimpfung für Hunde selbst. Seit 2008 gilt Deutschland als ‚tollwutfrei'.

Nutz- oder Luxushund?

Abb. 229: Hundesteuermarke der Stadt Straubing aus Messingblech für einen Irish Setter des Geflügelhändlers Johann Schuhnagel mit Quittung (als Zweithund mit 100 Reichsmark besteuert), 1925 (StadtA SR)

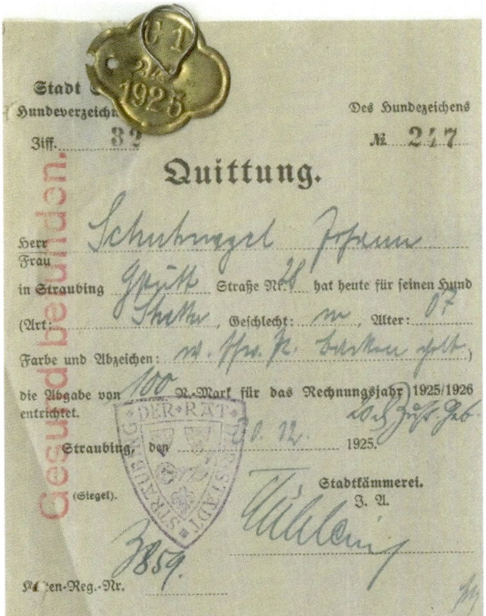
Stadt ...
Hundeverzeichn...
Ziff. 3?
Des Hundezeichens
№ 247

Quittung.

Herr
Frau
in Straubing ... Straße Nr. ... hat heute für seinen Hund
(Art: ..., Geschlecht: ..., Alter: 07
Farbe und Abzeichen: ...)
die Abgabe von 100 R.-Mark für das Rechnungsjahr 1925/1926 entrichtet.

Straubing, den ... 1925.

(Siegel).

Stadtkämmerei.
J. A.

...-Reg.-Nr.

Gesund befunden.

Wird in den Quellen Anfang des 19. Jahrhunderts nur von einer „großen Anzahl der in hiesiger Stadt gehaltenen Hunde" gesprochen, so waren es bei der ersten überlieferten Zählung 1852 752 Hunde, von denen 342 als Nutzhunde wie zur Wache, zur Viehhut oder zur Jagd dienten.[392] Die Einführung der Hundesteuer (Abb. 229) zum 1. Juli 1876 im Königreich Bayern sollte die Anzahl der Hunde vor allem „bei der minderbemittelten Volksklasse" mindern, damit auch die Tollwutgefahr eindämmen und natürlich auch Geld in die Staatskasse bringen, wobei seit 1912 die Einnahmen allein der Kommune zugutekommen.[393] Waren 1852 bei ca. 9000 Einwohnern noch über acht Prozent Hundehalter, so pendelte sich ihre Zahl seit Erhebung der Hundesteuer relativ konstant auf um die 3,5 Prozent ein: 1901 593 Hunde/17200 Einwohner, 1949 ca. 1200 Hunde/36800 Einwohner, 2020 1783 Hunde/48000 Einwohner.[394]

Die erhaltenen Hundeverzeichnisse zeigen, dass der Hund in Straubing in der Mehrheit ein ‚Luxusobjekt' war und zunehmend zum geliebten Familien- und Begleithund wurde (Abb. 230); daneben spielte er vor allem als Wächter und

Rattenfänger noch eine Rolle. Bei der Erhebung der Hundesteuer 1901 z. B. stellten Akademiker wie Lehrer, Rechtsanwälte, Ärzte, Apotheker sowie höhere und mittlere Beamte, die fast ausnahmslos im Stadtzentrum wohnten, die größte Hundehaltergruppe dar. Sie waren es vor allem auch, die sich in Vereinen wie dem 1911 gegründeten „Verein zur Züchtung reiner Hunderassen in Niederbayern (Sitz Straubing)" oder dem 1921 gegründeten und bis heute bestehenden „Verein für deutsche Schäferhunde. Ortsgruppe Straubing" engagierten. Bei der Hundeart ist eine gewisse soziale Stufung erkennbar. Beamte besaßen gerne Pinscher, Dackel und Pudel, Wirte Hühnerhunde und Foxterrier, Hoteliers und Bankiers Doggen und Pudel, Vieh-, Geflügel- und Getränkehändler sowie Bierbrauer Rattenfänger, Boxer, Leonberger und Neufundländer, Landwirte und Gärtner Spitze, die zur Wache besonders gut geeignet waren, Handwerker und Arbeiter Foxterrier, Pinscher, Hühnerhunde und ‚Bastarde'; Deutsch-Kurzhaar, Hühnerhund, Irisch Setter und Bracken tauchen als beliebte Jagdhunde von Offizieren, Privatiers und Rentiers, Gutsbesitzern, Kaufleuten auf.[395] War 1901 in Straubing der Pinscher der ‚Modehund' schlechthin – er war erst im letzten Viertel des 19. Jahrhunderts, von England kommend, wegen seiner Lebhaftigkeit, Anhänglichkeit, Intelligenz, aber auch seiner Eignung zur Jagd auf Ratten und Maulwürfe beliebt geworden – , so sind es 2020 der Chihuahua und der Labrador Retriever.[396]

Abb. 230: Zuschauerin mit Pudel an der Trabrennbahn, Foto von Bruno Mooser, 1956 (StadtA SR)

Eine besondere Nutzung erfuhren Hunde bei den Metzgern, die sie zunächst zum Viehtreiben, später als Zughunde für die Fleischwägen benötigten und daher vor allem große Hunde wie ‚Bullenbeißer' (Bulldoggen) oder Bernhardiner hielten – wobei im 20. Jahrhundert die ‚Metzgerhunde' nicht mehr dem Nutzen, sondern der Tradition und dem vorhandenen Futter geschuldet waren[397] (Abb. 231). Legendär ist z. B. der Bernhardiner ‚Sigi' der Metzgerfamilie Wenisch, der in den 1960er-/1970er-Jahren alleine durch Straubing spazierte, durch ein Nickerchen auf dem Stetthaimerplatz den Verkehr lahmlegte oder im Cafè Rohrmayr am Theresienplatz die Tanzfläche blockierte[398] (Abb. 232).

Metzgerhund,
braun geſtr., mit weißem Fleck zwiſch. den Vorderfüßen, mit Dreßierband, hat ſich verlaufen. 8406
Näh. i. d. Exped.

Abb. 231: Anzeige zu einem entlaufenen „Metzgerhund", in: SRT 10.9.1911 (StadtA SR)

Abb. 232: Der stadtbekannte Bernhardiner ‚Sigi' der Metzgerei Wenisch, Foto, um 1970, in: SRT 5.11.2011 (StadtA SR)

Abb. 233: Kinder mit Bernhardiner, Foto von Bruno Mooser, 1958 (StadtA SR)

Das Leben der Hunde in der Stadt scheint – außer in Zeiten der Tollwutsperre – relativ unbeschwert gewesen zu sein (Abb. 233), vor allem für die Masse der kleineren Hunde. Sie konnten offenbar, wenn sie mit Halsband und Steuerzeichen versehen waren, untertags ungeniert herumstreifen, mussten allerdings „nach eingetretener Dämmerung" zu Hause bleiben. Nur für besonders große Hunde wie z. B. Bulldoggen und „sonst als bissig bekannte Hunde" galt Maulkorbpflicht und ggf. Leinenzwang.[399] Um die ‚Hinterlassenschaften' der Hunde wurde bis in die zweite Hälfte des 20. Jahrhunderts kein Aufhebens gemacht. Im Dreiklang der „stadtpolitischen Leitmotive" bzw. bürgerlichen Ideale „Sauberkeit, Ordnung und Sicherheit" hatte in Straubing eindeutig die Sicherheit Vorrang.[400] Die Zunahme an Beschwerden führte dann 2000 zur Einführung der ‚Hundekotbeutelspender'.

Dass die Stadthunde besser ernährt und gepflegt werden als Landhunde, wie Bürgermeister Josef Leeb 1869 behauptete, war nicht nur auf die gesellschaftliche Stellung vieler Hundebesitzer zurückzuführen, sondern auch auf eine gewisse polizeiliche Aufsicht. Die Hunde waren bei den Visitationen – bis auf Einzelfälle, vor allem alter Tiere – gesund.[401] Man fütterte in der Regel Getreide, Brot, Kartoffeln, Knochen, oft waren es „Küchenabfälle" und Essensreste und Abfälle von Metzgern und Geflügelhändlern.[402] Dass manche Halter ihre Hunde auch zu sehr verwöhnten, zeigen Hinweise auf „die Zärtlichkeit mancher Damen, die ihre Schoßhündchen mit Kaffee, gewürzten Speisen, Confekt etc. füttern" und „fettleibige" Tiere, deren Tötung bis in die 1920er-Jahre hinein bei Visitationen gelegentlich angeordnet wurde.[403]

Abb. 234: Inserat für „Spratt's Hundekuchen", in: SRT 3.9.1911 (StadtA SR)

Zu Beginn des 20. Jahrhunderts wurde der Hund zunehmend als ‚Wirtschaftsfaktor' entdeckt, fertiges Hundefutter und ‚Leckerlis' kamen auf den Markt, wie Inserate im Straubinger Tagblatt zeigen: „Man verlange stets Spratt's Hundekuchen" (Abb. 234).

Ebenso wurden nun Mittel zur Hundepflege empfohlen, die der Gesundheit des Tieres dienten und auch ein enges Zusammenleben von Familienhund und Mensch erleichterten: „Flöhe bekämpfen und zwar mit Toiletteseife für Hunde [...]." [404]

Der Tierschutz bzw. die Sorge um das ‚Tierwohl' kamen eher indirekt zum Tragen, indem bei den Hundevisitationen der Pflegezustand der Tiere beachtet wurde oder die Verhaltensregeln zur Vermeidung von Tollwut gutes Essen, frisches Wasser, Schutz vor Kälte und Hitze, keine Misshandlungen miteinschlossen.[405]

Auf öffentliche Kritik stießen immer wieder die Zughunde, die „Zugpferde des kleinen Mannes"[406] (Abb. 235). 1893 gab es in der Stadt Straubing neun zugelassene Hundefuhrwerke (zwei Bötinnen, ein Hadernsammler, ein Viktualienhändler, vier Obsthändler/innen und eine sonstige Händlerin) sowie zwölf, die aus dem Umland nach Straubing einfuhren.[407] Erst 1902 erließ man im Rathaus eine Verordnung für Zughunde zur Vermeidung von „Mißbräuchen", die u.a. vorschrieb, dass Wagen und Ladung in richtigem Verhältnis zur Kraft des Hundes stehen müssen und das „Aufsitzen von Menschen" „unbedingt" untersagt sei.[408] Zuwiderhandlungen wurden durchaus „wegen Tierquälerei" geahndet, wie 1902 der Lumpensammler Christian Maierhofer erfahren musste.[409] Ein Verbot der Hundefuhrwerke wie in anderen Ländern und Städten lehnte der Magistrat stets ab.

(Dorit-Maria Krenn)

Abb. 235: Hadernsammlerin Maria Maierhofer (1842–1917) mit ihrem Zughund und Sammelwagen. Sie lebte mit ihrem Mann Christian Maierhofer (1854–1907) in einem Wohnwagen ‚in der Schanz' im Osten Straubings, 1912 (StadtA SR)

Die zwei Seiten der Tierliebe: Das Tierheim

In seiner Anfangszeit, ab 1875, kümmerte sich der Straubinger Tierschutzverein besonders um die Verbesserung des Umgangs mit den Nutztieren.[410] In der ersten Hälfte des 20. Jahrhunderts erlahmte das Interesse der Straubinger Bürger am Tierschutz und erst 1941 bzw. 1950 fanden Neu- bzw. Wiederbegründungen des Tierschutzvereins statt.[411] Damals aber verschoben sich seine Aufgaben: Es ging jetzt vermehrt um ausgesetzte, entlaufene oder nicht gut gehaltene Heimtiere – um die Kehrseite der bürgerlichen Tierliebe: Die Rede war von „Fundhunden" und den „im Straßenverkehr verletzten, herrenlosen und sonst in Not befindlichen Tiere[n]", welche die Tierschützer bislang aus „Idealismus" freiwillig in ihren Wohnungen betreut hätten, was aber als „Opfer [...] auf lange Sicht nicht tragbar" sei.[412] Es wurde der Bau eines Tierheims zur Unterbringung und Vermittlung dieser Heimtiere gefordert, zumal solcher Tierschutz eigentlich Sache der öffentlichen Hand sei: „Wer das Tier schützt, nützt den Menschen, wer gut zu den Tieren ist, adelt sich selbst,"[413] so die Argumentation.

Vom ‚Hunde-Asyl'[414] ...

In der Realität allerdings gab es zwar seit etwa 1950 von Seiten der Straubinger Tierschützer viele Planungen, Spenden und Spendenaktionen, seit 1954 ein von Hans Süß zur Verfügung gestelltes Grundstück in Frauenbrünnl. Aber insgesamt mangelte es an den nötigen Finanzmitteln und an Unterstützung seitens der Stadt, im Straubinger Tagblatt zusammengefasst als „große Pläne, viel Tierliebe und wenig Geld."[415]

Gewünscht war – anstelle von einzelnen Hundeboxen – ein „steinernes Hundeheim", dazu ein Raum für obdachlose Katzen sowie eine Freivoliere und Käfige für kranke und verletzte Vögel.[416] Umsetzung fanden diese Planungen wohl nicht, denn 1962 bemängelte der Tierschutzverein, dass es an „allen Ecken und Enden" fehle und dass das bestehende Asyl „kein Aushängeschild" sei.[417]

... zum Tierheim

Seit den 1970er-Jahren übernahmen die jeweiligen Leiter des Straubinger Tiergartens die Vorstandschaft im Tierschutzverein[418] – erst jetzt kam Bewegung in die Sache und führte zum Neubau des Tierheims außerhalb der Stadt an der Donau.[419] 1992 wurde das neue Tierheim eingeweiht. Die Stadt Straubing und der Landkreis Straubing-Bogen teilten sich die Kosten für den Neubau und der ‚Tierschutzverein Straubing und Umgebung e. V.'

übernahm die „kostenlose Verwahrung von Klein- und Haustieren, die im Gebiet der Stadt und des Landkreises gefunden wurden“[420] (Abb. 236, 237).

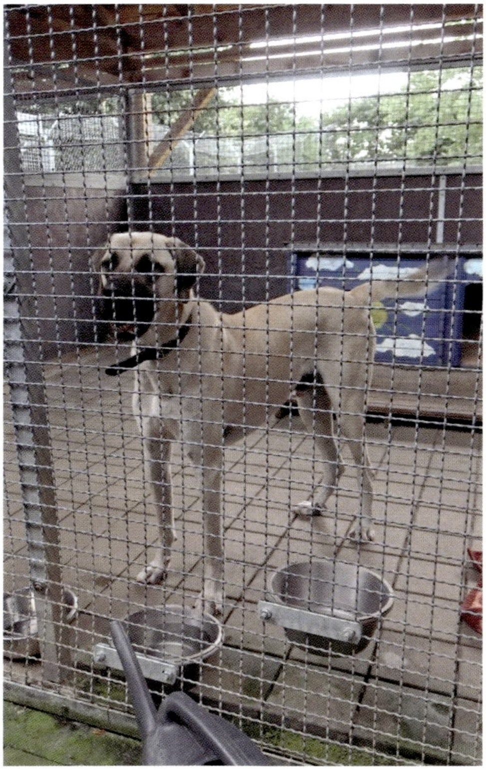

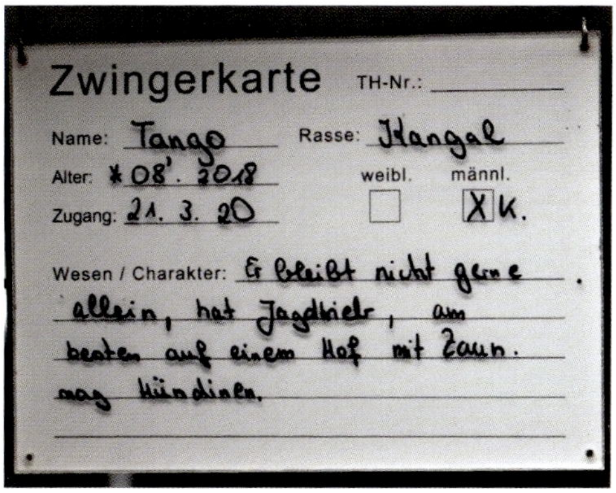

Abb. 236, 237: Ein zu vermittelnder großer Herdenschutzhund (Kangal) im Zwinger und seine ‚Zwingerkarte‘, 2020 (Fotos KB)

Abb. 238: Ein dem Tierheim geschenkter Hundebuggy, um 2020 (Foto KB)

Zahlreiche Privatpersonen spenden mittlerweile nicht mehr gebrauchte Heimtierausstattung und unterstützen damit die Arbeit des Tierheims. Die große Anzahl der sehr spezifischen Gegenstände zeigt aber auch, welche Dimensionen eine gesteigerte Fürsorge und Liebe für das Heimtier mittlerweile angenommen hat (Abb. 238).

Interview: Tierheimleiterin

„Tierschutz mit Maß"

Abb. 239, 240: Ricarda Schumann, die Leiterin des Tierheims und einige ihrer Schützlinge, illegale ‚Autobahnwelpen', 2020 (beide Fotos KB)

„Tiere sind mein Leben. Schon als Kind habe ich Tiere aufgelesen und versucht, ihnen zu helfen. Lange Zeit war ich als Tierpflegerin im Zoo Cottbus beschäftigt und habe 2006 hier im Tierheim angefangen, Fortbildungen zur Tierheilpraktikerin und Hundefriseurin gemacht, seit 2012 bin ich die Leiterin[421] (Abb. 239).

Ohne Tiere kann ich nicht sein, sie sind ehrlich, unverfälscht, wertefrei und fähig, zu lieben. Wenn ich vormittags bei den Tieren bin, kann ich abschalten und entspannen. Das Schönste ist, wenn man sieht, wie verängstigte oder aggressive Tiere langsam zutraulich werden. Allerdings darf man bei aller Tierliebe den Menschen nicht vergessen. Eben alles mit Maß und Verstand.

Ins Tierheim kommen abgegebene oder aufgefundene Haustiere; dazu vom Veterinäramt beschlagnahmte Tiere, z. B. illegal transportierte ‚Autobahn-Welpen' (Abb. 240) sowie Opfer des ‚animal hoarding' (Tiersammelsucht) oder von schlechter Haltung. Alle Hunde, Katzen, Kleintiere, Vögel kommen in Quarantäne, werden versorgt, medizinisch betreut und registriert. Die Besitzer können dann ihr Tier bei uns finden oder wir suchen ein neues Zuhause. Tieren zu helfen und eine zweite Chance zu geben, ist eine erfüllende Aufgabe."

Ricarda Schumann, Tierheimleiterin und Zootierpflegerin, 52 Jahre, Münster, Gde. Steinach, 2020

Mobilität mit Hunden I: ‚Gassi gehen'

Hunde brauchen Bewegung: Wenn sie als Heimtiere in der Wohnung ihrer Besitzer leben, keine bewegungsintensive Beschäftigung haben und keinen umzäunten Garten oder Hof zum freien Herumlaufen, sollen sie täglich bewegt werden; 2020 gab es dazu sogar einen Gesetzesentwurf. [422]

Die Form, in der das heute geschieht, ist der Spaziergang mit dem Hund an der Leine, das ‚Gassi gehen'. Zwar sind auch schon früher Herr bzw. Frau und Hund gemeinsam gegangen, aber da war der Hund oft Begleiter des Menschen bei dessen Arbeitsgängen (Abb. 241) oder bei der Feld- und Waldarbeit – ohne Hundeleine. Die neue Qualität des gezielten ‚Gassi gehens' war einerseits das Gehen, um zu gehen, gemäß dem bürgerlichen Ideal körperlicher Ertüchtigung an der ‚frischen Luft' (Abb. 242). Und andererseits musste der Hund aus Kontroll- und Sicherheitsgründen zunehmend an der Leine geführt werden.[423] In Straubing beispielsweise besteht heute ‚Leinenzwang' für

Abb. 241: Hund als Begleiter bei einem Arbeitsgang, Straubing Bschlacht, kolorierte Lithographie von Gustav Wilhelm Kraus (nach H. Adam), um 1828 (KB)

Abb. 242: Spaziergang mit Hundebegleitung, Straubing Bschlacht, kolorierter Stahlstich von Jobst Riegel (nach Josef Valentin, Replik), 1859/1860 (KB)

größere Hunde an öffentlichen Straßen und Plätzen in dicht bebauten Siedlungen. Zusätzlich hat die Stadt heute eine umzäunte ‚Hundewiese' ausgewiesen, auf der Hunde freilaufen dürfen.[424] Auch durch die Hundeerziehung – professionell angeleitet durch Hundeschulen oder Hundevereine – soll sogenannte ‚Leinenführigkeit' des Hundes bzw. dessen Hören auf die Befehle des Menschen gelernt und damit der Spaziergang mit dem Hund konfliktfreier gemacht werden.[425]

Das ‚Gassi gehen' war, wie der Name schon sagt, anfangs ein eher städtisches Phänomen. Hunde auf dem Land waren angekettet oder liefen auf dem Hof herum und die Menschen gingen eher nicht zweckfrei spazieren. Und wenn ja, wie auf dem Foto von Hofkirchen, Gemeinde Laberweinting, zu sehen ist, dann taten das nicht die Landwirte, sondern die Bürger. Auf diesem Foto sieht man die Lehrersgattin samt Töchtern und die Badersgattin in Begleitung eines kleinen Hundes[426]; die Dorfjugend stand staunend daneben (Abb. 243).

Abb. 243: Spaziergang mit Hund, Hofkirchen, Gde. Laberweinting, Foto von Ferdinand Pöschl, um 1910 (Richard Stadler, Hofkirchen)

Heute haben sich auch hier die Unterschiede eingeebnet, in vielen ländlichen Gemeinden besteht ‚Leinenzwang' beim Spazierengehen mit Hund im Ort und zur Paarungszeit von Wildtieren wird empfohlen, Hunde auch im Wald und auf der Wiese anzuleinen.[427]

Mobilität mit Hunden II: Das Schwimmbacher Hunderennen

Eine andere Art der Bewegung von Hunden stellt das Schwimmbacher Hunderennen[428] dar: Alle drei Jahre veranstalten die Ortsvereine von Schwimmbach, Gemeinde Leiblfing, ein solches hundesportliches Event, das mittlerweile zum Alleinstellungsmerkmal des Ortes geworden ist. Alle Hunde, mit Ausnahme von Kampfhunden, kranken und trächtigen Tieren dürfen daran teilnehmen. Sie treten auf einer Dorfwiese in mehreren Durchläufen gegeneinander an (Abb. 244). Schließlich können sie einen von fünf Preisen gewinnen: Die drei ersten Sieger, der Sieger des ‚Zamperl-Rennens' und der Hund, der von weitesten herkam, erhalten je eine Lyoner- oder zwei Wurstknacker auf einer Preisstange (Abb. 245). Das Wettrennen findet ohne umfangreiche Regularien statt.

Dabei greifen die Veranstalter auf eine über hundertjährige Tradition zurück: 1914 organisierte der Dorfwirt Michael Hausinger am Ostermontag das erste Hunderennen[429] (Abb. 246). Wohl zur ‚Ankurbelung' seines Wirtsbetriebs gedacht, entwickelte sich das Hunderennen zunehmend zur besonderen Attraktion der lang von großer Armut geprägten Kolonisten-Siedlung Schwimmbach.[430] Das Wettrennen der Hunde wurde in den 1930er- und 1950er-Jahren kombiniert mit einem ‚Burschenlaufen', später, in den 1970er-Jahren mit Tanz im Wirtshaus.[431] 1977 eingestellt und 2007 zum 200jährigen Ortsjubiläum wiederbelebt, ist das Schwimmbacher Hunderennen heute ein eher ungewöhnlicher, lockerer Freizeitspaß für Mensch und Tier.

Abb. 244: Hunderennen in Schwimmbach, 2019 (Foto Franz Eiglsperger, Schwimmbach)

Abb. 245: Preisstangen mit Wurst (Repliken) (Foto KB)

Schwimmbach.

Am Ostermontag gibt es bei Unterzeichnetem ein

Hunderennen

mit 6 Preisen und einer Weitfahne, wozu freundlichst einladet

Michael Hausinger,

Gastwirt in Schwimmbach.

Abb. 246: Annonce für das erste Hunderennen 1914, veröffentlicht am 5.4.1914 im Laber-Boten (Albert Schmal, Schwimmbach)

Die Katze: Vom Mäusefänger zur Schmusekatze

Heute ist die Hauskatze (Felis silvestris catus) das in Deutschland beliebteste Heimtier. 2020 schätzte man den Bestand an Katzen in deutschen Haushalten auf etwa 15,5 Millionen, ein Drittel mehr als Hunde, mit steigender Tendenz.[432] Früher gab es auf dem Land zwar auch zahlreiche Katzen, aber sie wurden eher nebenbei und draußen gehalten. Sie waren Nutztiere mit der Aufgabe, Mäuse und andere Nager zu fangen.

Streicheltier heute

Warum Hauskatzen heute so populär sind, dafür nennt der Zoologe Josef Reichholf mehrere Gründe: Erstens entsprechen die körperlichen Merkmale der Katze – runder Kopf, große Augen und Kleinheit des Tiers – dem ‚Kindchenschema' und sie haben ein weiches Fell zum Streicheln (Abb. 247). Das macht sie zum „Ideal eines Schmusetiers".[433] Zweitens sind Katzen eher ‚pflegeleicht' und haben sich einen Rest von Freiheit und Individualität bewahrt.[434] Sofern sie sich draußen frei bewegen dürfen, entziehen sie sich der Kontrolle durch die Menschen, bestimmen selbst über ihre Wege (Abb. 248) und Fortpflanzung. Sie erscheinen als „Haustier und Teil der freien Natur zugleich." Damit gelten Katzen als passende Heimtiere für die modernen Menschen mit wenig Zeit, aber einem Bedürfnis nach Ausgleich zum Alltag und nach Nähe zu einem Tier.[435]

Abb. 247: Ratgeber zur Katzenhaltung, 2010 (KB)

Abb. 248: Streunende Katze am Rentamtsberg in Straubing, Foto von Bruno Mooser, 1955 (StadtA SR)

Diese emotionalen Qualitäten der Katzen wurden von Bürgern schon im 19. Jahrhundert gesehen: Alfred Brehm beispielsweise nannte die Hauskatze einen „netten kleinen Löwen" – „schmuck, reinlich, zierlich, anmutig".[436] Damit versuchte er, ältere Vorurteile gegenüber Katzen als „treulos, falsch und hinterlistig" und als Begleiter von Hexen und dem Teufel zu zerstreuen. Katzen waren wegen ihres dämonisierten Images häufig misshandelt und missachtet worden.

Mäusefänger früher

Auch betonte Brehm die Nützlichkeit der Tiere als Mäusefänger, Katzen seien „geborene Räuber und Mörder“[437] und damit die idealen ‚Schädlingsbekämpfer‘.

Dieser Aspekt war entscheidend für die Katzenhaltung auf dem Land (Abb. 249). So empfahl beispielsweise ein landwirtschaftlicher Ratgeber noch in den 1950er-Jahren, „Katzen nicht [zu] überfüttern“, um die gelagerten Vorräte vor der Hausmaus zu schützen.[438] Erst als wirksame Fallen bzw. chemische Gifte wie der sogenannte ‚Giftweizen‘ oder ‚Cumarin-Präparate‘ gegen Mäuse genutzt wurden, verloren die Katzen auf dem Bauernhof zunehmend ihre ‚Arbeit‘ (Abb. 250).

Abb. 249: Zwei Bauernhofkatzen von heute, draußen gehalten als Mäuse- und Rattenfänger, Wolfessen, Gde. Perasdorf (Foto KB)

Abb. 250: Werbeschild für Mäusegift „Delicia“, 1930er-Jahre (KB)

Aus dem Mäusefänger konnte sich die Schmusekatze als modernes Heimtier entwickeln: Als Familienmitglied lebt sie jetzt in der Wohnung ihrer Besitzer, wird meist gut mit Nahrung und Schlafplatz versorgt, zum Tierarzt gebracht, wenn sie krank ist, mit ihr wird gespielt (Abb. 251) und sie wird gestreichelt, sie begleitet ihre Besitzer durch den Alltag.[439]

Abb. 251: Die Katze als Spiel- und ‚Schmusetier‘, unbekannter Ort, 1960er-/1970er-Jahre (KB)

Interview: Katzenliebhaber

Von Hauskatzen und Bauernkatzen

Abb. 252, 253: Johann Kirchinger und sein Kater ‚Franzi', 2020 (beide Fotos KB)

„Ich bin ein richtiger Katzenfan! Vor Hunden habe ich Respekt und mag sie nicht so gerne. Katzen dagegen gab es immer schon bei uns am Hof, richtige Bauernkatzen in ‚wechselnden Besetzungen'. Als Futter haben sie Milchreste von unseren Kühen, den Filtern der Milchkannen, ‚Katzenwurst' vom Metzger oder Überreste unserer Brotzeiten bekommen. Katzennachwuchs war auch immer da. Sie sind einfach so mitgelaufen und waren trotzdem für meine Schwester und mich als Kinder zum Spielen und Schmusen wichtig.

Als ich nach meiner Ausbildung zum Landwirt und meinem Geschichtsstudium im Jahr 2000 unsere Landwirtschaft übernommen habe, wurde bei uns die Rinderhaltung abgeschafft: Zuviel Zeitaufwand, zu hohe Investitionen und der Geruch hat mich auch gestört.

Meine einzigen Haustiere sind heute Katzen, eher Hauskatzen als Bauernkatzen: Sie leben im Haus, schlafen bei mir, bekommen Fertigfutter, haben einen Kratzbaum und ein Katzenklo. Zurzeit lebt der Kater ‚Franzi' (Abb. 252, 253) bei mir, seine Schwester ‚Sisi' wurde leider überfahren. Ich habe beide von der ‚Katzeninitiative Hainsbach' geholt. Wenn ich zu Hause bin, ist ‚Franzi' fast immer in meiner Nähe und anhänglich, setzt aber auch seinen eigenen Kopf durch. Mäuse und Vögel bringt er als ‚Geschenke' ins Haus. Ansonsten machen Katzen nicht viel Arbeit, man kann in Urlaub fahren und hat zutrauliche und liebe Haustiere."

Dr. habil. Johann Kirchinger, Historiker und Landwirt, 45 Jahre, Holztraubach, Markt Mallersdorf-Pfaffenberg, 2020

‚Stellvertretertiere': ‚Brauchtumstiere' im Jahreslauf und neue Tiere im Kinderzimmer

Seit der zweiten Hälfte des 20. Jahrhunderts haben immer weniger Menschen, nicht nur in der Stadt, sondern auch auf dem Land, direkten Kontakt zu (Nutz-) Tieren.[440] Trotzdem oder vielleicht gerade deshalb spielen Tiere im Haus eine wichtige Rolle, zunehmend aber weniger ‚real', sondern vermehrt in Form von Stellvertretern als Ersatz:[441] Das können die Plüschtiere als Spielzeug sein, der ‚röhrende Hirsch' als Wandbild oder Comic- und Werbefiguren wie ‚Mecki' oder ‚Lurchi' für das Kinderzimmer.

Nachgebildete Tiere im Haus sind nicht neu: Man denke nur an die traditionellen Brauchtums-Tiere wie Ochse und Esel in der Krippe, den Osterhasen und das Osterlamm oder das Glücksschwein zu Silvester. Auch gab und gibt es vermenschlichte Tiere in Märchen- oder Fabelbüchern. Während letztere vor allem moralische Botschaften an Kinder wie Erwachsene transportierten, vermittelten erstere ursprünglich vor allem christliche Inhalte, wurden im Lauf des 19./20. Jahrhunderts profanisiert und zum Bestandteil bürgerlicher Familienfeste.[442]

Neu an den modernen ‚Stellvertreter-Tieren' sind zum einen deren Inhalte und Funktion und zum anderen deren Fülle und Reichweite, vor allem im Kinderzimmer.[443] Abbilder der Tiere sind im Haus jetzt zwar zahlreich und nah, aber sie bringen, im Gegensatz zu ‚echten' Tieren, keinen Schmutz, Geruch oder zusätzliche Arbeit und Verantwortung mit sich, sie sind ‚pflegeleicht' und insofern ‚gebändigte' Natur im Haus.

‚Traditionstiere' I: Ochse, Esel und Schafe in der Weihnachtskrippe

Die Weihnachtskrippe soll(te) das biblische Weihnachtsgeschehen in Form eines ‚gefrorenen Theaters' anschaulich vermitteln.[444] Nach der Säkularisation 1803 verbreitete sich das kirchlich- katholische Krippenbrauchtum vermehrt in Privathäusern, zunächst in adeligen und bürgerlichen Haushalten, dann auch in der breiten Bevölkerung. Eine eigene ‚Krippenkultur' entstand.

Abb. 254: Ochse und Esel in der Krippe, Kastenkrippe Bayerischer Wald, um 1900 (Burgmuseum Mitterfels)

Der Ochse und der Esel waren von Anfang an fester Bestandteil der Krippenszene[445] (Abb. 254). Allerdings wurden sie nicht in den Weihnachtsevangelien, sondern nur im Alten Testament genannt: „Das Rind kennt seinen Besitzer und der Esel die Krippe seines Herrn" (Jes. 1,3). So deute(te)n Ochse und Esel als Stalltiere auf die vorhergesagte Ankunft und auf den niederen Geburtsort des Jesuskindes im Stall bei einer Futterkrippe hin.

Die Schafe in der Weihnachtskrippe zielten in eine ähnliche Richtung.[446] Auch sie fanden sich nicht explizit in den Weihnachtsevangelien, standen aber in Zusammenhang mit den Hirten, die die ersten Besucher an der Krippe waren. Schafe als frühe Nutztiere lieferten Geschenke an das Jesuskind wie Wolle und Kleidung. Insgesamt hatten und haben Krippentiere Symbolfunktion und veranschaulich(t)en christliche Inhalte zu Hause.

Abb. 255: Osterlamm-Backformen aus Keramik, 19. Jahrhundert (KB)

Abb. 256: Osterbrauchtum: Buben mit Karfreitagsratschen erhalten Ostereier, Loham, Gde. Mariaposching, Foto von Erika Groth-Schmachtenberger, 1939 (Freilichtmuseum Finsterau)

‚Traditionstiere' II: Osterlamm, Osterhase & Co.

Das Osterlamm[447] weist ebenfalls christliche Bezüge auf, als antikes Opfertier symbolisiert(e) es den ‚Opfertod' von Jesus Christus. Mittels eines gebackenen Osterlamms (Abb. 255) mit Siegesfahne vergegenwärtigt(e) man zeichenhaft das österliche Geschehen. Diese Osterlamm-Backwaren nahm und nimmt man zum Abschluss der Fastenzeit in die Kirche zur Ostermesse mit und ließ sie weihen, ebenso wie die gefärbten Eier. Ursprünglich waren Ostereier Zinseier, die zu Ostern an die Obrigkeit abgeliefert werden mussten[448] und anschließend geweiht weiterverschenkt wurden. Daraus hat sich das Ostereierbrauchtum entwickelt, etwa wenn herumziehende Kinder mit Karfreitagsratschen gefärbte Eier erheischten (Abb. 256) oder Kinder von ihren „Pathen" „rothe Eier" als Ostergeschenke erhielten, für die hiesige Region ist das um 1860 und danach belegt.[449]

Dagegen weist der Osterhase[450], der den Kindern gefärbte Eier und Süßigkeiten bringt, auf den ersten Blick keine christlichen Inhalte auf. Tatsächlich aber scheint der Osterhase eine protestantische ‚Erfindung' des 17. Jahrhunderts[451] gewesen zu sein, um das katholische Brauchtum der kirchlichen Eierweihe zu umgehen. Jedenfalls entwickelte sich der Osterhase im 19. Jahrhundert in städtischbürgerlichen Familien zum geheimnisvollen Gabenbringer, im 20. Jahrhundert auch auf dem Land (Abb. 257). Wann genau der Osterhase in hiesiger Region erstmals aufgetreten ist, lässt sich bislang nicht eindeutig feststellen.

Allerdings sind aus dem 20. Jahrhundert vermehrt Belege für das Osterhasenbrauchtum überliefert: Grußpostkarten mit Osterhasen (Abb. 258), Süßigkeitenverstecke aus Pappmaché in Form von Osterhasen mit abnehmbarem Kopf (Abb. 259) oder das Kinderbuch ‚Die Häschenschule' von Albert Sixtus und Fritz Koch-Gotha, in dem 1924 beschrieben wurde, was der mythische Gabenbringer ‚Osterhase' zu tun hat: „Seht, wie ihre Augen strahlen, wenn sie lernen Eier malen! Jedes Häslein nimmt gewandt einen Pinsel in die Hand, färbt die Eier, weiß und rund mit den schönsten Farben bunt."[452]

Abb. 257: Zeichnung mit einem Osterhasen aus dem Gästebuch des Neuen Schlosses Steinach, 1908 (AfHG Steinach)

Abb. 258: Der Osterhase versteckt bunte Ostereier, Postkarte, um 1900 (KB)

Abb. 259: Osterhase als Süßigkeiten-Versteck, 1. Hälfte 20. Jahrhundert (KB)

‚Traditionstiere' III: Das Glücksschwein

Und schließlich ist das Schwein als profaner Glücksbringer zu nennen: Zu Silvester verschenkt man heute Marzipan-[453] und andere Schweinchen als Glücksboten für das neue Jahr. Früher, seit etwa 1900, wurden Neujahrskarten[454] mit allerlei Glücksbringern, darunter auch das Glücksschwein, verschickt (Abb. 260, 261).

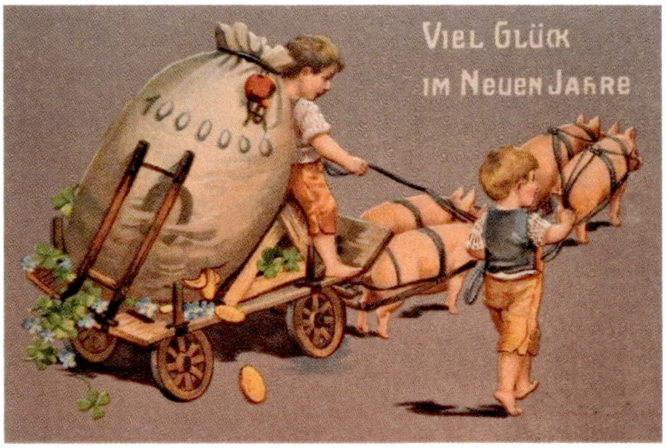

Abb. 260, 261: Neujahrspostkarten mit Glücksschweinen, 1. Hälfte 20. Jahrhundert (KB)

Diese positive Deutung des Schweins steht in Gegensatz zu dessen jahrhundertelanger Verachtung: Der Bibel zufolge galten Schweine als ‚unreine' Tiere, da sie keine Wiederkäuer sind (Lev. 11,7,8) – das jüdische Speisetabu, kein Schweinefleisch zu essen, rührt daher.[455] Missliebige Personengruppen wurden öfters in Zusammenhang mit Schweinen dargestellt, so die heute umstrittene mittelalterliche Darstellung einer ‚Judensau' am Regensburger Dom. Ein anderes Beispiel aus dem 18. Jahrhundert ist der auf einem Schwein reitende Martin Luther im gegenreformatorischen Deckenfresko der einstigen Klosterkirche Oberalteich[456] (Abb. 262). Bis heute werden abwertende Begriffe wie ‚Drecksau' oder ‚fettes Schwein' benutzt.

Abb. 262: Martin Luther auf einem Schwein reitend, Ausschnitt aus einem Deckenfresko in der Klosterkirche Oberalteich, Joseph Anton Merz, 1727–1730 (Foto Hans Neueder, Bogen)

Die als niedrig und ‚unrein' angesehenen Schweine konnten seit dem Mittelalter aber auch als Trostpreise bei Wettkämpfen dienen: Der Verlierer hatte dann ‚Glück im Unglück' – eine Umwertung des Schweins zum Glücksbringer.[457] Auch beim Kartenspiel konnte man ‚Schwein haben', wenn die höchste Karte ‚Sau' (Ass) alle anderen Karten ausstach. Das Sparschwein – in Deutschland vereinzelt seit dem Spätmittelalter belegt – bezog und bezieht sich auf eine gedachte Verbindung von Glück und Geld. Und Künstler wie Dazi Tryoller gestalteten das Schwein als lächelndes, üppiges und zufriedenes Tier, dem das Glück Flügel verleiht, eine künstlerische Auseinandersetzung mit dem Thema ‚Glücksschwein' (Abb. 263, siehe auch S. 57).

Abb. 263: Dazi Tyroller, ohne Titel, Keramik glasiert, ohne Jahr (Privatbesitz)

Tierersatz für Kinder

Spielzeugtiere spiegeln die Nutzung ‚realer' Tiere im Alltag: Das Pferd als ‚Mobilmacher' beispielsweise inspirierte das Schaukel- oder Räderpferd für Kinder[458] (Abb. 264). Je weniger aber die Kinder von einer Vielzahl ‚richtiger' Tiere umgeben sind, umso zahlreicher bevölkern neue vermenschlichte Tierfiguren im 20. Jahrhundert die Kinderzimmer, in Form von Spielzeug, Büchern, Medien, Comics.

Abb. 264: Schaukel- und Wagenpferd, 1920er-/1930er-Jahre (Familie Speckner, Hunderdorf)

Animierte Tiere I, z.B. Der Igel ‚Mecki'

Am Beispiel des Igels ‚Mecki'[459] lässt sich der Weg eines erdachten Tiers von der Märchenfigur zum Filmstar zur Comicfigur aufzeigen. Ursprünglich entstammt der Igel einem Märchen, das die Brüder Grimm 1843 in Plattdeutsch aufgeschrieben und herausgegeben haben.[460] Es geht hier um den ungleichen Wettlauf zwischen einem Igel und einem Hasen, den der langsame, aber schlaue Igel durch eine List gewinnt. Dieses Märchen sollte in den 1930er-Jahren für Schulkinder verfilmt werden:[461] Im Auftrag der ‚Reichsstelle für den Unterrichtsfilm' schufen die drei Brüder Diehl in Gräfelfing bei München 1938 einen animierten

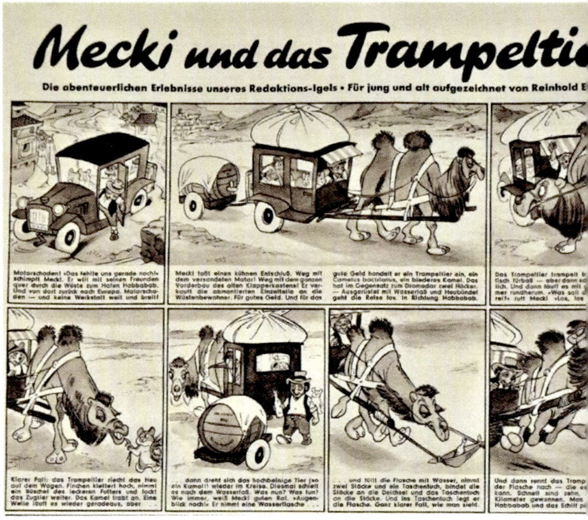

Abb. 265: Der ‚Wettlauf zwischen dem Hasen und dem Igel', 16 mm Schulfilm der Brüder Diehl, Kreisbildstelle Bogen, 1938 (KB)

Abb. 266: ‚Mecki' als Comicfigur, Ausschnitt aus: ‚Hörzu', 1955, Nr. 24, o.S. (KB)

Abb. 267: Steiff-Figuren: ‚Mecki' und seine Frau ‚Micki', 1950er-Jahre (KB)

Schulfilm (Abb. 265). Dazu entwickelten sie die Figuren eines namenlosen Igels und seiner Frau. Die liebevolle und detailreiche Gestaltung, in Verbindung mit politisch harmlosen Inhalten, machte diese und andere Verfilmungen der Brüder Diehl sehr erfolgreich und bekannt. Auch in den Kreisbildstellen der Region – in Bogen, Straubing und Mallersdorf – wurden die Diehl'schen Märchenfilme stark nachgefragt.[462]

Nach 1945 entdeckte die neue Programmzeitschrift ‚Hörzu' die Igelfigur als Werbeträger und übernahm sie unter dem Namen ‚Mecki': Ab 1949 erschienen ‚Mecki'-Geschichten bis in die 1970er-Jahre hinein als Comics in der ‚Hörzu' (Abb. 266). Nach einem Urheber-Rechtsstreit mit den Brüdern Diehl einigte man sich darauf, dass die ‚Hörzu' lediglich ‚Mecki'-Bilderbücher und Comics produzieren durfte, Ferdinand Diehl alle anderen Rechte besaß: Ab 1951 vergab er der Firma Steiff die Lizenz zur Produktion von ‚Mecki'-Figuren (Abb. 267). In den 1950er-bis 1970er-Jahren war ‚Mecki' populär – gewissermaßen als deutsche Antwort auf die schon älteren amerikanischen Comic-Figuren wie ‚Mickey Mouse' und ‚Donald Duck';[463] es gab ihn in Comics, in Filmen, auf Postkarten, in Kinderbüchern und als Spielzeug: ‚Mecki', der listige, kleinbürgerliche, gemütlich-zufriedene Igel traf den Wunsch der Nachkriegszeit nach ‚heiler Welt'.

Animierte Tiere II: Der Feuersalamander ‚Lurchi'

Abb. 268: ‚Lurchi' und seine Freunde, Kunststofffiguren, 1960er-/1970er-Jahre (KB)

Auch die Figur des Feuersalamanders ‚Lurchi'[464] entstammt den 1930er-Jahren und hatte ihre Blütezeit in den 1950er- bis 1970er-Jahren. ‚Lurchi' war und ist Werbeträger für die 1904/1905 gegründete Schuhfabrik Salamander[465] in Kornwestheim. Diese produzierte zunächst Schuhe für Erwachsene, ab 1949 dann auch Kinderschuhe. Um die Kinder beim Erwachsenen-Schuhkauf zu beschäftigen, gab die Firma Salamander ab 1937 erste ‚Lurchi'-Geschichten heraus. Nach 1945 wurden diese Geschichten fortgesetzt, jetzt als ‚Dreingabe' beim Kinder-Schuhkauf. Verschiedene Grafiker gestalteten die sogenannten ‚Grünen Hefte', die später auch als Sammelbände erhältlich waren. Hier wurden die Abenteuer von ‚Lurchi' und seinen Freunden ‚Unkerich' (Unke), ‚Hopps' (Frosch), ‚Pipping' (Zwerg), ‚Mäusepiep' (Mäuserich) und ‚Igelmann' (Igel) (Abb. 268) in Reimform abgefasst, in Schreibschrift gedruckt und mit bunten Bildern comicartig illustriert.

Auch in hiesiger Region gab es ‚Lurchi-Hefte' und Werbefiguren für Kinder: Im 1934 eröffneten Bogener Schuhhaus Katzendobler[466] verkaufte der gleichnamige Schuhmachermeister anfangs sowohl Konfektionsware der Schuhfabrik Salamander (Abb. 269) als auch selbst genähte Sport- und ‚Haferl-Schuhe'.

Abb. 269: Das Schuhgeschäft Katzendobler in Bogen verkaufte Konfektionsschuhe der Firma Salamander, Foto, 1952 (Annemarie Katzendobler, Bogen)

Abb. 270: Heft „Lurchis Abenteuer“, 1958, Nr. 18 (KB)

Seit er zu Beginn der 1960er-Jahre seine handwerkliche Schuhproduktion einstellte, vertrieb er nur noch vorgefertigte Schuhe und warb mit dem ‚Alleinverkauf‘ von Salamander-Schuhen. Als Beigabe zu den erworbenen Salamander-Schuhen erhielten die Kinder ‚Lurchi‘-Figuren oder die ‚Grünen Hefte‘, in denen die Abenteuer des Salamanders dank der besonderen Schuhe immer gut endeten (Abb. 270). ‚Lurchi‘ wurde so auch auf dem Land zu einem bekannten Markenzeichen einer Schuhfabrik.

Animierte Tiere III: Die ‚Sendung mit der Maus‘

Abb. 271: Plüschfigur ‚Maus‘, Fa. Schmidt, Ende 20. Jahrhundert (KB)

Abb. 272: Bastei Verlag (Hg.): Das Buch mit der Maus. Wie kommt die Milch in die Flasche? Bergisch-Gladbach o.J. (1970er-/1980er-Jahre) (KB)

Eine andere Funktion hatte die etwas später erdachte und von Isolde Schmitt-Menzel gezeichnete Figur der ‚Maus‘.[467] Ab 1971 wurde sie in der Fernseh- ‚Sendung mit der Maus‘ vom Westdeutschen Rundfunk Köln produziert und im Ersten Deutschen Fernsehen (ARD) ausgestrahlt. Nicht Werbung, sondern Bildung und Unterhaltung für Kinder war und ist der Zweck dieser ‚Lach- und Sachgeschichten‘, die bis heute am Sonntag-Vormittag zu sehen sind. Dabei werden zwischen den erklärenden ‚Sachgeschichten‘ aus dem realen Leben und den ‚Lachgeschichten‘ kleine unterhaltsame Szenen mit der orangefarbenen Maus, dem blauen Elefanten und der gelben Ente eingeschoben. In diesen 30-sekündigen Zeichentrickfilmen durchleben die comicartige Maus und ihre etwas später hinzugekommenen ‚Mitstreiter' (ab 1975 der Elefant und ab 1987 die Ente) menschliche Situationen: Die Maus handelt oft überraschend, witzig und skurril; sie spricht nicht, sondern ‚klimpert' nur mit ihren Augenlidern.

Die ‚Maus' ist hier eine unterhaltsame, tierische Identifikationsfigur mit Aufklärungsauftrag, welche sich seit ihren Anfängen 1970/1971 nicht wesentlich verändert hat. Von ihr gibt es nicht nur Fernsehsendungen, sondern auch Plüschtiere (Abb. 271), Briefmarken, Bücher (Abb. 272), Spiele und andere Merchandise-Artikel. Auch scheinen heute nicht nur Kinder, sondern auch zahlreiche Erwachsene aus nostalgischen Gründen ‚Maus-Fans' zu sein, wie zum 50-jährigen Geburtstag dieses Fernsehtiers 2021 betont wurde.[468]

Verkehrte Welt, z. B. im modernen Kinderbuch

Ähnlich wie bei der ‚Maus', der als Tier eigentlich Schädlingsimage anhaftet und die in der Fernsehsendung für Kinder positiv umgewertet wurde, so zeigen sich in dem Kinderbuch: ‚Josef Schaf will auch einen Menschen' ebenfalls verkehrte Rollen[469] (Abb. 273). Kirsten Boie und Philip Waechter erzählen in ihrem 2002 erschienenen Kinderbuch die Geschichte eines Tiers – des Schafes Josef – das, ebenso wie alle anderen, einen ‚Hausmenschen' besitzen möchte. Es bekommt den Menschen ‚Purzel' und hält ihn solange im Käfig, bis dieser entkommt. Auch dieses Kinderbuch hat aufklärerische Ziele, indem es Kindern auf witzige Weise die Problematik der Heimtierhaltung vermittelt.

Abb. 273: Kinderbuch von Kirsten Boie und Philip Waechter, 2002 (KB)

Wildtiere

Neben den Nutz- und Heimtieren gibt es die nicht-domestizierten Tiere, die Wildtiere (Abb. 274). Manche von ihnen sind ‚Kulturfolger' und halten sich in der Nähe der Menschen auf, wie z. B. manche Vogelarten. Andere wiederum ziehen Distanz zum Menschen vor, wie die Wildkatze, sie sind damit in der Natur ‚wild lebend'.[470] Unsere Sicht auf die Wildtiere hängt mit unserem Verständnis von Natur und Landschaft zusammen, welches sich, je nach Betrachter in einer bestimmten Zeit, sozialen Zugehörigkeit und Region voneinander unterscheiden kann.[471]

Abb. 274, 275: Zwei Ofenkacheln mit Jagdmotiven: Rehe und Jäger mit Jagdhund, Keramik von Xaver Schwannberger, Bogen, um 1850 (KB)

„Produktionslandschaft"[472]

Die ungezähmte Natur wurde in vorindustrieller Zeit einerseits landwirtschaftlich kultiviert und andererseits oft als magisch oder als bedrohlich wahrgenommen. Die Menschen waren stark abhängig von der Natur, ihren Tieren und Pflanzen.

Heute ist die Natur bei uns größtenteils nicht mehr ‚wild', sondern der Mensch hat sie im Lauf der Industrialisierung zunehmend beherrscht; die Natur hat ihren ‚Schrecken' verloren (gleichzeitig aber sind neue ‚Schrecken' entstanden wie die Corona-Pandemie, das Artensterben oder der Klimawandel): Die Kulturlandschaft ist mittlerweile intensiviert; Straßen und Eisenbahntrassen durchschneiden sie; heimische Raubtiere sind stark dezimiert; viele Wälder, Moore und Wiesen sind zu Ackerflächen geworden; Siedlungen und Gewerbeflächen breiten sich aus usw.; der Mensch hat die Natur besetzt. Trotzdem gilt die Natur als ‚bessere' Gegenwelt zum technisierten und industrialisierten Alltag der Menschen. Sie erscheint angesichts der Veränderungen in ihrem Bestand als gefährdet und soll deshalb geschützt werden.

Wildlebende Tiere werden, ebenso wie die Pflanzen, als Zeichen für die Natur und ihren Zustand angesehen:[473] Einerseits sind manche von ihnen durch menschliche Eingriffe dezimiert und genießen Schutzstatus wie z. B. das Auerhuhn; auf der anderen Seite werden manche Tierarten vom Menschen durch Abschuss reguliert, wie z. B. das Reh.

Freiräume

Inmitten der „Landschaft des Industrialismus“[474] sind mittlerweile einzelne Gebiete als Naturschutzzonen verschiedener Kategorien ausgewiesen worden: Hier, in abgegrenzten Bereichen, versuchen Naturschützer, bedrohten Tierarten wieder ihren Lebensraum zurückzugeben wie z. B. im ‚Rainer Wald‘, einem Auwald im Landkreis Straubing-Bogen.[475] Darüber hinaus geht es im 1970 gegründeten ‚Nationalpark Bayerischer Wald‘[476] darum, die menschlichen Eingriffe weitgehend zu minimieren, um die Natur wieder mehr sich selbst zu überlassen.

„Freizeitlandschaft“

Wer hat(te) das Recht, die Natur, jenseits des praktischen Zwecks zur Sicherung des Lebensunterhalts, zum Vergnügen zu nutzen, wem gehör(t)en die Wildtiere? Am Beispiel der Jagd und der Fischerei zeigt sich im 19./20. Jahrhundert eine mehr oder weniger umfassende Demokratisierung ehemals exklusiver Vorrechte.[477]

Bis Mitte des 19. Jahrhunderts hatte der Adel das Privileg, zu jagen. Die Jagd war höfische Freizeitgestaltung und Machtdemonstration: Gefährliche Raubtiere sowie Hirsch oder Wildschwein (Abb. 276) gehörten dem Hochadel. Das sogenannte Niederwild – die ‚Küchenjagd‘ auf Rehe oder Federwild – wurde dem niederen Adel zugestanden. Die einfache Bevölkerung durfte für eigene Zwecke nicht jagen oder fischen, tat es teilweise aber trotzdem, was als Wilderei galt und bestraft wurde. Mit der Revolution von 1848 endeten die Jagdvorrechte des Adels und jeder, der Grund und Boden besaß, durfte auf die Jagd gehen (Abb. 277). Neue Einschränkungen gab es zwar schon bald, aber die Adelsjagd und ihre Rituale blieben Vorbild. Seit der zweiten Hälfte des 19. Jahrhunderts entstanden bürgerliche Fischereivereine, Jagdverbände, Schützenvereine für Männer. Im 20. Jahrhundert entwickelten sich die einstmals exklusiven

Abb. 276: Wildschweinjagd als Adelsprivileg: z. B. erlegtes Wildschwein mit gepanzerten Hunden und ‚Sauspieß‘, Kupferstich von Johann Elias Ridinger, Mitte 18. Jahrhundert (KB)

Abb. 277: Bürgerliche Jagd mit Gewehr, z. B. auf Rehwild, Chromolithographie, Ende 19. Jahrhundert (Burgmuseum Mitterfels)

Freizeitbeschäftigungen der Jagd und des Angelns zum ‚Volkssport' für jedermann, mittlerweile gibt es auch eine zunehmende Anzahl von Frauen, die sich diesen eher männerdominierten Hobbies widmen.

Die Bedingungen der Jagd sind heute andere als früher:[478] Nachdem Raubtiere wie Wolf, Bär oder Luchs im 19. Jahrhundert ausgerottet wurden, fiel Jägern die Aufgabe zu, den Wildbestand zu ‚regulieren' und gleichzeitig die Natur zu ‚hegen', d.h. im Sinne des Naturschutzes zu pflegen. Ein gewichtiges Argument für die Jagd und das Angeln heute ist, neben der Gewinnung eines ‚gesunden Lebensmittels', der Wunsch nach Naturnähe und Naturerfahrung in der Freizeit – als Ausgleich zum Alltag, der häufig naturfern geworden ist.

(Wild-) Tier ist nicht gleich (Wild-) Tier

Verschiedene Wildtiere genießen unterschiedliches Ansehen bei den Menschen: Während einstmals ausgerottete und mittlerweile wieder anzusiedelnde Raubtiere wie der Wolf bis heute unterschiedliche Reaktionen hervorrufen – von Befürwortung bis zur Ablehnung aus Angst vor möglichen Gefahren für Mensch und Nutztier[479] – zählen viele der Vögel zu den ‚Lieblingstieren' der Menschen.

Denn Vögel symbolisieren bürgerliche Werte wie das enge Familienleben (intensive Brutpflege), Freiheit (Vogelflug), Schönheit (Federkleid) und Kunst (wohlklingender Gesang) und wurden so zum „Projektionsfeld menschlicher Sehnsüchte und Utopien."[480] Auch lassen sie sich domestizieren und leben teilweise in der Nähe der Menschen. Der Zoologe Alfred Brehm nannte die Vögel deshalb „Vergnügungstiere des Menschen": „Die Anmut ihrer Gestalt, die Schönheit der Farben [...] der Wohllaut ihrer Stimme, die Liebenswürdigkeit ihres Wesens ziehen uns unwiderstehlich an. [...] Sie sind unsere Schoßkinder und Lieblinge."[481] Daraus folgte ein besonderes Interesse der Bürger für diese Tiere und schon relativ früh Maßnahmen zum Vogelschutz innerhalb der Tierschutzbewegung (siehe S. 171f.)

Vögel, die „gefiederten Brüder“[482]

Manche Vogelarten sind als ‚Kulturfolger‘ den Menschen nahegekommen und nehmen eine Position zwischen wildlebenden Tieren und Heimtieren, zwischen Natur und Kultur ein. Der Umgang mit ihnen und ihre kulturelle Bewertung sind vielgestaltig, besonders im Fall der Taube.

Abb. 278: Weiße Taube, Präparat, 2. Hälfte 20. Jahrhundert (KB)

Abb. 279: Taufe Jesu mit der ‚Hl. Geist-Taube‘, Schulwandtafel, 1913 (KB)

Abb. 280: Übermalte ‚Hl. Geist-Taube‘ aus St. Salvator, Bogenberg, 18. Jahrhundert (KB)

Abb. 281: Drei ‚Heilig-Geist-Kugeln‘, Bayerischer Wald, 19. Jahrhundert (KB)

Die Taube: Symboltier, Haustier oder ‚Schädling‘?

Die (Haus-) Taube (Columba livia f. domestica) zählt zu den ‚bedeutungsvollsten‘ Vögeln, sie gibt ein Beispiel für eine ursprünglich transzendente Bedeutung mancher Tiere und ihre spätere Profanisierung.

Von der ‚Heilig-Geist-Taube‘ ...

Als Teil der ‚Heiligen Dreifaltigkeit‘ ist die Taube eines der wichtigsten Symboltiere des Christentums; in der Bibel verkörpert sie den ‚Heiligen Geist‘.[483] Dem Lukasevangelium zufolge soll bei der Taufe Jesu im Jordan der „Heilige Geist [...] in leiblicher Gestalt wie eine Taube“ von Gott gesandt, herabgekommen sein (Lk. 3,22) (Abb. 279) – die Taube als Mittlerin zwischen Himmel und Erde.

So sind von der ‚Heilig-Geist-Taube‘ zahlreiche religiöse Darstellungen überliefert. Das Pfingstwunder als ‚Aussendung des Heiligen Geistes‘ wurde in Kirchen in der Barockzeit häufig anschaulich durch das Herablassen einer hölzernen Taube dargestellt. Eine solche aus der Bogenberger Kapelle St. Salvator hat sich im Kreismuseum Bogenberg erhalten[484] (Abb. 280).

Auch für zu Hause gab es ‚Heilig-Geist-Tauben‘ und zwar in Form kleiner geschnitzter oder papiergefalteter Vögel, die in eine Glaskugel ‚eingerichtet‘ waren[485] (Abb. 281). Seit der zweiten Hälfte des 18. bis Ende des 19. Jahrhunderts stellten Schreiner, Maler und andere Holzkundige im Bayerischen und Oberpfälzer Wald[486] solche ‚Heilig-Geist-Kugeln' her und verkauften sie auf Jahrmärkten wie in Sankt Englmar an die Landbevölkerung. Diese Kugeln hängten ihre Besitzer dann als christliche Zeichen zu Hause auf: über dem Tisch in der Stube oder vor der Stalltüre. Oft werden diese Kugeln heute ‚Suppenbrunzer' genannt, denn das Kondenswasser tropfte von diesen über dem Eßtisch hängenden Glaskugeln zurück in die Suppenschüssel. Allerdings scheint dieser Spitzname wohl eher von späteren Volkskunstsammlern zu stammen. Für ihre Nutzer waren sie einfach nur der ‚Heilige Geist' bzw. Hilfe bei der magischen Abwehr von ‚bösen Geistern'.[487]

... zur Stadttaube als ‚Schädling'?

In Gegensatz dazu und als Exempel für eine moderne ‚entzauberte' und profanisierte Sicht auf Tiere kann die ‚Stadttaube' als verwilderte Haustaube dienen (Abb. 282). In dicht besiedelten Räumen wird sie heute oft als potentielle Krankheitsüberträgerin und als Quelle von Schmutz angesehen. Unter hygienischer Perspektive betrachtet, gilt sie als ‚Ratte der Lüfte', als ‚Schädling'.[488] Die Straubinger Presse berichtete 2020 beispielsweise, dass „große Taubenschwärme" schädliche „Bakterien, Viren und schmutzige Fassaden" brächten (Abb. 283). Sie wies darauf hin, dass die 2016 erlassene städtische Taubenverordnung das Füttern dieser Tiere verbietet und dass mögliche Nistplätze verschlossen werden sollen.[489] Andernorts gibt es mittlerweile Alternativlösungen, um ein konfliktfreieres Miteinander von Taube und Städter zu ermöglichen, beispielsweise das gezielte Aufstellen und Pflegen von Taubenhäusern sowie das Vertauschen der Taubeneier mit Gipseiern.[490]

Abb. 282: Ringeltaube (Columba palumbus), Präparat, 1930er-Jahre (KB)

Schön anzusehen, aber auch eine Plage: In der Stadt tummeln sich mehrere große Taubenschwärme. Foto: Ulli Scha

Bakterien, Viren und schmutzige Fassaden

Große Taubenschwärme in der Stadt – Veterinäramt weist auf Fütterungsverbot hin

Abb. 283: Ausschnitt aus Zeitungsartikel, in: SRT 6.2.2020 (KB)

Tauben als Haustiere auf dem Land: Taubenhäuser

Taubenhäuser fanden und finden sich auch auf dem Land, sie stehen aber in einem anderen Zusammenhang: Besonders in Ackerbauregionen wie dem Gäuboden oder im Labertal, vereinzelt auch im Bayerischen Wald, gibt es heute noch große repräsentative Taubenkobel inmitten der Bauernhöfe. Meist sind sie heute außer Funktion – Tauben hält man mittlerweile eher in Gehegen. Aber als historische Denkmäler werden sie heute von den Landwirten auf ihren Höfen meist erhalten und gepflegt.

Ähnlich wie andere landwirtschaftliche Nutztiere auch, konnten Tauben als ‚lebender Fleischvorrat' dienen. Darüber hinaus aber galt das mehr oder weniger zweckfreie Besitzen von schönen Zuchttauben – von ‚Liebhabertieren', die man nicht schlachtete – als Luxus: Deren Bedarf an Futter musste man sich leisten können, ohne die Tiere zu verwerten.[491] Die reich verzierten Taubenhäuser sind ein Zeichen dieses Luxus, zumal die Taubenhaltung lange Zeit ein Privileg der Oberschicht gewesen ist und erst ab der zweiten Hälfte des 19. Jahrhunderts ‚jedermann' erlaubt wurde: Erst jetzt konnten die Taubenhäuser auch auf den Bauernhöfen ihre Wirkung entfalten und Standesbewusstsein sowie Reichtum demonstrieren.[492]

Es gibt verschiedene Varianten von Taubenhäusern: Gemauerte, die teilweise wie kleine ‚Schlösser' aussehen (Abb. 284–286), und hölzerne, von einfach bis zu aufwendig bemalt und verziert

Abb. 284–286: Gemauerte Taubenhäuser in Peinkofen, Gde. Oberschneiding; Alburg, Stadt Straubing; Geltolfing, Gde. Aiterhofen, 2020 (alle Fotos bis Abb. 288 KB)

(Abb. 287, 288): Sie alle haben in ihrem Inneren künstliche Brutnischen für Tauben; Einlass bieten verschließbare Fluglöcher mit Brettern oder Sitzstangen davor. Der Abwehr von Katze, Marder oder Wiesel dient ein Blechbesatz am Fuß oder ein Zackenkranz unterhalb der Bodenplatte.[493]

Eine besondere Geschichte hat das Hailinger Taubenhaus, Gemeinde Leiblfing[494] (Abb. 288): 1921 soll hier der Ortspfarrer den Plan für das Taubenhaus eines Landwirts gezeichnet haben, dessen Hof schräg gegenüber der Kirche liegt. Als Vorbild dazu diente ein Spielzeugbahnhof der Nürnberger Firma Bing von 1912 (Abb. 289). Dieser Spielzeugbahnhof war nach der Pariser ‚École militaire' aus dem 18. Jahrhundert gestaltet – ein ‚Hauch von Paris' in Hailing … .

Abb. 287–289: Hölzerne Taubenhäuser in Wolfessen, Gde. Perasdorf; Hailing, Gde. Leiblfing und sein Vorbild, ein Bahnhof der Bing-Eisenbahn von etwa 1910, 2020

Interview: Taubenhausbesitzer

„Taubennarren"

„Mein Vater und mein Onkel waren ‚Taubennarren' und ich bin es auch. Bis heute halte ich etwa 30 Tauben in unserem alten Taubenkobel (Abb. 290, 291). Der Kobel schützt die Vögel vor Wetter und Feinden. An seinem Ständer ist ein Blech anmontiert, so dass keine Katze hochklettern kann. Innen ist Platz für 17 Vogelpaare, besser ist es aber, wenn es weniger sind. Früher bin ich regelmäßig reingestiegen, um ihn zu putzen, heute reinige ich ihn von außen.

Unser Kobel ist schon etwa 120 Jahre alt und stammt aus Upfkofen. Mein Onkel hat ihn ausfindig gemacht und samt Tauben von einem dortigen Landwirt abgekauft. Den Kobel haben wir immer wieder renoviert und neu gestrichen.

Gehalten haben wir immer eine Mischung aus einfachen Tauben, die auch geschlachtet und gegessen wurden und aus Rassetauben: Elstertauben, Strassertauben, Kingtauben, die waren nur zum Vergnügen da. Mein Bruder und ich haben am Sünchinger Geflügelmarkt öfters Rassetauben gekauft, sind dort aber auch ausgeschmiert worden.

Bis heute sind die Tauben eine Freude für mich: Sie machen nicht sehr viel Arbeit und man kann sie beobachten. Das tue ich meist vom Küchentisch aus."

Pankraz Beutlhauser, Landwirt, 82 Jahre, Holztraubach, Markt Mallersdorf-Pfaffenberg, 2020

Abb. 290, 291: Pankraz Beutlhauser und sein historisches Taubenhaus am Hof in Holztraubach, das heute noch genutzt wird, 2020 (beide Fotos KB)

Vögel als Heimtiere und Vogeldarstellungen im Haus

Nicht nur Landwirte hielten und züchteten Vögel, auch und vor allem Bürger taten dies.

Exotik: Ein Pfarrer als Papageien- und Pfauenzüchter

Wie schon im Zusammenhang mit den Geflügelzuchtvereinen erwähnt (siehe S. 64ff.), wetteiferten seit Ende des 19. Jahrhunderts bürgerliche Vogelzüchter im Verein um die schönsten Tiere, wobei hier Exotik eine gewisse Rolle spielte: So war der Bogenberger Dekan Albert Leismiller (1809–1898)[495] (Abb. 292) Mitglied im Straubinger Geflügelzuchtverein und beschäftigte sich in seiner Freizeit mit der Zucht exotischer Vögel. 1886 beteiligte er sich anlässlich des vierten Bogener Volksfestes an einer dort erstmals veranstalteten „Bezirks-Geflügel-Ausstellung“. Für seine Pfauen und einen Papagei erhielt er eine Bronzemedaille, die sich im Kreismuseum Bogenberg erhalten hat (Abb. 293).

Abb. 292: Pfarrer Albert Leismiller, Bogenberg, Foto, um 1880 [KB]

Abb. 293: ... und seine Medaille für erfolgreiche Vogelzucht, Bogen, 1886 (KB)

Leben in Unfreiheit: Singvögel im Käfig

Exotische Vögel wie der Kanarienvogel (Serinus canaria forma domestica) oder auch heimische Singvögel wie die Goldammer (Emberiza citrinella), ‚Bauernkanari‘ genannt,[496] wurden häufig zu Hause im Käfig gehalten, um ihre Besitzer durch hübsches Aussehen und Gesang zu erfreuen. Für Bodenmais ist beispielsweise belegt, dass vor allem Handwerker wie Schuster, Holzschuhmacher oder Korbflechter sich in ihrer Werkstatt Singvögel zur Unterhaltung während der Arbeit hielten.[497] In der Ausstellung ist ein kleiner solcher Vogelkäfig, der von einem Schuster aus Mitterfels stammen soll, ausgestellt (Abb. 294). Vogelkäfige[498] gab es in verschiedenen Ausführungen,

Abb. 294: Kleiner Vogelkäfig eines Schusters, Mitterfels, 1. Hälfte 20. Jahrhundert (Burgmuseum Mitterfels)

von repräsentativ verzierten (Abb. 295) bis zu einfachen, die den Transportkäfigen für Geflügel auf den Markt ähnelten. Das Eingesperrtsein im Käfig machte aus einstigen Wildtieren Heimtiere, nicht nur in der Stadt, sondern auch auf dem Land (Abb. 296).

Abb. 295: Repräsentativer Vogelkäfig in Form eines Hauses, 1. Hälfte 20. Jahrhundert (Burgmuseum Mitterfels)

Abb. 296: Bauernstube mit großem Vogelkäfig, Glashütt, Gde. Sankt Englmar, Foto von Bruno Mooser, 1959 (StadtA SR)

Vogelfang und Singvögel auf dem Teller

Wie kam man zu einem Singvogel als Haustier? Entweder kaufte man ihn von einem Vogelfänger, am Vogelmarkt bzw. später in einem ‚Zoo-Geschäft' oder man fing das Tier selbst ein: Nachdem die Jagd auf größeres Geflügel bis 1848 dem Adel vorbehalten war, galt der Vogelfang von kleineren Singvögeln für die ärmere Bevölkerung bis ins 20. Jahrhundert hinein als eine (zunehmend illegal werdende) Möglichkeit, sich Nahrung und Zusatzverdienst zu verschaffen.[499]

Abb. 297: Wacholderdrossel (‚Krammetsvogel', *Turdus pilaris*), Präparat, 1930er-Jahre (KB)

Man fing die Tiere mit Vogelleim, Netzen, Schlingen oder Käfigfallen. Obwohl schon 1810 bzw. 1866 Gesetze in Bayern das „Einfangen, Töten und Verkaufen" bestimmter Vögel verboten, finden sich bis ins 20. Jahrhundert hinein Belege für genau dieses: Beispielsweise wurde 1890/1891 der Fall des aus Pfaffenberg stammenden Taglöhners Karl Wagner aktenkundig, der in Straubing Stuben- und Singvögel wie Stieglitze, Zeisige, Gimpel oder Nachtigallen fing und mit ihnen handelte.[500]

Auch bei uns war bis ins 20. Jahrhundert nicht nur das Fangen, sondern auch das Verzehren mancher Singvögel üblich: So finden sich im 1907 in Straubing erschienenen Kochbuch von Josephine Huber unter anderem Rezepte für „Krammetsvögel" (Wacholderdrosseln, Abb. 297): Diese Vögel seien zu rupfen und dann „zu braten" oder „mit

Farce“ zuzubereiten[501] (Abb. 298). Ein Jahr später, 1908, wurde in Deutschland die Jagd auf Wacholderdrosseln verboten.[502] Heute hat sich bei uns die kulinarische Moral insofern gewandelt, als es skandalös geworden ist, Singvögel zu verspeisen.

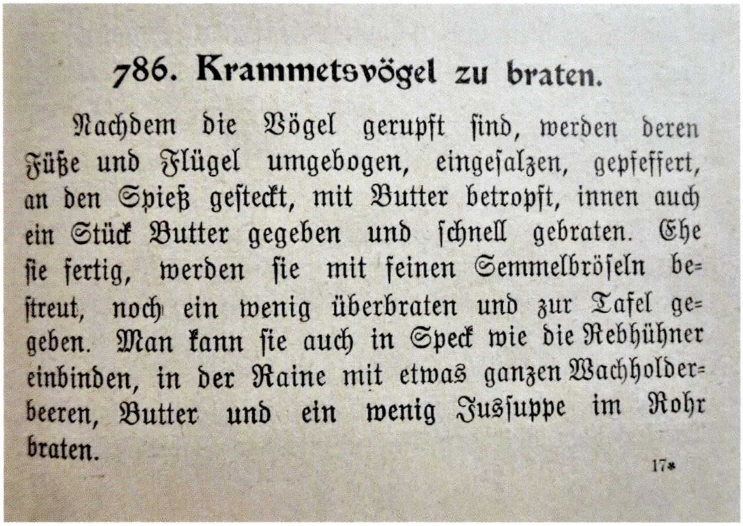

786. Krammetsvögel zu braten.

Nachdem die Vögel gerupft sind, werden deren Füße und Flügel umgebogen, eingesalzen, gepfeffert, an den Spieß gesteckt, mit Butter betropft, innen auch ein Stück Butter gegeben und schnell gebraten. Ehe sie fertig, werden sie mit feinen Semmelbröseln bestreut, noch ein wenig überbraten und zur Tafel gegeben. Man kann sie auch in Speck wie die Rebhühner einbinden, in der Raine mit etwas ganzen Wachholderbeeren, Butter und ein wenig Jussuppe im Rohr braten.

17*

Abb. 298: Kochrezept für diesen Vogel, in: Josephine Huber: Universalkochbuch, Straubing 1907, S. 259 (KB)

Geschnitzte Holzvögel im Haus

Einen gewissen Zusammenhang mit dem Vogelfang weisen auch die plastischen Holzvögel aus Bodenmais auf, die seit Ende des 19. Jahrhunderts dort wie anderswo geschnitzt wurden:[503] Es sollen 1870, Reinhard Haller zufolge, italienische Holzknechte in den Bayerischen Wald gekommen sein, nachdem ein Orkan dort große Waldschäden angerichtet hat. Diese Wanderarbeiter hätten das Vogelschnitzen nach Bodenmais gebracht, wo es dann die einheimische Bevölkerung, vor allem Holzhandwerker wie Schreiner oder Rechenmacher als Winterbeschäftigung übernahmen. Genutzt wurden diese Holzvögel unter anderem als Lockvögel für den Vogelfang, später aber vor allem als Zimmerschmuck. Letzterer Aspekt verstärkte sich, als Bodenmais in der ersten Hälfte des 20. Jahrhunderts touristisch entdeckt wurde: Nach dem Ersten Weltkrieg verkaufte man hier die ersten Holzvögel; im Dritten Reich, als der Bodenmaiser Tourismus aufblühte, wurde aus den Holzvögeln ein beliebtes Reiseandenken.

Das Vogelschnitzen entwickelte sich zu einem eigenen Gewerbe, 1955 erstmals offiziell angemeldet von Heinrich Bachl, genannt ‚Kuchei Hein‘. Von ihm lernte der Bodenmaiser Forstwirt und Jäger Eduard Frisch (geb. 1954), der bis heute als ‚Vogelschnitzer von Bodenmais‘ diese bunten Holzvögel herstellt und als Wandschmuck verkauft.

Interview: ‚Vogelschnitzer von Bodenmais'

„Nicht jeder Vogel wird gleich"

„Seit 38 Jahren schnitze ich Waldvögel (Abb. 299) und bemale sie. Mein Vater hat schon geschnitzt, Hirsche und Rehe, im Winter, zum Zeitvertreib. Auf das Vogelschnitzen aber bin ich durch den Kuchei Hein [Heinrich Bachl] gekommen. Das haben italienische Wanderarbeiter hergebracht. Die wurden nach 1870 zum Aufräumen nach einem großen Windwurf angeworben. In Italien war ja das Vogelfangen üblich, mit hölzernen Lockvögeln. Solche haben sie dann auch bei uns geschnitzt und der Hein muss später auf ein paar solche Vögel gestoßen sein. Jedenfalls hat er ab 1950 mit dem Vogelschnitzen angefangen und die Vögel an Urlauber verkauft. Ich hab' s dann auch probiert und als der Hein nicht mehr konnte, habe ich die Sache fortgeführt.

Zum Schnitzen verwende ich gerne die Weymouthskiefer, die ist noch weicher als die Linde. Die Bohlen lasse ich fünf Jahre trocknen, dann schneide ich das Holz in bestimmte Stärken und fertige daraus kleine Vogelserien. Nach dem Schnitzen bemale ich die Vögel, früher mit Ölfarbe, heute mit Acrylfarben. Die Vögel sollen natürlich ausschauen (Abb. 300): Ich bin als Jäger fast täglich im Wald und da weiß ich wie unsere Vögel aussehen. Trotzdem wird jeder geschnitzte Vogel anders, das ist der Reiz der Handarbeit."

Eduard Frisch, Forstwirt, 66 Jahre, Bodenmais, 2020

(Maximilian Seefelder)

Abb. 299: Edi Frisch in seiner Werkstatt, 2020 (Foto Maximilian Seefelder, Landshut)

Abb. 300: Geschnitzter Buntsprecht von Edi Frisch, 2020 (Foto Sabine Bäter, Landshut)

Vogelobjekte im Haus – eine solche Sammlung kann auch aus anderen Gründen als die oben genannten entstanden sein. Motive, Tierdarstellungen zu sammeln gibt es verschiedene: Erinnerung an die Kindheit oder eine besondere Vorliebe für eine Tierart oder, wie in vorliegendem Fall, die Zugehörigkeit zu einem Verein, der ein besonderes Tier als Abzeichen hat.

Der 1921 in Straubing gegründete Männerverein ‚Schlaraffia'[504] beispielsweise bekennt sich symbolisch zum Uhu (Bubo bubo) als „Vogel der Weisheit".[505] Ein präparierter Uhu befand sich 1859 im Prager Gründungslokal dieses mittlerweile weltweit verbreiteten Vereins, der sich der „Pflege von Freundschaft, Kunst und Humor" verschrieben hat. Jede ‚Burg', so die Bezeichnung für den Versammlungsraum des Männerbundes, beherbergt bis heute einen solchen Uhu; das präparierte Tier begleitet durch jede Sitzung (‚Sippung') und zahlreiche ‚Schlaraffen' sammeln als Zeichen der Verbundenheit mit dem Verein Uhu-Darstellungen in jeder Form.

Interview: ‚Schlaraffe' und Uhu-Sammler

Abb. 301: Der ‚Schlaraffe' Manfred Hubl und einer seiner Lieblingsuhus, Straubing, 2020 (Foto KB)

„Als Schlaraffe sammle ich Uhus"

„Meine Uhu-Sammlung hätte ich ohne den Straubinger Verein ‚Schlaraffia' mit Sicherheit nicht (Abb. 301). In dieser Gemeinschaft von Männern bin ich Mitglied. Wir treffen uns von April bis Oktober einmal wöchentlich und gestalten einen geselligen Abend mit künstlerischen Vor- und Beiträgen. Ziel ist es, unter dem Motto ‚Kunst, Freundschaft und Humor' temporär aus dem Alltag auszusteigen und den schönen Dingen zu huldigen.

Der Uhu ist unser Vereinssymbol, ein präpariertes Exemplar befindet sich in jeder ‚Schlaraffenburg' unseres weltweit verbreiteten Vereins. Und: Die ‚Weisheit' und ‚Tugend' des Uhus stehen zeichenhaft für unser Anliegen.

Deshalb hat fast jeder Schlaraffe zu Hause eine Anzahl von Uhus. Auch ich, denn ich habe in 30 Jahren Vereinszugehörigkeit eine Sammelleidenschaft entwickelt (Abb. 302). Einen Teil meiner Sammlung habe ich ans Museum abgegeben, einige wenige Lieblingsstücke behalten: z. B. einen künstlerisch gestalteten Uhu aus Karlsbad, als Hinweis darauf, dass unser Bund vor über 160 Jahren in Böhmen gegründet worden ist."

Manfred Hubl, Kaufmann i.R., 80 Jahre, Straubing, 2020

Abb. 302: Auswahl aus der Uhu-Sammlung von Manfred Hubl, 2020 (KB)

Der Weißstorch: Kinderbringer und geschütztes Tier

Ein anderes Image als der früher eher unheimliche Nachtvogel Uhu[506], der im Männerverein ‚domestiziert' wurde, genießt der Weißstorch (Ciconia ciconia) (Abb. 303): Die Menschen haben zu ihm als Kulturfolger bis heute ein besonders enges Verhältnis.

Abb. 303: Weißstorch, Präparat, Grundschule Degernbach, Mitte 20. Jahrhundert (KB)

Kinderbringer ...

Störche nisten häufig in der Nähe von Menschen. Schon lange galten sie als ‚Glücksbringer' und da sie als Zugvögel im Frühjahr wiederkehren, auch als ‚Frühlingsboten'; bis heute wird ihre Ankunft alljährlich in der Presse vermerkt.[507] Darüber hinaus gelten sie als vorbildhaft in ihrer Brutpflege, was sie vermutlich dafür prädestinierte, dass sie seit dem 19. Jahrhundert eine neue Rolle als ‚Kinderbringer'[508] erhielten. ‚Storch, Storch, Guter, bring mir einen Bruder; Storch, Storch, Bester, bring mir eine Schwester': Dieser Kinderspruch bezieht sich auf die, seit der Romantik literarisch und bildlich verbreitete Vorstellung, dass Störche ungeborene Kinder aus dem Wasser fischen, die Mutter ‚ins Bein beißen', so dass sich diese ins Bett legen muss und schließlich das Baby im mütterlichen Bett ablegen (Abb. 304, 305). Mit dieser Erzählung sollten Kindern die Vorgänge von Schwangerschaft und Geburt verschleiert werden. Konkurrenz erhielt der Storch in Form der Hebamme, die angeblich Babys aus Brunnen, Teichen, Flüssen oder auch aus dem Wald holte und der Mutter

Abb. 304: Der Storch fischt die Babys aus dem Wasser, Postkarte, 1. Hälfte 20. Jahrhundert (KB)

brachte. Es scheint so, als habe man das ‚Hebammenmärchen' eher Kindern der breiten Bevölkerung erzählt und die Storchengeschichte eher Kindern aus dem bürgerlichen Bereich.[509]

In der zweiten Hälfte des 20. Jahrhunderts jedenfalls änderte sich die Aufklärung der Kinder und der Storch verwandelte sich vom real geglaubten zum spielerischen Abzeichen für die Geburt.

Seine Verwendung als Figur auf einem sogenannten ‚Hochzeitsbaum' oder ‚Kindsbaum'[510] ist ein auf dem Land heute weitverbreitetes Beispiel dafür. Dieser ‚Baum', eine Art Maibaum mit Babyausstattung, wird von Freunden vor dem Haus eines Hochzeitspaares aufgestellt und trägt seit den 1950er-Jahren einen Storch als Bekrönung. Der Storch macht die ‚Aufgabe' eines frisch verheirateten Paares, für Nachwuchs zu sorgen, öffentlich. Ein Jahr nach der Hochzeit soll ein Kind vorzuzeigen sein, dann kann der Baum im Rahmen einer Feier wieder abgebaut werden, so die Regel dieses Brauches.

Abb. 305: Der Storch ‚liefert' die Kinder, Porzellanfigur, um 1900 (KB)

Interview: Hochzeitspaar mit ‚Kindsbaum'

„Eine schöne Geste von den Freunden"

„Am 25. Mai 2019 haben wir geheiratet und von unseren Freunden einen ‚Kindsbaum' bekommen (Abb. 306, 307). Der Baum ist ca. 12 Meter lang, hat oben einen Klapperstorch, Herzen mit unseren Namen, Kindersachen und ein Schild mit einem Spruch. Der Baum war für uns eine ‚halbe' Überraschung, denn wir haben so etwas schon für andere in unserer Runde gemacht und natürlich gehofft, auch einen zu bekommen. So ein Baum gehört einfach dazu, ist eine schöne Geste von den Freunden.

Der Baum stammt aus dem Wald unseres besten Freundes Mathias Krinner, wurde eigenhändig umgelegt, entrindet und dekoriert. Die Frauen aus unserer Freundesgruppe haben den Klapperstorch gestaltet und sich einen Spruch ausgedacht: Nach einem Jahr soll ‚a gloana Hochstraßer schreien', ansonsten ‚kemma auf a Bier und a Brotzeit vorbei.'

Diese Frist haben wir fast eingehalten, fünf Tage nach Ablauf des Jahres kam unsere Tochter Hannah auf die Welt: Öffentlich angezeigt wurde das durch Aufstellen von vielen Büchsen am Hof (Abb. 308); wieder ein Anlass, um mit unseren Freunden zusammenzukommen. Den Abschluss des Ganzen bildet das Umlegen vom Baum, diese Feier mussten wir wegen Corona zeitlich etwas verschieben."

Andreas und Susanne Hochstraßer, Landwirt, 37 Jahre und Landschaftsarchitektin, 31 Jahre, Oberschneiding, 2020

Abb. 306, 307: Das Ehepaar Hochstraßer und ihr Freund Mathias Krinner; der gesamte Baum, aufgestellt vor dem Hof, 2020 (alle Fotos bis 308 Peter Bartels, Bogen)

Abb. 308: Tafel ‚Zur Bixnmacherei' als Hinweis auf die Geburt der Tochter Hannah, 2020

Auch in einem anderen Zusammenhang spielt der Weißstorch eine wichtige Rolle: Er ist ein Beispiel für erfolgreichen modernen Vogelschutz. Seit kurzem steht der streng geschützte Vogel nicht mehr auf der sogenannten ‚Roten Liste' gefährdeter Tier- und Pflanzenarten.[511] Sein Bestand hatte im 20. Jahrhundert aufgrund schwindender Lebensräume – vor allem Feuchtwiesen – stark abgenommen: 1900 wurden in Bayern 250 Storchenpaare gezählt, 1988 gab es nur noch 58.[512] Gegen das drohende Aussterben des Weißstorches legte der Landesbund für Vogelschutz in den 1970er-/1980er-Jahren ein Artenhilfsprogramm auf: Lebensräume wurden renaturiert, Horste wieder hergerichtet, ehrenamtliche ‚Storchenbeauftragte' etabliert. Dies und ein verändertes Flugverhalten der Zugvögel bewirkten eine Erholung der Storchenpopulation: So konnten 2021 in Bayern mehr als 800 Storchenpaare gezählt werden; auch im Landkreis Straubing gab und gibt es mittlerweile wieder einen „stabilen Bestand", besonders im Kleinen Labertal.[513]

Interview: Vogelschützerin und ‚Storchenbeauftragte'

„Das eigene Gewissen entscheidet"

„Im Landesbund für Vogelschutz (LBV) habe ich seit 2016 mein Betätigungsfeld gefunden. Beruflich bin ich im Finanzbereich tätig. Meine Arbeit in und für die Natur ist ein schöner Ausgleich zu den Zahlen (Abb. 309).

Wir beim LBV begreifen Tierschutz nicht nur als Maßnahmen an einzelnen Tieren, sondern als Erhalt und Schutz ökologischer Gesamtsysteme, auch sind wir nicht nur auf Vögel fixiert. Es gibt Erfolge, aber auch Schwierigkeiten. Im Fall von Konflikten versuche ich aufzuklären und zu vermitteln. Dabei sind Fachkenntnis und Moral mein Kompass.

Als ‚Storchenbeauftragte' beobachte ich das Pfaffenberger Weißstorchenpaar und gebe die Daten an unsere Zentrale weiter. Unsere Störche nisten jedes Jahr auf einem alten Backsteinturm mitten in Pfaffenberg (Abb. 310). Dieser wird demnächst abgebrochen, aber der Besitzer ist verpflichtet, für Ersatz zu sorgen. 2018 wurde ein Storch von einem Auto angefahren. Wir konnten den Storch nicht retten, denn Wildtiere müssen in freier Wildbahn überleben können und das ist bei verletzten Vögeln oft nicht so einfach. Auch solche Dinge gehören zum Tierschutz und das versuche ich zu vermitteln."

Bettina Schröfl, Bilanzbuchhalterin,
Tierschützerin (LBV), 49 Jahre,
Mallersdorf-Pfaffenberg, 2020

Abb. 309: Bettina Schröfl bei den Fledermauskästen in ihrem Garten, 2020 (Foto KB)

Abb. 310: Die Pfaffenberger Störche mitten im Ort auf einem Kamin, 2019 (Foto Bettina Schröfl, Pfaffenberg)

Vogelschutz heute und früher

Heute werden Tiere vor allem wegen ihrer Gefährdung geschützt: Nicht immer können dabei so große Erfolge, wie im Fall des Weißstorches verzeichnet werden. Mittlerweile häufen sich Meldungen wie „Europa verliert seine Vögel",[514] die vor einem Verlust an biologischer Vielfalt warnen.

Artenschutz heute

Zu einem Symbol stark bedrohter Vogelarten ist der Große Brachvogel[515] (Numenius arquata) geworden (Abb. 311): Als Wiesenbrüter ist das Tier in seinem Bestand bedroht. Gegenmaßnahmen wie die Ausweisung von Schutzgebieten – z. B. das Alburger oder das Niederwinklinger Moos –, die Etablierung eigener Gebietsbetreuer, der Einsatz von Drohnen und Satellitensendern oder auch gezielte Pressekampagnen[516] sollen helfen, den Großen Brachvogel zu erhalten.

Abb. 311: Großer Brachvogel, Präparat, 20. Jahrhundert (Anton-Bruckner-Gymnasium Straubing)

Wirtschaftlicher Vogelschutz früher

In Gegensatz dazu ging es beim früheren Vogelschutz seit dem 19. bis Mitte des 20. Jahrhunderts vor allem darum, bevorzugt Vögel zu schützen, die man für Land- und Forstwirtschaft als nützlich ansah: Als ‚nützlich' galten beispielsweise ‚Schädlingsvernichter' wie insektenfressende Buntspechte, Blaumeisen oder Rauchschwalben. Als ‚schädlich', weil in Konkurrenz zu den nützlichen Vögeln stehend, wurden z. B. Amsel, Haussperling, Elster oder auch erntevertilgende Rabenarten bezeichnet.[517] Diese Einteilung der Vögel in ‚gut' und ‚schlecht' legten schon frühe Vogelschutzgesetze von 1866 oder 1888 fest.[518] Auf der Basis dieser Gesetze versuchte die 1909 gegründete ‚Staatlich autorisierte Vogelschutzkommission' (später ‚Landesbund für Vogelschutz', LBV)[519] Schutzmaßnahmen zu befördern wie die Winterfütterung der Vögel, die Schaffung von Nistkästen oder die Dezimierung von Vogelfeinden, z. B. Katzen. Auf dem Schlossgut Steinach befand sich um 1910 eine Vogelschutz-Versuchsstation, auf der mit Unterstützung des bekannten Vogelschützers Karl Haenel (1874–1940) herausgefunden werden sollte, welche Vogelarten besonders ‚nützlich' und damit schutzwürdig seien.[520]

Auch war es ein Ziel, Schulkinder für die Thematik zu sensibilisieren, indem Lehrer spezielles Informationsmaterial erhielten

Abb. 312: Schulwandtafel mit heimischen Vogelarten, verbreitet vom „Deutschen Verein zum Schutze der Vogelwelt", um 1913 (KB)

wie z.B. eine große Schulwandtafel mit heimischen Vögeln (Abb. 312) oder besonders belobigt wurden für die „eifrige Verbreitung edler Grundsätze"[521] (Abb. 313). Hintergrund waren nicht selten ‚Vogelschutzvergehen' von Kindern: 1914 beispielsweise wurden drei Buben aus der Volksschule St. Jakob in Straubing deswegen bestraft: Sie hatten Singvogel-Nester entleert, wurden ertappt und erhielten dafür „Tatzen" vom Schulpedell.[522]

Vereinzelt um 1900, verstärkt seit den 1960er-Jahren änderte sich die Perspektive des Vogelschutzes: Man ließ die Nützlichkeitsfrage zunehmend hinter sich und richtete den Fokus auf den Artenschwund und die Bekämpfung von dessen Ursachen: Aus „wirtschaftlichem Vogelschutz" wurde „Artenschutz" im Rahmen ökologischer Gesamtkonzepte.[523]

Abb. 313: Plakat des „Münchner Thierschutz-Vereins", an die „Jugend" gerichtet mit dem Hinweis, Singvögel zu schonen, um 1876 (StadtA SR)

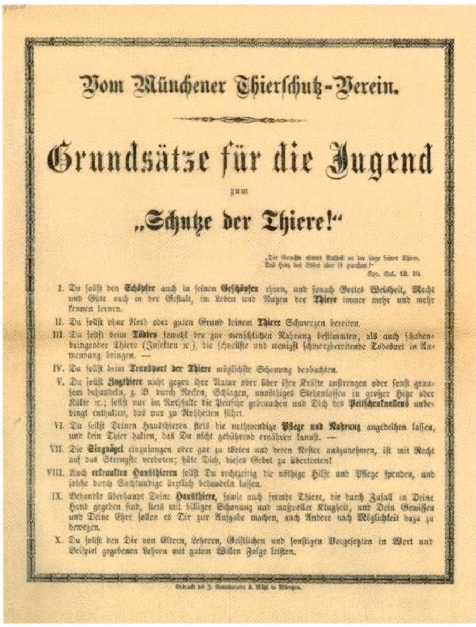

Vom Münchener Thierschutz-Verein.

Grundsätze für die Jugend

zum

„Schutze der Thiere!"

„Der Gerechte nimmt Antheil an der Lage seiner Thiere,
Das Herz des Bösen aber ist grausam!"
Spr. Sal. 12. 10.

I. Du sollst den **Schöpfer** auch in seinen **Geschöpfen** ehren, und sonach Gottes Weisheit, Macht und Güte auch in der Gestalt, im Leben und Nutzen der **Thiere** immer mehr und mehr kennen lernen.

II. Du sollst ohne Noth oder guten Grund keinem **Thiere** Schmerzen bereiten.

III. Du sollst beim **Tödten** sowohl der zur menschlichen Nahrung bestimmten, als auch schadenbringender Thiere (Insekten ꝛc.), die schnellste und wenigst schmerzbereitende Todesart in Anwendung bringen. —

IV. Du sollst beim **Transport der Thiere** möglichste Schonung beobachten.

V. Du sollst **Zugthiere** nicht gegen ihre Natur oder über ihre Kräfte anstrengen oder sonst grausam behandeln, z. B. durch Recken, Schlagen, unnöthiges Stehenlassen in großer Hitze oder Kälte ꝛc.; sollst nur im Nothfalle die Peitsche gebrauchen und Dich des **Peitschenknallens** unbedingt enthalten, das nur zu Rohheiten führt.

VI. Du sollst Deinen Hausthieren stets die nothwendige **Pflege und Nahrung** angedeihen lassen, und kein Thier halten, das Du nicht gebührend ernähren kannst. —

VII. Die **Singvögel** einzufangen oder gar zu tödten und deren Nester auszunehmen, ist mit Recht auf das Strengste verboten; hüte Dich, dieses Gebot zu übertreten!

VIII. Auch **erkrankten Hausthieren** sollst Du rechtzeitig die nöthige Hilfe und Pflege spenden, und solche durch Sachkundige ärztlich behandeln lassen.

IX. Behandle überhaupt Deine **Hausthiere**, sowie auch fremde Thiere, die durch Zufall in Deine Hand gegeben sind, stets mit billiger Schonung und maßvoller Klugheit, und Dein Gewissen und Deine Ehre sollen es Dir zur Aufgabe machen, auch Andere nach Möglichkeit dazu zu bewegen.

X. Du sollst den Dir von Eltern, Lehrern, Geistlichen und sonstigen Vorgesetzten in Wort und Beispiel gegebenen Lehren mit gutem Willen Folge leisten.

Der Braunbär und die heimischen Raubtiere: Ausrotten – ansiedeln – miteinander auskommen?

Auch eine Frage des Tierschutzes ist die heutige Wiederansiedelung heimischer Raubtiere, welche bis ins 19. Jahrhundert hinein von den Menschen ausgerottet worden waren. Ein präparierter Braunbär (Ursus arctos) in der Ausstellung gibt Anlass, sich anhand dieser Tierart exemplarisch mit der Problematik der heimischen Raubtiere auseinander zu setzen.

Jagen und ausrotten

1974 wurde der ausgestellte männliche Bär[524] von einem Straubinger Zahnarzt im ehemaligen Jugoslawien erlegt. Der Jäger ließ das tote Tier anschließend in aggressiver Pose, hochaufgerichtet, mit aufgerissenem Maul und bedrohlichen Pranken, präparieren (Abb. 314). In seiner Wildheit ist dieser Bär nicht nur die dramatische Jagdtrophäe eines Großwildjägers, sondern zeigt darüber hinaus die frühere Haltung der Menschen zum Raubtier, als Angst einflößend und gefährlich für Mensch und Weidetier. So versuchte beispielsweise 1851 einer der ersten Reiseführer für den Bayerischen Wald, dessen Negativimage als „Bayerisch Sibirien“ mit „reißenden Thieren“ und „halb wilden Menschen“ zu zerstreuen:[525] Bären, ebenso Luchse und Wölfe, rottete man im 19. Jahrhundert hier, wie andernorts auch, aus und betrachtete dies als ‚Sieg‘ der Zivilisation über die ‚wilde Natur‘.[526] So zeigt eine Schützenscheibe des Straubinger Eisenwarenhändlers Georg Niedermayr von 1842 einen Triumphzug mit dem getöteten letzten bayerischen Bären (Abb. 315, 316): Der aus Zwiesel stammende Jäger und Forstamtsaktuar Ferdinand Klein hatte dieses Tier 1835 in der Gegend von Ruhpolding erlegt.[527]

Abb. 314: Europäischer Braunbär, im ehemaligen Jugoslawien von einem Straubinger Jäger erlegt, Präparat, um 1974 (KB)

Abb. 315, 316: Schützenscheibe eines Straubinger Eisenwarenhändlers mit dem 1835 erlegten letzten bayerischen Bären, 1842 (GB)

Schützen und beobachten

Eine andere Sicht auf den Bären, der heute wieder vereinzelt aus südlicheren Alpengebieten zuwandert, ist durch eine ausgestellte

Wildtierkamera angedeutet. Nicht Abschuss des Raubtiers ist mittlerweile das Ziel, sondern ein gezieltes „Wildtiermanagement großer Beutegreifer", das unter anderem auf genauer Beobachtung (‚Monitoring') beruht.[528] So wurde beispielsweise im Oktober 2019 vermeldet, dass ein zugewanderter Bär bei Garmisch-Partenkirchen von einer Wildtierkamera dokumentiert worden ist[529] (Abb. 317). Im Unterschied zum Bären ‚Bruno' (bzw. ‚JJ1')[530] jedoch, der 2006 als erster Bär nach 170 Jahren wieder nach Bayern gekommen war und der erlegt wurde, weil er den Menschen zu nahekam, versucht man heute, möglichen Konflikten besser vorzubeugen. Der Blick auf die heimischen Raubtiere hat sich verändert: Ihr Fehlen wird als Verlust empfunden, sie gelten nicht mehr – wie früher – nur als ‚Schädling', sondern als wertvoller Bestandteil des Naturkreislaufs mit eigener Funktion, die es wieder herzustellen gilt.[531] Deswegen sind Bär, Luchs und Wolf heute streng geschützt. Nicht mehr das Ausrotten ‚wilder Tiere', sondern erfolgreicher Tierschutz und Wildtiermanagement erscheint heute als ‚kulturelle Leistung'.

Abb. 317: Bär in der ‚Fotofalle', in: SRT 24.10.2019 (KB)

13 Jahre nach Bruno: Bär in Bayern

Garmisch-Partenkirchen. (dpa) Mehr als 13 Jahre nach dem Abschuss von Braunbär Bruno ist wieder ein Bär nach Deutschland eingewandert. Eine Wildtierkamera habe das Tier in der Nacht zum Mittwoch im Landkreis Garmisch-Partenkirchen fotografiert (Bild), teilte das Landesamt für Umwelt (LfU) mit.

„Der Bär verhält sich nach wie vor sehr scheu und unauffällig", erläuterte die Behörde. „Bayern ist mit einem Managementplan auf diese Situation vorbereitet." Bereits im Juni war ein Braunbär im österreichischen Tirol aufgetaucht. Es sei möglich, dass es sich um dasselbe Tier handle und das aktuelle Foto die Wanderbewegungen des Tieres festhalte.

Braunbär Bruno war im Sommer 2006 der erste Bär, der nach 170 Jahren seine Tatzen auf bayerischen Boden setzte. Wochenlang hatten die Behörden damals versucht, den streng geschützten Bären zu fangen, der Schafe riss, Bienenstöcke plünderte und sogar durch Ortschaften marschierte. Im Juni wurde er schließlich abgeschossen. Heute steht Bruno ausgestopft im Münchner Museum „Mensch und Natur" in Schloss Nymphenburg.

Foto: Landesamt für Umwelt/dpa

Geteilte Meinungen: Ablehnung – Wilderei – Aufklärung

Allerdings gibt es dazu immer noch geteilte Meinungen, was die heimischen Beutegreifer anbelangt.[532] Besonders akut ist dies am Beispiel Wolf zu sehen, der sich heute in manchen Gegenden langsam wieder ansiedelt. Schlagzeilen wie: „Bauern demonstrieren gegen Wolf. 1500 Landwirte fordern in München besseren Schutz ihrer Weidetiere" zeigen Differenzen zwischen manchen Landwirten und Naturschützern, die der Staat durch Unterstützungsmaßnahmen auszugleichen versucht.[533]

Luchswilderei

Einen Schritt weiter geht es, wenn streng geschützte Raubtiere wie der Luchs (Lynx lynx) der Wilderei zum Opfer fallen. Luchse waren seit den 1970er-/1980er-Jahren in den Nationalparks Bayerischer Wald und Šumava in Tschechien erfolgreich wieder angesiedelt worden.[534] Bis heute gibt es immer wieder Meldungen über das illegale Töten von Luchsen und über dessen gerichtliche Ahndung.[535] Dabei werden Luchse nicht nur erlegt, sondern auch mit Tellerfallen gefangen (Abb. 318), die man früher zum ‚Raubwildfang' einsetzte, die heute aus Tierschutzgründen aber verboten sind. Wilderei als illegale Jagd hat mittlerweile eine andere Bedeutung als früher: Solange die Jagd Adelsprivileg war, galt Wilderei gewissermaßen als mutige ‚Notwehr' der Bevölkerung gegen diese Ungerechtigkeit. Heute, da jeder mit Jagdschein jagen darf, erscheint die Luchswilderei als Statement, z. B. um eine Antihaltung gegenüber der Wiederansiedelung von Beutegreifern auszudrücken, wenn man diese als Konkurrenz zu Jagd und Landwirtschaft betrachtet.[536]

Abb. 318: Heute verbotene Tellerfalle (Fangeisen), um 1900 (Burgmuseum Mitterfels)

Ein Mittel dagegen, neben gerichtlicher Verfolgung, ist Information über die Tiere: Bis vor kurzem gab es beispielsweise Luchse im ‚Wildnisgelände' des Wiesenfeldener Umweltzentrums (Abb. 319). Dort wurde und wird im Rahmen naturpädagogischer Veranstaltungen über die Bedeutung dieser Wildkatzen und anderer Wildtiere aufgeklärt.[537] Ein anderes Beispiel für Umweltbildung ist die ‚interaktive Wanderausstellung' des Bayerischen Staatsministeriums für Umwelt und Verbraucherschutz mit dem Titel: „Die großen Vier. Vom Umgang mit Bär, Wolf und Luchs."[538]

Abb. 319: Luchs im ‚Wildnisgelände' des Wiesenfeldener Umweltzentrums, um 2012 (Beate Seitz-Weinzierl, Wiesenfelden)

Raubtiere ‚gezähmt' I: Der Tanzbär

Eine weitere, zunehmend kritisch gesehene Art des Umgangs mit großen Raubtieren war und ist deren Unterwerfung unter den Willen der Menschen durch Dressur als Machtdemonstration mit Spannungseffekt. Bis weit ins 20. Jahrhundert hinein führten auch in hiesiger Region reisende Schausteller, häufig aus Osteuropa stammend, sogenannte ‚Tanzbären'[539] an der Kette öffentlich vor, so 1913 in Straubing (Abb. 320) oder in den 1920er-/1930er-Jahren im Bayerischen Wald. Diese in Gefangenschaft lebenden Tiere wurden von ihren Besitzern mit grausamen Methoden darauf konditioniert, bei Trommelschlägen tanzähnliche Bewegungen auszuführen: So nutzte man heiße Metallplatten, um den Bären das ‚Tanzen' beizubringen. Aus Tierschutzgründen ist das Vorführen solcher Tanzbären in Deutschland heute verboten.

Abb. 320: Tanzbär und Bärentreiber in Straubing, Foto, um 1913 (StadtA SR)

Raubtiere ‚gezähmt' II: Der Teddybär

Abb. 321: Mechanischer Tanzbär, Mitte 20. Jahrhundert (Privatsammlung)

Gänzlich ‚entschärft' zogen im 20. Jahrhundert Bären in Form von Plüschtieren in die Kinderzimmer ein, vereinzelt als mechanische Tanzbär-Figuren (Abb. 321), häufig als Kuschelbären, genannt ‚Teddybär'[540] (Abb. 322). Es scheint mehrere Erfinder des Teddybären als Spielzeugtier zu geben. Sein Name bezieht sich auf den amerikanischen Präsidenten Theodore (‚Teddy') Roosevelt

Abb. 322: Plüschbären: Sammlung von Teddybären, Mitte 20. Jahrhundert (Privatsammlung)

(1858–1919): Als 1902 die US-Presse eine missglückte Bärenjagd des Präsidenten meldete, nannte ein amerikanisches Ehepaar ihre zwei selbstgebastelten Spielzeugbären daraufhin ‚Teddy Bear'. Die deutsche Firma Steiff präsentierte 1903 ihren ersten Plüschbären mit beweglichen Gliedmaßen auf der Leipziger Frühjahrsmesse, ein amerikanischer Handelsvertreter orderte damals 3000 Stück. So begann die Karriere des Teddybären, zunächst in den USA, dann auch in Deutschland. Bis heute ist der Teddybär ein geliebter Begleiter der Kindheit. Darüber hinaus wurde er kürzlich, angesichts bedrohlicher Corona-Zeiten, auch zum ‚Seelentröster' von Erwachsenen ernannt.[541]

Das Wild und die Jagd in der Region

Das Land als Jagdrevier zu nutzen, war, wie schon erwähnt, anfangs nur dem Adel, später auch den begüterten Nichtadeligen erlaubt, heute jedermann (und -frau) mit Jägerprüfung, Jagdschein und einem legalen Zugang zu einem Jagdgebiet.[542]

Adelsjagd: z. B. Schwimmbacher Forst

Der einst sehr wildreiche Schwimmbacher Forst[543] (heute Gemeinde Leiblfing) gibt ein Beispiel für die früher exklusive Adelsjagd in hiesiger Region. Seit dem Mittelalter bis gegen Ende des 18. Jahrhunderts war dieser Wald in Besitz der wittelsbachischen Landesherren gewesen. Diese fanden sich hier regelmäßig ein, um der ‚hohen Jagd' zu frönen und Wildschwein, Hirsch oder andere Wildtiere zu erlegen. Dazu quartierte sich die Jagdgesellschaft, das ist für die zweite Hälfte des 18. Jahrhunderts belegt, am einzigen Bauernhof im Forst ein (Abb. 323). Die Bäuerin dieses Hofes, Theres Schmalhofer (gest. 1791), soll den Kurfürsten Max III. Joseph (1727–1777) dazu gebracht haben, ihre umliegenden Felder mit Gräben und einer hohen Umzäunung vor Wildschaden zu schützen. Als nach dem Tod von Kurfürst Karl Theodor (gestorben 1799) das Interesse an der Jagd in Schwimmbach erlahmte, verkaufte dessen Witwe den Forst 1807 an bürgerliche Spekulanten. Eine neue Kolonisten-Siedlung entstand und große Teile des Waldes wurden abgeholzt.

Abb. 323: Foto des Hofes in Schwimmbach – Anfang des 19. Jahrhunderts an alter Stelle neu erbaut – in dem sich die bayerischen Kurfürsten zu ihren Jagden im 18. Jahrhundert einquartierten, um 2006 (Foto Susanne Fesl, Atting; KB)

Bürgerliche Freizeitjagd und Schützenvereine: z. B. Mitterfels und Geiselhöring

Bis 1848 veränderte sich die Jagd: Bauernbefreiung und Revolution brachten ein Ende des adeligen Jagdmonopols. „Das Jagdrecht wurde nun an Grundbesitz gebunden" und jeder Grundbesitzer durfte jagen.[544] Die Folge war eine starke Dezimierung des Wildbestandes. Beispielsweise soll es 1860 im Amtsbezirk Bogen nur noch wenig Niederwild und keine Rehe mehr gegeben haben, ein Umstand der noch um 1900 spürbar war.[545] Deshalb gab es schon bald schärfere Jagdregeln und eine vorgeschriebene Mindestgröße für Jagdreviere; kleinere Grundstücke mussten zusammengelegt und genossenschaftlich verpachtet werden. Wer jagen wollte, hatte eine Jagdkarte zu erwerben und war an ein Revier gebunden. Dadurch beschränkte sich der Kreis auf zahlungskräftige Jäger.[546]

Abb. 324: „ ‚Fosan' Jagd beim Döderbeck in Mundlfing", Zeichnung von Max Feldbauer in der Zeitschrift ‚Jugend', 1912 (KB)

Neben der ‚nützlichen Jagd' der Landwirte (Abb. 324) zum Zweck der Nahrungsgewinnung und zum Schutz ihrer Felder entwickelte sich zunehmend die Freizeitjagd der Bürger:[547] Einerseits sollte durch das ‚Edelhobby' die gesellschaftliche Position dokumentiert werden, auf der anderen Seite gab es auch das karikierende

Abb. 325, 326: Moritatentafeln, die sich über ungeschickte Sonntagsjäger lustig machen, Viechtach, 2. Hälfte 19. Jahrhundert (Burgmuseum Mitterfels)

Bild des ahnungslosen bürgerlichen ‚Sonntagsjägers' (Abb. 325, 326). In neu entstehenden bzw. wiederbelebten Schützenvereinen wie z.B. in der 1878 gegründeten ‚K. priv. Schützengesellschaft Mitterfels' oder der ‚K. priv. Feuerschützengesellschaft v. 1590 Geiselhöring'[548] jedenfalls konnten Männer das Schießen lernen und üben (Abb. 327), wie auch eine ausgeprägte Männergeselligkeit pflegen.

Neofeudale Jagd: z.B. Steinach und Puchhof

Vorbild im 20. Jahrhundert blieb aber immer noch die adelige Jagd: Vor dem Ersten Weltkrieg veranstalteten geadelte reiche Bürger auf ihren Landgütern in der Region alljährlich große Schlossjagden: Zu nennen wäre nicht nur Carl von Lang-Puchhof, sondern auch dessen Schwiegersohn, der Steinacher Schlossherr und Jurist August von Schmieder[549] (Abb. 328, 329, siehe auch

Abb. 327: ‚Männerkultur': Schützenscheibe, benutzt im Mitterfelser Schützenverein, bemalt vom Jäger und Fotografen Hans Hausladen, 1920 (KB)

Abb. 328: Von Lang-Puchhof'sche Jagdgesellschaft im Wald bei Puchhof, aus einem Fotoalbum von Mary von Schmieder, um 1914 (Hubertus Meckel, München)

Abb. 329: Von Schmieder'sche Jagdgesellschaft in Steinach, um 1905 (AfHG Steinach)

S. 92f.). Letzterer besaß ein sehr großes Jagdrevier, 1913 sollen darin „über 10.000 Stück" Wild erlegt worden sein. Das Wild wurde teilweise vorher käuflich erworben und gehegt, also gefüttert. Eigenes Forst- und Jagdpersonal war dazu angestellt.[550] In den 1920er-/1930er-Jahren endeten die großen Steinacher Hofjagden aus wirtschaftlichen Gründen. In kleinerem Rahmen aber wurde die Jagd dort weiterhin betrieben.[551]

Jagdkultur und Jagdethik

Abb. 330: Mary von Schmieder und ihr erlegtes Reh, mit ‚letztem Bissen' im ‚Äser', um 1905 (AFHG Steinach)

Im Dritten Reich, 1934, erließ man erstmals ein deutschlandweites ‚Reichsjagdgesetz':[552] Hier wurde unter anderem der Anspruch auf ‚Deutsche Waidgerechtigkeit' festgeschrieben, der Tierschutzaspekte beinhaltete. Demnach sollte das Wild nicht nur geschossen, sondern auch ‚gehegt' und ihm keine unnötigen Schmerzen zugefügt werden, etwa durch Schrotmunition oder das Fallenstellen. Diese Aspekte übernahm man 1952 in das neue Bundesjagdgesetz. Sie stellen bis heute einen jagdethischen Konsens dar, den auch Lehrbücher zur Jägerprüfung vermitteln.

Jagdliche Bräuche[553] – im Dritten Reich neu ausgestaltet – und die sehr spezielle Jägersprache[554] gehören ebenfalls in diesen Zusammenhang: Etwa wenn einem erlegten Rehbock der ‚letzte Bissen', ein Fichtenzweig, in den ‚Äser' (Maul) gesteckt (Abb. 330) und damit Ehrerbietung bezeugt wird, dann ist das eine kulturell definierte, ritualisierte Art, mit dem heute meist ausgeblendeten Thema ‚Töten' umzugehen. Tiere zu töten ist heute nach dem Tierschutzgesetz nur mit einem ‚vernünftigen Grund' erlaubt, dazu zählen u.a. die Jagdausübung zum Zweck der Nahrungsbeschaffung, zur Vermeidung von Wildschäden, Tierseuchen, Schädlingsbekämpfung, Wildtiermanagement, Jagdschutz und Naturschutz.[555]

Viele der Jäger in der Region sind heute in drei Kreisgruppen des 1949 gegründeten Bayerischen Jagdverbandes organisiert.[556] Diese Interessenverbände veranstalten ‚Hegeschauen' zum Nachweis der Erfüllung von Abschusslisten und kümmern sich um jagdliche Belange aller Art. Während früher die Jagd eher ‚Männersache' war, widmen sich heute auch zunehmend mehr Frauen diesem Hobby, im Landkreis Straubing-Bogen waren 2020 8,6% der Jagdscheinbesitzer weiblich.[557]

„Jägerin, der Liebe wegen"

Abb. 331: Ernestine Bäumel beim Gedenkstein an „36 Jahre Jagd im Revier in Upfkofen", aufgestellt in der Nähe ihrer Jagdhütte, 2020 (Foto KB)

„In meiner Familie war Jagd ursprünglich kein Thema, erst als ich meinen späteren Ehemann Johann Bäumel kennenlernte, wollte ich sein Hobby, die Jägerei, mit ihm teilen. So machte ich 1963 die Jägerprüfung und überraschte ihn damit (Abb. 332). Als Frau unter lauter Männern zu jagen, war damals nicht üblich.

Als mein Mann Leiter der achtklassigen Volksschule Upfkofen wurde, zogen wir mit unseren Jagdhunden, der Griffonhündin ‚Farah' und dem Dackel ‚Bessi' dorthin. 1968 konnten wir das dortige 596 Hektar große Jagdrevier pachten und bis 2004 nutzen (Abb. 331). Die Jagd integrierte uns ins Dorfleben und in die Kreisgruppe Mallersdorf des bayerischen Jagdverbandes: In guter Erinnerung habe ich gemeinsame Treibjagden, Hegeschauen, über die ich berichtete, Jägerbälle bis hin zu legendären Jagdessen im Upfkofener Dorfwirtshaus.

Als Frau wollte ich den Männern schon beweisen, dass auch ich gut schießen kann und erlegte manch schönen Rehbock. Aber wichtiger war mir, Wild und Natur zu hegen, unter anderem durch ‚Hegeabschüsse' kranker oder verletzter Tiere sowie das gesellschaftliche Leben zu pflegen."

Ernestine Bäumel, Justizbeamtin i.R., 82 Jahre, Upfkofen, Markt Mallersdorf-Pfaffenberg, 2020

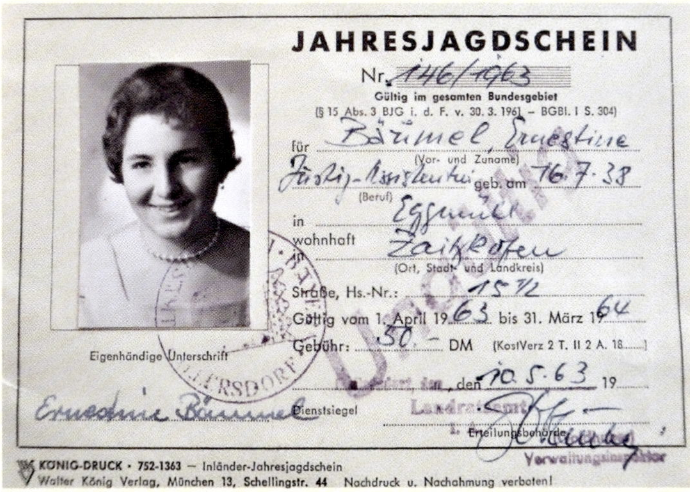

JAHRESJAGDSCHEIN

Nr. 146/1963

Gültig im gesamten Bundesgebiet

(§ 15 Abs. 3 BJG i. d. F. v. 30. 3. 1961 – BGBl. I S. 304)

für Bäumel, Ernestine
(Vor- und Zuname)

Justiz-Assistentin geb. am 16.7.38
(Beruf)

in Eggmühl

wohnhaft Zaitzkofen
(Ort, Stadt- und Landkreis)

Straße, Hs.-Nr.: 15 1/2

Gültig vom 1. April 1963 bis 31. März 1964

Gebühr: 30,– DM (KostVerz 2 T. II 2 A. 18)

Eigenhändige Unterschrift

Ernestine Bäumel

Dienstsiegel

den 10.5.63 19

Landratsamt

Erteilungsbehörde

Verwaltungsinspektor

KÖNIG-DRUCK · 752-1363 – Inländer-Jahresjagdschein
Walter König Verlag, München 13, Schellingstr. 44 Nachdruck u. Nachahmung verboten!

Abb. 332: Jagdschein von Ernestine Bäumel, 1963 (Ernestine Bäumel, Upfkofen)

Das Reh: Wildtier, Bambi, Schädling?

Abb. 333: Ein Rehkitz, Präparat, Ende 20. Jahrhundert (KB)

Abb. 334: Walt Disneys Bambi-Film geht auf eine Geschichte von Felix Salten zurück: Buch zum Film, 1950er-Jahre (KB)

Abb. 335: ‚Bambi' als Plüschtier der Fa. Steiff, 1950er-Jahre (KB)

Im Zentrum der Jagd steht heute, neben dem Wildschwein, das Reh (Capreolus capreolus) (Abb. 333). Dabei gibt es in Bezug auf dieses Wildtier sehr unterschiedliche Blickwinkel.[558]

1923 veröffentlichte der österreichische Autor Felix Salten (1869–1945) seine Erzählung von ‚Bambi. Eine Lebensgeschichte aus dem Walde'.[559] Deren nachfolgende Verfilmung von Walt Disney (1901–1966), 1942 erschienen und 1950 in Deutsch synchronisiert, machte das ‚unschuldige' Rehkitz Bambi, im Film ein junger Weißwedelhirsch, populär (Abb. 334, 335): Bambis Mutter wurde in der Geschichte von einem ‚bösen' Jäger erlegt und für Bambi endete damit seine sorglose Kindheit. Vom ‚Bambi-Effekt' sprechen Jäger, wenn es um einen aus ihrer Sicht verniedlichten und vermenschlichten Blickwinkel auf die Natur geht.

Andererseits gelten Rehe, deren Bestände sich seit ihrer starken Dezimierung im 19. Jahrhundert wieder erholt haben, Forst-

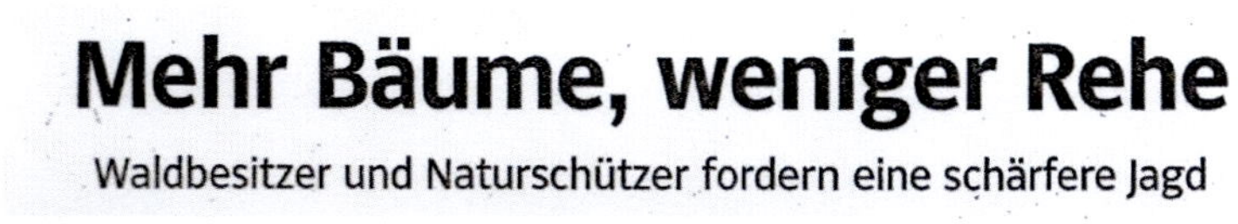
Mehr Bäume, weniger Rehe

Waldbesitzer und Naturschützer fordern eine schärfere Jagd

Abb. 336: Das Reh als 'Schädling' für den Waldumbau, Schlagzeile, in: SZ 18.3.2021 (KB)

leuten, Waldbesitzern und Naturschützern unter der Perspektive ‚Wald vor Wild' potentiell als ‚Schädlinge' (Abb. 336):[560] Rehe fressen als Wiederkäuer und sogenannte ‚Konzentrationsselektierer' bevorzugt nährstoffreiche frische Triebe, z. B. von neu angepflanzten Bäumen. Dadurch können sie die durch den Klimawandel notwendig gewordene Walderneuerung stören, sofern nicht andere Methoden zum Schutz des Waldes angewandt werden. Da natürliche Feinde wie Wolf oder Luchs weitgehend fehlen, werden heute behördliche Abschusslisten erstellt, die die Jäger zu erfüllen haben. Die Zahl der Abschüsse von Rehen steigt auch im Landkreis Straubing-Bogen deutlich.[561]

Und schließlich liegt die Position der meisten Jäger zwischen diesen Polen: Einerseits erlegen sie Rehe in immer größeren Zahlen, andererseits ‚hegen' sie diese durch „Wildruhezonen", „Schaffung artgerechter Lebensräume", auch gibt es einen ‚Rehkitzrettungsverein' usw. Die Jäger kümmern sich um Tierschutzbelange und fordern eine „tierschutzgerechte Jagd".[562]

Am Beispiel des Rehs zeigt sich deutlich, dass, je nach Interessenslage, ein und dasselbe Tier völlig unterschiedlich beurteilt werden kann, und dass die Sichtweise auf die Natur kulturell geprägt ist.

Geweihe: Trophäen, Schmuck, Bedeutungsträger

Männliche Rothirsche, Rehe und andere ‚Cerviden' bilden alljährlich aus Knochengewebe ein neues Geweih.[563] Dieses brauchen sie in der Brunftzeit zum Imponieren und Kämpfen, danach wird es abgeworfen. Die Größe des Geweihs hängt von Umwelteinflüssen und dem Alter der Tiere ab. Als Zeichen von Macht, Männlichkeit und ‚animalischer Stärke' waren und sind teilweise immer noch Geweihe begehrte Jagdtrophäen.[564]

Trophäenjagd

Seit der zweiten Hälfte des 19. Jahrhunderts wurde selektiv gejagt:[565] Nicht mehr, wie zuvor, sollte möglichst viel Wild erlegt werden, sondern solches mit einem besonders großen Geweih, das durch vorhergehende Mastfütterung und Schonung der Tiere wachsen konnte.

1895 gab es in Berlin eine erste große Trophäenschau. Damals entstand der Leitsatz von der ‚Hege mit der Büchse', was bedeutete, dass schwache Tiere erlegt werden sollten und Tiere mit einem imposanten Geweih für die Trophäenjagd geschont und gepflegt.[566] Besonders in der Zeit des Nationalsozialismus erhielten Trophäen als Statussymbole einen erhöhten Stellenwert.[567] Heute geht es beim sogenannten ‚Wildtiermanagement' eher um das Wohlbefinden und um die Gesundheit der Tiere.[568]

Nutzung der Geweihe

Trotzdem haben auch heute noch Geweihe ihre Bedeutung: Bei der alljährlichen, in Bayern gesetzlich vorgeschriebenen ‚Hegeschau'[569] dienen sie als ‚körperliche Nachweise' der erlegten Tiere, sie sind von den Jägern selbst zu präparieren (Abb. 337). Geweihe als Zimmerschmuck (Abb. 338) ahm(t)en herrschaftliche Vorbilder nach, beispielsweise Schlösser und Jagdhäuser des Adels, später auch Wohnräume des Großbürgertums.[570] Jagdzimmer als ‚Herrenzimmer' mit eigenen ‚Geweihmöbeln'[571] aus der Zeit um 1900 und danach (Abb. 339) finden sich auch heute noch vereinzelt in Gutshöfen des Gäubodens. Forsthäuser

Abb. 337: Hegeschau der Kreisgruppe Mallersdorf des Bayerischen Jagdverbandes, Foto, Ende 20. Jahrhundert (Ernestine Bäumel, Upfkofen)

Abb. 338: Geweih als Zimmerschmuck: Rehgeweih mit geschnitztem Kopf, 19. Jahrhundert (GB)

Abb. 339: Geweihmöbel: Geweihlampe im Wohnzimmer einer Jägerin, 2020 (Foto KB)

Abb. 340: Haus mit üppigem Geweihschmuck, Nähe Kreuzkirchen, Markt Mitterfels, 2020 (Foto KB)

und Jagdhütten und manche Privathäuser (Abb. 340) waren und sind mit Geweihen geschmückt sowie auch Wirtshäuser, besonders wenn in ihnen der örtliche Schützenverein beheimatet war. Wenn hier der Bezug zur tatsächlich ausgeübten Jagd noch manchmal vorhanden war – die Jagdtrophäe als Erinnerung an eine erfolgreiche Jagd und den Sieg über das Tier – so gibt es heute zunehmend Geweihe oder Objekte mit Hirschgeweihdekor als käufliche modische Accessoires.[572] Diese sollen dem Wohnraum ländlichen Flair und Assoziationen von ‚wilder Natur' verleihen, ohne dass ihre Besitzer selbst auf die Jagd gehen müssen.

Der Hirsch als Bildmotiv zu Hause

Auch wenn nicht jeder die Möglichkeit hatte, durch Jagd zu einem Geweih zu kommen, so gab es seit dem 19./20. Jahrhundert zunehmend die Option, sich in Form eines Bildes mit Hirschdarstellung[573] stellvertretend Natur ins Haus zu holen.

Drei ausgestellte Bilder verdeutlichen chronologisch die Entwicklung des Hirsches als Bildmotiv: Das älteste Bild, eine abstrahierte Hinterglasradierung aus Böhmen um 1800 (Abb. 341), zeigt einen liegenden Hirsch mit einem riesigen Phantasiegeweih vor neutralem schwarzem Grund – die Größe des Geweihs als potentielle Trophäe ist hier betont. Auf dem zweitältesten Bild, einem Stickbild aus Straubing von 1858, sieht man inmitten angedeuteter Landschaft eine liegende Hirschkuh und hinter ihr stehend ein Hirsch mit einem

Abb. 341: ‚Kapitaler' Hirsch mit einem großen Phantasiegeweih, Hinterglasradierung Böhmen, 18./Anfang 19. Jahrhundert (GB)

imposanten Geweih (Abb. 342). Hier kommt nicht nur Landschaft, sondern auch eine erotische Komponente ins Bild, indem dem dominanten männlichen Tier ein weibliches beigegeben ist. Und schließlich das jüngste Bild, ein billiger Farbdruck aus den 1950er-/1960er-Jahren mit industriell gefertigtem Goldrahmen, zeigt das klassisch gewordene Bildmotiv vom ‚röhrenden Hirsch' (Abb. 343). Der englische Tiermaler Sir Edwin Landseer (1802–1873) hatte im 19. Jahrhundert dieses Bildmotiv geprägt,[574] mit einem brünftigen röhrenden Hirsch im Mittelpunkt. Das Tier steht in freier Natur und ist umgeben von wartenden Hirschkühen – eine Mischung aus Naturidylle und Betonung männlicher Dominanz und Potenz in Form des Hirsches. Bis in die 1960er-Jahre war der ‚röhrende Hirsch' als massenhaft reproduziertes Sofabild beliebt.[575]

Abb. 342: Hirsch und Hirschkuh, Stickbild von „K. Zirnbauer 1858", Straubing (KB)

Abb. 343: Röhrender Hirsch und Hirschkühe, Farbdruck, 1950er-/1960er-Jahre (KB)

Heute gibt es andere Dinge, die den Hirsch ins Wohnzimmer bringen, seien es ‚Glitzerhirsche' zu Weihnachten als Nippesfiguren, sei es der Kräuterlikör ‚Jägermeister',[576] der zwar den 1930er-Jahren entstammt, heute aber ein beliebtes Partygetränk ist.

Die Fische und der Fischfang in der Region

Ähnlich wie bei der Jagd, wurde im 19./20. Jahrhundert aus exklusivem Fischrecht und gewerblicher Fischerei eine Freizeitbeschäftigung für jedermann und -frau mit abgelegter Prüfung und Berechtigungsschein.

Flussfischerei früher

Rechte an Fischwassern gehörten seit dem Mittelalter zu den Privilegien der Landesherren, die diese weiter vergaben, beispielsweise das ‚Bogener Fischwasser' 1463 an das Kloster Oberalteich oder das Altwasser der Straubinger Donau 1536 an die Stadt Straubing.[577] Gegen Abgaben und Zahlungen verliehen diese neuen Besitzer ihre Fischrechte weiter, z. B. an die ‚freien Fischer' in Straubing oder an die ‚Fronfischer' in Bogen.[578] Fischfang diente der Nahrungsbeschaffung und wurde gewerblich betrieben. Die Straubinger Fischer organisierten sich in einer Fischerzunft mit eigenen Ordnungen (1553, 1714), die nach 1800 in Auflösung begriffen war.[579]

Wandel: Von der gewerblichen Flussfischerei …

Im 19./20. Jahrhundert geriet die berufliche Flussfischerei in eine Krise[580]: Ursachen waren Flussregulierungen, in der Straubinger Donau ab 1836, die die Altwässer verminderten und damit die Fischbestände.[581] Auch erhöhte sich der Konkurrenzdruck durch eine sich intensivierende Landwirtschaft. Seefisch gelangte durch eine sich industrialisierende Hochseefischerei (seit den 1880er-Jahren) und neue Tiefkühltechnik (seit den 1930er-bis 1950er Jahren) zunehmend auch in das Binnenland. Die Essgewohnheiten änderten sich, Preisverfall war die Folge. Berufsfischer sahen sich gezwungen, ihre Fischrechte zu verkaufen, z.B. 1911 an die Stadt Straubing, die dann diese Rechte für die ‚Neue Donau' und die Altwässer weiterverpachten konnte.[582] Die Anzahl der Berufsfischer ging zurück.[583] Heute gibt es in der Region nur noch die Flussfischerei Mayer (Abb. 344) und in Bogen keinen beruflichen Flussfischer mehr.

Abb. 344: Foto der Flussfischer Mayer, „Herbst 1957 Alte Donau 80 ctr." (Johann Mayer, Straubing)

... zum Angeln in der Freizeit

Parallel dazu entdeckten Bürger das Angeln als exklusive und ‚sportliche' Freizeitbeschäftigung (Abb. 345): 1877 wurde der ‚Fischzuchtverein Straubing' gegründet, 1882 der ‚Fischereiverein Bogen'.[584] Beide wurden als ‚Bezirksfischereivereine' von den jeweiligen Bezirksamtmännern geleitet. Die Vereine verfolgten zunächst das Ziel, den Fischbestand durch künstliche Fischzucht in Brutanstalten zu heben und den privaten Fischfang durch Ausbildung und Regulierung zu befördern.[585] Später trat die Vermehrung der gepachteten Vereinsgewässer in den Vordergrund: Beispielsweise konnte der Straubinger Fischereiverein im stadtnahen Bereich der Donau das Erbe der früheren Fischerfamilien antreten: 1910 pachtete er die ‚Alte Donau', 1953 vom Fischermeister Deixlberger die ‚Neue Donau':[586] Dadurch wurde es möglich, immer mehr ‚Erlaubnisscheine' an Vereinsmitglieder auszugeben. Angeln entwickelte sich seit den 1950er-/1960er-Jahren zu einem populären ‚Volkssport'.[587]

Motivationen zum Freizeit-Angeln können heute sein: Der ‚kapitale Fang' und das ‚sportliche' Sich-Messen im Vereins-Wettbewerb, z. B. beim ‚Königsfischen'.[588] Wichtig ist auch die Auszeit in der Natur, der entspannende Ausgleich zur „Hektik" des Alltags sowie die „Sehnsucht nach einem natürlichen Leben", in dem Man(n) oder Frau noch eigenhändig das Lebensmittel fängt.[589] Mit dem Recht zu Fischen ist, ähnlich wie bei der Jagd, gesetzlich die Pflicht zur ‚Hege' verbunden und die zielt auf den Erhalt eines „artenreichen und gesunden Fischbestandes" ab. Das ist gekoppelt an die Pflege der Gewässer und damit gerät der Naturschutzaspekt in den Vordergrund.[590]

Abb. 345: Freizeitangler auf der Bschlacht vor der Stadtkulisse von Straubing, Ölgemälde, um 1890 (GB)

Dinge eines Flussfischers

Abb. 346: Fischen mit Netzen: Bogener Berufsfischer Hofmann im Donau-Altwasser beim Marienstein, Bogen, Foto, um 1935 (Hans Neueder, Bogen)

Am Beispiel der Flussfischerei Mayer bzw. Bogener Fischer sollen ein paar charakteristische Gegenstände dieser Arbeit vorgestellt werden. Flussfischer fangen ihre Fische mit verschiedenen Netzen (Abb. 346) – früher mit Wurf- und Hebenetzen, heute eher mit Stellnetzen – und mit Reusen.[591] Auch haben manche Berufsfischer die Erlaubnis, elektrisch zu fischen, Johann Mayer beispielsweise holt auf diese Weise Fische für den Wiederbesatz aus der Donau. Mit Fallen wurden auch ‚Fischfeinde' wie die erst zu Beginn des 20. Jahrhunderts nach Europa gelangte Bisamratte (Ondatra zibethicus) gefangen, deren Pelz weiterverkauft werden konnte und für die man ‚Schwanzgeld' erhielt.

Abb. 347: Ältere Baumwollnetze mit selbstgeschnitzten Schwimmern (Johann Mayer, Straubing)

Das Knüpfen (‚Stricken') und Flicken der Baumwollnetze war früher eine Hauptarbeit der Berufsfischer, solange bis sich ab der zweiten Hälfte des 20. Jahrhunderts industriell gefertigte Netze aus haltbareren Kunststoffen wie Perlon durchsetzten. ‚Schwimmer' für die Netze wurden lange Zeit selbst geschnitzt und Bleigewichte selbst gegossen (Abb. 347).

Mit dem Boot – früher per Hand zu rudern bzw. zu paddeln, heute mit Außenbordmotor – gelangen die Flussfischer zu ihren Fischgründen. Die Flussfischer Mayer besaßen schon vor dem Ersten

Abb. 348: Motorboot „Katharina" der Flussfischer Mayer, Foto, um 1917 (?) (Johann Mayer, Straubing)

Weltkrieg ein Motorboot (Abb. 348), hatten im Fluss eine eigene Motorboothütte errichtet.[592] Der Motor erlaubte es den Fischern, auch allein zu arbeiten, während zuvor mindestens zwei Personen dazu notwendig gewesen waren.

Wichtig war und ist wasser- und wetterfeste Kleidung, heute eher Funktionskleidung aus Kunstfaser oder Gummi, früher hohe lederne Stülpstiefel, Regenmantel und ‚Südwester' als Kopfbedeckung.

Die heimischen Fische wurden lebend vor Ort auf dem Fischmarkt – in Straubing beispielsweise freitags in der Nähe des Stadtturms – angeboten und erst vor dem Kauf geschlachtet[593] (Abb. 349). Auch verschickten die Flussfischer Mayer ihren Fang lebend per Eisenbahn in größere umliegende Städte: 1907 beispielsweise nach Regensburg, Nürnberg, München.[594] Dazu benutzten sie hölzerne Transportbehälter, in die eine Sauerstoff-Flasche eingehängt werden konnte.

Abb. 349: Verkaufsstand der Flussfischerei Mayer am Straubinger Fischmarkt, 1960er-Jahre (Johann Mayer, Straubing)

Interview: Beruflicher Flussfischer

„Berufsfischer aus Leidenschaft"

„Ich stamme aus einer alten Fischerfamilie und es war für mich immer klar, Berufsfischer zu werden (Abb. 350). Am Main habe ich die Flussfischerei erlernt und unseren Betrieb nach dem Tod meines Vaters 1987 übernommen. Mittlerweile ist mein Schwiegersohn Andreas Wolf mit dabei.

Abb. 350: Johann Mayer und ein besonderer Fang, ein präparierter Schlammpeitzger, 2020 (Foto KB)

Mir gefällt am Fischen, dass man in der Natur sein kann und dort seine Ruhe hat (Abb. 351). Ich nehme kein Handy mit und kann selbstständig und ohne Druck arbeiten. Heute erlaubt ein Außenbordmotor, allein zu fischen, früher musste man zu zweit sein, denn einer hatte zu rudern. Auch freue ich mich, nachhaltig fischen zu können: Von 1900 bis in die 1960er-Jahre hinein hat meine Familie Fischrechte zusammengekauft, so dass wir jetzt 13 Flusskilometer an der Donau bei Straubing bewirtschaften können. Unsere Reusen und Netze legen wir an wechselnden Orten aus.

Der Eigenfang in der Donau macht mittlerweile nur noch ein Drittel unseres Geschäftes aus, ein größerer Teil davon wird als Besatzfisch weiterverkauft, ein kleinerer Teil ist Lebensmittel. ‚Steckerlfisch' bieten wir seit den 1930er-Jahren auf dem Straubinger Volksfest an, früher grillten wir einheimische Weißfische, heute sind es eher ‚Edelfische' wie Makrelen."

Johann Evangelist Mayer, Flussfischermeister, 70 Jahre, Straubing, 2020

Abb. 351: Der Fischer auf dem Wasser, Foto von Bruno Mooser, 2000 (StadtA SR)

Dinge eines Freizeitanglers

Die Handangel[595] ist das wichtigste Werkzeug des Hobbyfischers. Mit ihr lassen sich, im Unterschied zu den Netzen, nur einzelne Fische fangen und es dauert, bis ein Fisch angebissen hat – eine zwar nicht sehr effektive, aber alte Fischfangmethode, die auch ein Phänomen der Moderne ist: Denn das Freizeitangeln bedeutet über den Fischfang hinaus noch etwas anderes – Erholung, Auszeit und Freude an der Natur.

Die Angeln wurden seit Mitte bis Ende des 19. Jahrhunderts fabrikmäßig hergestellt und verbessert. Vor allem die Rollen erlauben es, die Schnur weiter auszuwerfen; seit den 1970er-Jahren gibt es sogenannte Stationärrollen mit Schnurbremsen. Die in der Ausstellung gezeigte Angel ist eine Hechtangel, denn die Verbindung zwischen Angel und Schnur, das ‚Vorfach', ist hier aus Metall und kann nicht leicht vom Raubfisch durchgebissen werden (Abb. 352). Der Besitzer dieser Angel, der Lehrer Heinrich R. hat mit ihr den in der Ausstellung präsentierten Hecht aus dem Bogenbach geholt (Abb. 353). Als Trophäe und als Erinnerung an einen erfolgreichen Fang hat er ihn für zu Hause präparieren lassen.

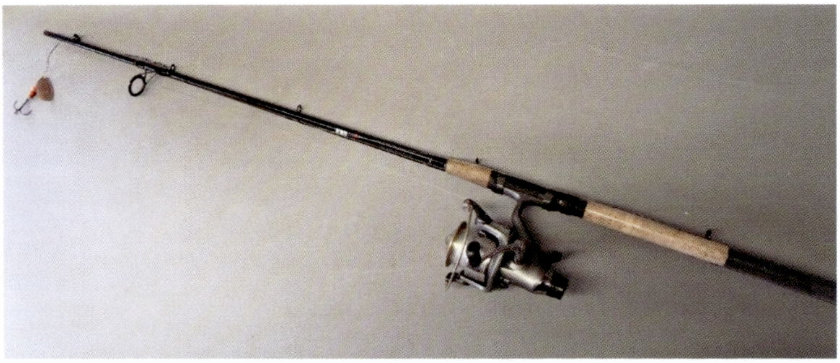

Abb. 352: ‚Hechtangel', um 2000 (?) (Heinrich R., Perasdorf)

Abb. 353: Präparierter Hechtkopf, 1977 aus dem Bogenbach geangelt (Heinrich R., Perasdorf)

Interview: Hobbyangler

„Das Fischfieber ist da"

Abb. 354: Heinrich R. beim Weiher des Bezirksfischereivereins Bogen, 2021 (Foto KB)

„Von frühester Kindheit an hat mich das Wasser mit seinen Fischen angezogen. Ich bin in Bogen aufgewachsen, nahe der Donau und dem Bogenbach. Schon mit fünf Jahren 1939 durfte ich den Zimmerermeister Georg Wührl begleiten: Er war ein passionierter Angler und hat mir alles beigebracht, was das Fischen anbelangt.

Schon bald bekam ich von ihm Aufgaben: Würmer und Maikäfer als Fischköder suchen, geangelte Fische vom Haken zu lösen und mit einem Schlag zu töten. Später bin ich dann selber fischen gegangen – schwarz, was mir Ärger mit dem Bogener Bezirksfischereiverein eingebracht hat. Es gab Beschwerden, sogar eine Anzeige. 1950, mit 16 Jahren dann konnte ich endlich dort selbst Mitglied werden und von da ab legal angeln.

Das ‚Fischfieber' hat mich nie losgelassen: Heute sitze ich aus Altersgründen eher ruhig am Weiher und fische Karpfen und Schleien (Abb. 354). Früher habe ich beim sportlichen ‚Spinnangeln' am liebsten aktiv nach Hecht, Aitel oder Forelle gesucht, bin nicht gesessen (Abb. 355). Angeln bedeutet für mich Nähe zur Natur, Ruhe, Abschalten. Gleichzeitig ist es spannend: Man weiß nie, welcher Fisch anbeißt. Und man hat die Möglichkeit, Fische wieder frei zu lassen."

Abb. 355: Portrait des Anglers Heinrich R., Foto von Fany Bauer, 1950er-Jahre (Heinrich R., Perasdorf)

Heinrich R., Grund- und Hauptschullehrer i.R., 87 Jahre, Perasdorf, 2021

Der Bogenbach: Ein Gewässer und seine Fische

Am Beispiel des ortsnahen Teils vom Bogenbach bei der Stadt Bogen – von der ‚Marktmühle' bis zu seiner Mündung in die ‚Alte Donau' – lässt sich exemplarisch aufzeigen, welchen Einfluss die Menschen auf Gewässer nehmen und wie sich das auf die Fische auswirken konnte.

Abb. 356: Der fischreiche Bogenbach in den 1930er-Jahren, vielfältig genutzt, Foto von Fany Bauer (KB)

Vermutlich seit 1808 gehörte der Bogenbach dem Markt Bogen:[596] Zunächst verpachtete Bogen die Fischrechte nur an Berufsfischer, später kamen auch die Freizeitangler hinzu, seitdem 1890 das „Angelfischen" in diesem Bach erlaubt wurde. Ein Pachtvertrag von 1909[597] mit definierten Nutzungsrechten zeigt, wie vielen Zwecken das Gewässer damals diente: Hier wurde Wäsche gewaschen, es gab sogar eine ‚Waschanstalt' mit ‚Waschfloß', Berufsfischer lagerten ihre Fischbehälter im Gewässer, Kahnfahrten zum Lastentransport wurden unternommen, Pferde geschwemmt, Schulbuben durften am Bogenbachsteg (Abb. 356) baden; das Wasser wurde zum Antrieb der Marktmühle umgeleitet usw. All das scheint dem Fischbestand nicht abträglich gewesen zu sein, denn für den Bach in den 1920er-/1930er-Jahren wurde ein reiches Vorkommen von Aalrutten, Hechten, ‚Weißfischen', Rotaugen beschrieben, besonders in den Monaten April, Mai, Oktober, November.[598] Von 1918 bis 1934 hatte der Anwohner, Kaufmann und Bürgermeister Xaver Neueder (1870–1951) diesen Abschnitt des Baches zum Angeln gepachtet.[599] Er stand in Konkurrenz zum Bogener Bezirksfischereiverein, der ebenfalls daran Interesse hatte, aber erst 1949 die Möglichkeit erhielt, diesen Teil des Bogenbaches zu pachten.[600] Während und nach dem Zweiten Weltkrieg wurden hier häufig ‚Weißfische', essbare kleinere karpfenartige Fische, illegal gefischt, um den Hunger zu stillen.[601]

Abb. 357: Begradigung des Bogenbachs und Hochwasserdammbau, Foto von Fany Bauer, 1950/1951 (Hans Neueder, Bogen)

Die Verhältnisse änderten sich grundlegend, als zwischen 1949 und 1951 der Bogenbach innerhalb des Marktes begradigt und mit einem Hochwasserdamm versehen wurde[602] (Abb. 357). Das wirkte sich auf den Fischbestand aus: 1952 beispielsweise erließ die Gemeinde dem Bezirksfischereiverein einen Teil der Pacht, nachdem man feststellte, dass der Bogenbach kaum mehr als „Fischwasser" zu bezeichnen sei; ein Zustand, der sich in diesem Teil des Baches bis heute wenig geändert hat.[603]

Vom Fischessen

‚Edelfisch' war früher eher eine exklusive Speise der städtischen Bürger, die ärmere Bevölkerung in flussnahen Gebieten musste sich mit dem Beifang, den grätenreichen ‚Weißfischen', begnügen.[604] Im 20. Jahrhundert bekam der heimische Flussfisch zunehmend Konkurrenz durch den Seefisch. Heute stellt er ein Gegenmodell zum ‚Industriefisch' dar.

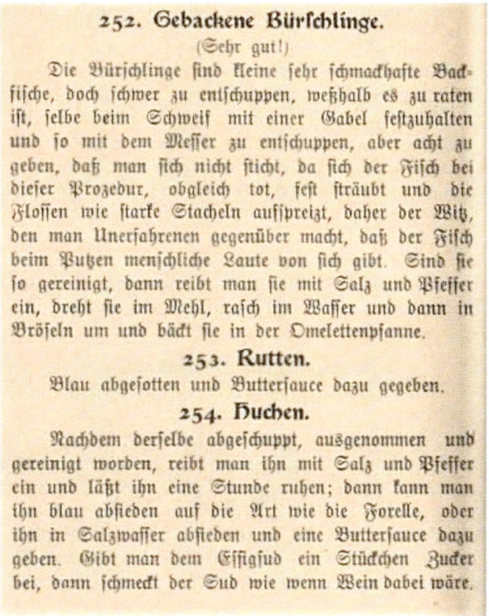
252. Gebackene Bürschlinge.

(Sehr gut!)

Die Bürschlinge sind kleine sehr schmackhafte Backfische, doch schwer zu entschuppen, weßhalb es zu raten ist, selbe beim Schweif mit einer Gabel festzuhalten und so mit dem Messer zu entschuppen, aber acht zu geben, daß man sich nicht sticht, da sich der Fisch bei dieser Prozedur, obgleich tot, fest sträubt und die Flossen wie starke Stacheln aufspreizt, daher der Witz, den man Unerfahrenen gegenüber macht, daß der Fisch beim Putzen menschliche Laute von sich gibt. Sind sie so gereinigt, dann reibt man sie mit Salz und Pfeffer ein, dreht sie im Mehl, rasch im Wasser und dann in Bröseln um und bäckt sie in der Omelettenpfanne.

253. Rutten.

Blau abgesotten und Buttersauce dazu gegeben.

254. Huchen.

Nachdem derselbe abgeschuppt, ausgenommen und gereinigt worden, reibt man ihn mit Salz und Pfeffer ein und läßt ihn eine Stunde ruhen; dann kann man ihn blau absieden auf die Art wie die Forelle, oder ihn in Salzwasser absieden und eine Buttersauce dazu geben. Gibt man dem Essigsud ein Stückchen Zucker bei, dann schmeckt der Sud wie wenn Wein dabei wäre.

Abb. 358: Fischrezepte im bürgerlichen Kochbuch von Josephine Huber, das 1907 in Straubing erschienen ist, S. 86 (KB)

Bürgerliche Kochbücher

Auf dem Land scheint im 19. Jahrhundert eher selten Fisch gegessen worden zu sein, auch nicht zur Fastenzeit, wie Physikatsberichte belegen; lediglich ist hier vereinzelt von Karpfen aus den Teichen der Wiesenfeldener Hochebene und von Forellen aus den Bächen des Vorderen Bayerischen Waldes die Rede.[605] Dagegen finden sich in regionalen Kochbüchern für ein städtisch-bürgerliches Publikum vielfältige Fischrezepte für heimische Edelfische wie Flussbarsch (‚Bürschling'), Huchen oder Karpfen bis hin zu billigen Weißfischen wie die Karausche o.ä.[606] (Abb. 358). Der gesamte Fang wurde genutzt. Fisch war eher teuer und sättigte weniger als Fleisch oder Getreideprodukte.

Konkurrenz ‚küchenfertiger' Seefisch

Der Fischkonsum änderte sich seit Ende des 19. Jahrhunderts bis Mitte des 20. Jahrhunderts, als die moderne Hochsee-Fischindustrie und neue Kühl- und Konservierungstechniken (Konserven, Tiefkühlung) entstanden: Fisch wurde billiger und der Konsum von Meeresfisch nahm zu.[607] Einheimische Fische – vor allem die ‚Weißfische' – ließen sich immer weniger absetzen. Seit den 1950er-Jahren gibt es Tiefkühl-Fertiggerichte wie Fischstäbchen zu kaufen. Der Fisch wurde und wird heute filetiert und praktisch grätenfrei angeboten. Damit entfallen das Schlachten beim Kauf, das Entschuppen und Ausnehmen des erworbenen Fisches.

Spezialität heute

Während der einheimische Fisch durch die Fischindustrie quasi eine ‚Entwertung' erfuhr, taucht er heute in Nischenbereichen wieder auf:[608] Als gegriller ‚Steckerlfisch' (Abb. 359–361) oder als verarbeitetes ‚Fischpflanzerl' auf Volks- und Fischereivereinsfesten, als regionale Besonderheit von Fischern und Teichwirten, als selbstgewonnenes Lebensmittel bei Hobbyanglern.

Abb. 359: Steckerlfisch war früher vor allem Donaufisch, heute eher Makrele oder Forelle; Werbeschild für Steckerlfisch auf dem Straubinger Volksfest, Hans Dankesreiter, 2. Hälfte 20. Jahrhundert (Johann Mayer, Straubing)

Abb. 360: Flussfischer Michael Mayer lernte das Steckerlfisch-Grillen auf dem Münchner Oktoberfest, Foto, 1930er-Jahre (Johann Mayer, Straubing)

Abb. 361: Steckerlfisch-Stand der Flussfischerei Mayer am Straubinger Volksfest, Foto, 1939 (Johann Mayer, Straubing)

(Geschnitzte) Fische der Donau und ihrer Nebenflüsse

Der Konditormeister Alfred Urlbauer aus Winzer, Landkreis Deggendorf, hat über viele Jahre hinweg regionale Fische aus Lindenholz geschnitzt und detailgetreu bemalt. Die Anfänge liegen, ähnlich wie bei den Bodenmaiser Holzvögeln, im Fang dieser Tiere: Die ersten geschnitzten Fische von Alfred Urlbauer waren kleine, allerdings nie benutzte ‚Köderfischchen' für die Enkel. Daraus entwickelte sich seine Passion, sämtliche Fische der Donau und ihrer Nebenflüsse darzustellen. Alfred Urlbauer verbindet mit seinen geschnitzten Fischen das Anliegen, auf deren Artenvielfalt und auf ihre Gefährdung aufmerksam zu machen – er möchte den ‚stummen' Fischen Präsenz verleihen.[609]

Man kann die detailgenau geschnitzten Fische von Alfred Urlbauer auf verschiedene Arten einteilen:[610] Nach ihrer biologischen Ordnung in karpfenartige (Cypriniden), lachsartige (Salmoniden), barschartige (Percidae) usw. Fische. Oder auch nach ihren Lebensräumen, nach Gewässertypen, die nach einer bestimmten Fischart benannt sind: z. B. die Forellenregion, Äschenregion, Barbenregion, Brachsenregion.[611] Diese Gliederung wurde in der Ausstellung gezeigten ‚Fischwand' in vertikaler Richtung angewandt (Abb. 362): Sauerstoffreiche, schnellfließende Bäche und kleinere Flüsse – die Zubringerflüsse nördlich der Donau (Forellenregion, Äschenregion) beherbergen viele Salmoniden. Die schnellfließende Donau, in Straubing beispielsweise unterhalb der Schleuse, die Barbenregion, bietet vielen karpfenartigen Fischen Platz. Die eher stehenden Flussteile und Altwässer, z. B. bei Bogen, die Brachsenregion, zeichnet sich durch großen Fischreichtum und -vielfalt aus. Allerdings gilt dabei zu bedenken, dass viele Fische nicht nur in einer Region leben, sondern oft in mehreren und dass manche Fische wandern.

Abb. 362: ‚Fischwand' in der Ausstellung: von Alfred Urlbauer geschnitzte Fische der Donau und ihrer Zuflüsse, Lindenholz, Acrylfarben, Ende 20./Anfang 21. Jahrhundert (alle Fische bis Abb. 368 Alfred Urlbauer, Winzer, Fotos KB)

Weitere Einteilungsmöglichkeiten der Fische sind die nach inhaltlichen Themen, in der Ausstellung gezeigt in horizontaler Richtung: Da sind die Fische untergliedert in Leitfische für die einzelnen Fischregionen (z. B. Forelle, Äsche, Barbe, Brachse); in Speisefische, unterschieden nach den bekannten ‚Edelfischen' (z. B. Hecht, Zander, Karpfen, Forelle, Aal) und den früher konsumierten, heute eher vergessenen ‚Weißfischen' (z. B. Nase, Rotauge,

Rotfeder, Brachse) (Abb. 363, 364). Auch die gefährdeten Fische sind, entsprechend dem Anliegen von Alfred Urlbauer, ein wichtiges Thema, symbolisiert durch den Huchen oder auch durch andere aussterbende einheimische Donaufische wie Streber (Abb. 365), Zingel, Schrätzer usw. Im Gegensatz dazu hat Alfred Urlbauer auch sich ausbreitende, invasive Fische wie etwa die Marmorgrundel dargestellt (Abb. 366). Aber insgesamt gilt: Viele Fische lassen sich mehreren Themen zuordnen und die Grenzen sind fließend.

Abb. 363, 364: Edelfisch und Weißfisch, z. B. Hecht (Esox lucius) und Brachse (Abramis brama)

Abb. 365, 366: Gefährdeter einheimischer Fisch und invasiver, zugewanderter Fisch, z. B. Streber (Zingel streber) und Marmorgrundel (Oxyeleotris marmorata)

Interview: Schnitzer von Donaufischen

„Ein Blick unter die Wasseroberfläche …"

Abb. 367: Der Konditormeister Alfred Urlbauer mit einem Huchen (Hucho hucho), einer vom Aussterben bedrohten Fischart, 2020 (Foto Stefan Urlbauer, Zwiesel)

„Die geschnitzten Fische sind mein Lebenswerk (Abb. 362). Als Rentner habe ich angefangen, für meine Enkel kleine Holzfischchen zu schnitzen (Abb. 368). Als die Kinder immer mehr haben wollten, habe ich den Entschluss gefasst, alle Fischarten zu schnitzen, die es in der Donau und ihren Nebenflüssen gibt. Mittlerweile sind es 110 Fische in 59 verschiedenen Arten geworden, aus Lindenholz und mit Acrylfarben bemalt. Das Schnitzen liegt mir, denn schon in meinem Beruf als Konditor musste ich oft modellieren, z. B. mit Marzipan oder Pralinen. Ich habe für meine Holzfische zwar Vorlagen aus verschiedenen Fachbüchern benutzt, aber das allein reicht nicht. Man muss die Fische selbst kennen. Ich habe mein Leben lang geangelt und sehr viele echte Fische in der Hand gehabt. Nur dann kann man naturgetreu arbeiten.

Von Kindheit an hatte ich mit Fischen zu tun, war an der Donau und erinnere mich an sehr viele Brachsen und Nasen, wenn Laichzeit war. Heute ist das anders, viele Fischarten sind vom Aussterben bedroht (Abb. 367). Daran und an den unglaublichen Schatz der Artenvielfalt möchte ich mit meinen Fischen erinnern. Sie bekommen durch meine Fische ein ‚Gesicht' und sind nicht nur unter der Wasseroberfläche verborgen."

Abb. 368: Der Anfang der Fischschnitzerei: kleine ‚Köderfischchen' für die Enkel, um 2000 (Foto KB)

Alfred Urlbauer, Konditormeister i.R., 80 Jahre, Winzer, 2020

Tiere ‚am Boden': Kröten, Frösche und der Tod auf der Straße

„Die Welt mit den Augen einer Kröte zu sehen heißt, ganz unten zu sein. Und wer ganz unten ist [...] hat wenig Freunde": So wurden Froschlurche (Anura) in einem ‚Portrait' 2018 charakterisiert.[612]

‚Unten' bezieht sich dabei auf dreierlei:[613] Einmal ordnet man Amphibien biologisch in die Kategorie der ‚niederen' Tierarten ein. Zum anderen ist damit die jahrhundertelange Verachtung der Menschen für die als ‚hässlich' wahrgenommene warzige Kröte gemeint, man denke nur an das Märchen vom Froschkönig. Und schließlich kriechen Kröten am Boden. Ihre Besonderheit ist, dass sie ‚doppellebig' sind, sie haben zwei Lebensräume: Als Larven leben sie im Wasser, als ‚Lungenatmer' kommen sie an Land und kehren zur Eiablage wieder in das gleiche Wasser zurück (Abb. 369). Wenn ihr Weg von einer Straße durchschnitten wird, bedeutet das oft ihren Tod, denn sie sind langsam und keine Fluchttiere (Abb. 370).

Abb. 369: Ein Erdkröten-Pärchen, Foto, 2020 (Bettina Schröfl, Pfaffenberg)

Abb. 370: Tod auf der Straße: überfahrene Kröten, Präparate, Anfang 21. Jahrhundert (Erich Gruber, Straubing)

Straßen als Gefahr

Deutschlands Straßennetz ist eines der dichtesten in Europa[614] und Straßen zerschneiden Lebensräume von Tieren, deshalb gibt es verschiedene Bemühungen von Naturschützern, Tieren gefahrlosere Übergänge zu ermöglichen. In Bezug auf Erdkröten (Bufo bufo), Grasfrösche (Rana temporaria) und andere Amphibien errichten Tierschützer seit den 1980er-Jahren im Frühjahr zur Laichzeit der Kröten Amphibienschutzzäune (Abb. 371): Sie sammeln die Tiere ein und tragen sie über die Straße. Mancherorts, z. B. in Steinach, wurden dauerhafte Durchlässe unter der Straße eingerichtet.[615] Vielen Kröten wird dadurch das Leben gerettet. Trotzdem stellt der jüngste Amphibien- und Reptilienatlas von Bayern 2019 einen starken Rückgang dieser Tiere fest.[616]

Für den Straubinger Künstler Erich Gruber haben Frösche und Kröten eine besondere Bedeutung: Der massenhafte Tod dieser Tiere auf der Straße war für ihn Anlass, sich künstlerisch mit den Amphibien auseinanderzusetzen. Er rückte Frosch & Co. in das Zentrum seines Schaffens.

Abb. 371: Kröten-Schutzzaun entlang einer Straße, Foto, 2020 (Bettina Schröfl, Pfaffenberg)

Künstlerblick: Frosch und Kröte als Bildmotive

„Den Blick auf die Straße gerichtet"

„Neben meiner Tätigkeit als Lehrer habe ich immer schon Kunst ausgeübt. Dabei geht es bei mir um grundlegende Fragen des Menschseins, stellvertretend abgehandelt durch die künstlerische Darstellung von Tieren. Keine beliebigen Tiere habe ich dazu ausgewählt, sondern solche, die durch den Menschen zu Tode gekommen sind.

Begonnen hat es mit Fliegen, die in unserer Küche am Fliegenfänger-Streifen festklebten. Bei näherer Betrachtung habe ich deren Schönheit entdeckt, sie gezeichnet, gemalt und in ‚Haikus' (japanische Kurzgedichtform) verewigt (siehe Abb. 190, S. 109).

Nach einem Erlebnis wechselte ich zu einer anderen Tierart: Um 1993/1994 fuhr ich auf der B20 nach Bad Reichenhall und die sommerliche, noch feuchte Straße glich einem Schlachtfeld, lauter tote Tiere, furchtbar! Seitdem achte ich auf die Straße und sammle überfahrene Kröten und Frösche ein, die ich mit Wachs konserviere. Diese Tiere sind für mich seit 25 Jahren ein Medium, mich künstlerisch auszudrücken (Abb. 372): Ich male Wimmelbilder (Abb. 373), sehe in ihren Körpern kalligrafische Elemente, arrangiere sie für Fotos und lasse kleine Szenen in Bronze gießen (Abb. 374). Dadurch bleibt etwas von diesen Tieren, lebt weiter, hat einen Sinn und kann Anlass sein, über ‚Leben und Tod' nachzudenken."

Erich Gruber, Künstler, Schulleiter i.R., 67 Jahre, Straubing, 2020

Abb. 372: Erich Gruber, 2020 (Foto KB)

Abb. 373: „Stille Annäherung I", Tusche, Acryl, Kohle auf Holz, 2013 (Erich Gruber, Straubing)

Abb. 374: „Igitt!", Bronzeguss, 2019 (Erich Gruber, Straubing)

Exotische Wildtiere: Fremde Tiere kommen näher

Krippentiere: Wie sehen ein Kamel und ein Elefant aus?

In der Ausstellung vorgestellt werden nicht nur heimische Wildtiere, sondern auch die fremden Wildtiere, sofern sie bei uns einen Niederschlag gefunden haben.

Das Beispiel älterer Krippen-Kamele und -Elefanten zeigt, dass man sich lange Zeit in hiesiger Region mangels konkreter Anschauung ein nur unvollständiges Bild von exotischen Wildtieren machen konnte.

Exotische Krippentiere

Spätestens seit dem 17./18. Jahrhundert gehörten Elefant, Kamel und Pferd zum Bildprogramm der ‚Anbetung der Hl. Drei Könige' in Kirchenkrippen, später auch von Hauskrippen.[617] Zum einen standen sie als herrschaftliche Reit- und Lasttiere zeichenhaft für Prunk und Macht ihrer Besitzer, weise Sterndeuter, die als ‚Hl. Drei Könige' aus dem Morgenland zum Jesuskind in der Krippe gekommen waren (Math. 2,1–12). Zum anderen kontrastierten sie als exotische, üppig ausgestattete Tiere die Einfachheit der Krippe und der heimischen Tiere wie Ochse, Esel und die Schafe.

Abb. 375, 376: Anatomisch genauere Tierdarstellungen: Kamel und Elefant aus einer großen Hauskrippe in Schwarzach, Gipsguss gefasst, um 1930 (Familie Schnell, Freising)

In der Ausstellung gezeigt sind je ein Krippen-Kamel und -Elefant aus der Zeit um 1750–1800 und um 1930. Vergleicht man diese Tierdarstellungen, stellt man fest, dass sich im 19./20. Jahrhundert die Kenntnis exotischer Tiere wesentlich verbessert hat, denn die jüngeren Krippenfiguren – aus Gipsmasse um 1930 in der Tradition von Sebastian Osterrieder (1864–1932)[618] gefertigt – sind anatomisch genauer (Abb. 375, 376): Das Kamel beispielsweise weist ‚Schwielensohlen' auf, die großen Ohren des Elefanten deuten auf einen afrikanischen hin. Diese Krippentiere waren Teil einer großen Hauskrippe des Schwarzacher Tierarztes Dr. Anton Schnell.

Die älteren Krippentiere hingegen stammen aus der einstigen Klosterkrippe von Oberalteich und

Abb. 377, 378: ‚Phantasietiere': Kamel und Elefant aus der Klosterkrippe Oberalteich, Holz geschnitzt und gefasst, um 1750–1800 (KB)

wurden in der zweiten Hälfte des 18. Jahrhunderts geschnitzt.[619] Es handelt sich dabei im Wesentlichen um Phantasietiere, die Anleihen bei heimischen Tieren genommen haben, wie etwa Pferdefüße beim Kamel oder hundeartige Ohren beim Elefanten (Abb. 377, 378). Der damalige Schnitzer hat wohl nie solche fremden Tiere zu Gesicht bekommen und sich mit bildlichen Vorlagen beholfen.

Möglichkeiten, sich zu informieren

Im 18. Jahrhundert reisten Schausteller mit ihren ‚Wandermenagerien' in Städte und stellten einzelne exotische Tiere wie auch fremde Menschen und andere ‚Sensationen' öffentlich zur Schau: Beispielsweise wurde 1757 in der Reichsstadt Regensburg ein Trampeltier präsentiert. Dieses Ereignis fand sogar bildliche Aufnahme in eine Regensburger Stadtchronik[620] (Abb. 379). Manchmal ließen die Schausteller Flugblätter als Ankündigungszettel oder Andenkenblätter von diesen Ereignissen drucken; diese könnten als Vorlagen für die Gestaltung exotischer Krippentiere gedient haben.

Erst im 19./20. Jahrhundert verbesserten sich die Möglichkeiten, näheres Wissen über exotische Tiere zu gewinnen: Die allgemeine Schulpflicht, Schulbücher, Lehrtafeln sowie Naturkundebücher – anfangs vor allem für bürgerliche Kinder[621] – halfen, die Kenntnisse zu verbessern (Abb. 380). Und schließlich in ‚echt' können exotische Tiere im Tiergarten betrachtet werden. In Straubing wurde Ende der 1930er-Jahre ein Zoo eröffnet, der nicht nur Trampeltiere (Abb. 381), sondern auch Löwen, Tiger und andere ‚wilde Tiere' beherbergt.

Abb. 379: Kuriosität für Erwachsene: Vorführung eines Kamels (Trampeltier) 1757 in Regensburg, in: Christian Gottlieb Dimpfels Regensburg-Chronik von 1740ff., 4, S. 692 (StadtA RGBG)

Abb. 380: „Elephant" und „Kameel" in einem Naturkundebuch für bürgerliche Kinder: Friedrich Justin Bertuch: Bilderbuch für Kinder [...], Weimar 1782–1830 (KB)

Abb. 381: Fremde Tiere ganz nah: Kinder im Straubinger Tiergarten bei einem Trampeltier, Foto, 1950er-Jahre (StadtA SR)

Exoten – ganz nah: Der Straubinger Tiergarten

Ungewöhnlich für eine kleinere Stadt wie Straubing ist die Existenz eines Tiergartens.[622] Seit 1937/1938 bietet dieser die Möglichkeit, exotischen wie auch einheimischen Tieren nahe zu kommen.

Löwe & Co.: Erste Anfänge

Die Anfänge des Straubinger Zoos liegen im Engagement des Straubinger nationalsozialistischen Oberbürgermeisters Josef Reiter (1887–1963): Er baute eine bereits in den 1920er-Jahren bestehende kleine ‚Menagerie' im Straubinger Stadtpark zum Tiergarten aus. Der Betreiber des Ausflugslokals ‚Mooshäusl', Ludwig Aschenbrenner, hatte hier ein paar Tiere als Besucherattraktion gehalten[623] (Abb. 382). Anfangs konnten die Straubinger nicht glauben, dass im Stadtpark ein ‚richtiger' Zoo entstehen soll, sie machten sich 1937 in der Faschingszeit mit einer verkleideten Affenbande darüber lustig: „Affen laufen so schon rum, jetzt braucht ma bloß den Zaun drum rum" war im Straubinger Tagblatt zu lesen.[624]

Abb. 382: Tiere bei der Gaststätte ‚Mooshäusl', z. B. ein Pony, Foto, um 1926 (StadtA SR)

Zu den ersten Tieren des neuen Tiergartens zählten 1938/1940 drei Rhesusaffen und drei junge Löwen aus dem Hamburger Zoo Hagenbeck, letztere waren bis 1943 in Privatbesitz des Straubinger Oberbürgermeisters. Josef Reiter gab sich, wie andere Nationalsozialisten auch, beispielsweise Hermann Göring, besonders tierlieb[625] und ließ sich stolz mit seinen Löwenbabys ablichten

(Abb. 383). Der in Straubing ‚gestrandete' sächsische Löwendompteur Johannes Lange, alias ‚Rocasimi'[626], so sein Künstlername, wurde erster Zoodirektor (1941–1955 im Amt) (Abb. 384). Als ‚Fachmann' sollte er sich um den weiteren Aufbau des Tiergartens kümmern. Daneben arbeitete er weiterhin als Tierlehrer, bot in Straubing öffentliche Löwendressuren an (Abb. 385) und ließ dressierte Löwen in Filmen wie z. B. ‚Gesprengte Gitter' von 1942 auftreten.

Abb. 384: Johannes Lange als Zirkus-Löwendompteur, Foto, um 1940 (StadtA SR)

Abb. 385: Dressur-Vorführung in Straubing, Foto, 1943 (Privatbesitz)

Abb. 383: Der Straubinger Oberbürgermeister Josef Reiter mit einem seiner Löwenbabys aus dem Hamburger Zoo Hagenbeck, Foto, um 1941 (StadtA SR)

Vermenschlichung? Der Schimpanse ‚Jimmy' und seine Nachfolger

Ihm folgte 1957 der Zoologe Hans Schäfer[627] als neuer Leiter nach (1957–1971 im Amt). Bekannt wurde Schäfer – nach dem Vorbild von Bernhard Grzimek – durch medienwirksame Auftritte mit seinem Lieblingstier, dem Schimpansen ‚Jimmy': Der Affe ‚Jimmy' hatte wohl an seinem früheren Aufenthaltsort, einem Hamburger Bordell, menschenähnliche Verhaltensweisen angenommen. Das Tier rauchte und ging mit Hans Schäfer spazieren bzw. zum Kaffeetrinken in Lokale wie das Café Krönner oder das ‚Mooshäusl' (Abb. 386, 387). Bis zu seinem Tod 1987 blieb ‚Jimmy' der Publikumsliebling des Straubinger Zoos.

Abb. 386: Zoodirektor Hans Schäfer beim Kaffeetrinken im ‚Mooshäusl' mit ‚Jimmy', dem Schimpansen, Foto, 1960er-Jahre (StadtA SR)

Abb. 387: ‚Jimmy' rauchend, Foto, 1960er-Jahre (StadtA SR)

Der 1975 neu ernannte Zoodirektor Franz Wiegand (1975–1996 im Amt)[628] wandte sich gegen solche Vermenschlichung von Tieren, als 1996 die zwei Schimpansen ‚Lutz' und ‚Alfons' von Hellabrunn in München nach Straubing verlegt wurden. „Die Vermenschlichung von Tieren [… ist] entwürdigend. Wenn Besucher immer eine Show von den Tieren erwarten, ist das falsch – Tiere sind keine Akteure für den Menschen,"[629] so Franz Wiegand. Deshalb sollten die beiden vermenschlichten Affen aus München in Straubing umerzogen werden und hier soweit als möglich artgerecht leben können. Die Voraussetzungen dazu waren zuvor geschaffen worden, 1993 hatte man ein neues verglastes Schimpansenhaus mit Rückzugsmöglichkeiten errichtet, dazu ein großes Freigelände mit Kletterbäumen (Abb. 388). Anstelle früherer Beschriftungen wie die des Affenpavillons von 1938: „Affen nicht necken, Vorsicht",[630] erklärten jetzt zahlreiche Texttafeln Besuchern die natürlichen Verhaltensweisen von Schimpansen und die 1986 eröffnete Zooschule vermittelt(e) weiteres Tier- und Umweltwissen. Bildung statt Show für die Besucher und möglichst artgerechte Lebensweise der Tiere statt Vermenschlichung wurden neue Anforderungen an den Tiergarten.

Abb. 388: ‚Lutz' und ‚Alfons' im Freigelände des Straubinger Tiergartens, Foto, um 2000 (Tiergarten Straubing)

Nachdem 2020 der Schimpanse ‚Alfons' krankheitsbedingt eingeschläfert werden musste, entwickelte sich eine Tierschutzdiskussion über die Zoo-Haltung von Primaten.[631] 2021 konnte Tiergartendirektor Wolfgang Peter (seit 1996 im Amt) den verbliebenen Affen ‚Lutz' zu anderen Schimpansen in den Zoo von Ljubljana (Slowenien) verlegen lassen. In Straubing wird die Schimpansenhaltung aufgegeben und die Löwenhaltung mit einem vergrößerten neuen Gehege ausgebaut.[632]

Interview: Zoodirektor und Tierpfleger

„Eine Brücke zwischen Mensch und Tier"

Wolfgang Peter (Abb. 389): „Als der Straubinger Tiergarten 1938 gegründet wurde, herrschten andere Bedingungen als heute. Damals ging es vor allem darum, die Tieranlagen aseptisch rein zu halten, um den Ausbruch von Krankheiten zu verhindern. Fliesenoptik beherrschte die Gestaltung der eher kleinen Gehege für viele Jahre.

Heute sehen wissenschaftlich geführte Zoos anders aus. ‚Tierwohl' spielt bei uns eine zentrale Rolle. Das zeigt sich beispielsweise in modernen Gehegen mit natürlicher Landschaftsgestaltung, ausreichenden Bewegungs- und Rückzugsmöglichkeiten und einer intensiven Tierbeschäftigung. Wir arbeiten ständig daran, unsere Pflegebedingungen zu verbessern. Ein Zoo ist nie fertig!

Wichtig ist für uns auch die Erhaltungszucht der von Menschen bedrohten Tierarten. Unsere Zoopädagogik leistet einen wichtigen Beitrag zur Vermittlung biologischer und ökologischer Sachverhalte. Darüber hinaus sind wir auch ein Ort der Entspannung und Begegnung zwischen Mensch und Tier."

Lukas Heinze (Abb. 390): „Als Zootierpfleger betreue ich die etwa 90 Huftiere des Tiergartens. Ich habe engen Kontakt zu den Tieren und bin gewissermaßen deren ‚Bezugsperson'. Meine Arbeit wird nie langweilig."

Dipl. Biol. Wolfgang Peter, Biologe, 64 Jahre und Lukas Heinze, Zootierpfleger, 30 Jahre, Straubing, 2020

Abb. 389: Zoodirektor seit 1996: Der Biologe Wolfgang Peter, 2020 (Foto KB)

Abb. 390: Der Zootierpfleger Lukas Heinze und einer seiner Schützlinge im Huftierrevier, 2020 (Foto KB)

Der ‚Bayerische Löwe'

Zum Abschluss geht es schließlich um den Löwen als bayerisches Wappentier, nachdem ein Schwerpunkt des Kreismuseums Bogenberg die Geschichte der bayerischen Rauten ist[633] und diese Rauten zusammen mit dem Löwen den ältesten ‚Kern' des Staatswappens Bayerns bilden.

Wappengeschichte

Die Rauten im Wappen stammen ursprünglich von den Grafen von Bogen – 1209 gibt es einen ersten Beleg dafür – bevor sie dann, nach dem Aussterben der Bogener Grafen, von den Wittelsbachern übernommen wurden. Der älteste Beleg datiert auf das Jahr 1247. Voraussetzung für diese Übernahme war die 1204 geschlossene zweite Ehe von Ludmilla von Bogen (um 1170–1240) mit dem Bayerischen Herzog Ludwig I. dem Kelheimer (um 1172–1231). Mit diesen beiden Personen hat auch der ‚Bayerische Löwe' zu tun, denn deren Sohn, Herzog Otto II. der Erlauchte (um 1206–1253) heiratete die Erbin der Pfalzgrafschaft bei Rhein, Agnes (um 1201–1267) und übernahm ab 1227 das rheinische Pfalzgrafenamt, der ‚Pfälzer Löwe' in seinem Wappen war Abzeichen davon.[634]

Der ‚Weg' des Löwen durch das Bayerische Staatswappen

Anhand chronologischer Wappendarstellungen kann der ‚Weg' des ‚Pfälzer Löwen' im bayerischen Staatswappen nachverfolgt werden:[635] Im 13. Jahrhundert führten die bayerischen Herzöge die Rauten bzw. den Löwen einzeln in ihren Wappen (Abb. 391); seit dem 14. Jahrhundert ist eine Kombination von beiden in einem viergeteilten Schild üblich geworden[636] (Abb. 392). Zu erkennen ist der bayerische Löwe an seiner Farbe – Gold auf schwarzem Grund, mit einer roten Krone – und an seiner Haltung als ‚steigender' Löwe.[637] Erst als Bayern im Jahr 1806 Königreich wurde, verlor der Löwe vorübergehend seinen Platz im bayerischen Wappen. Nun war er nur noch Schildhalter: 42 statt 21 Rauten symbolisierten jetzt das junge Königreich.

Aber schon 1835 tauchte der Löwe wieder auf (Abb. 393): König Ludwig I. (1786–1868) benutzte ihn in seinem neuen Königswappen als Abzeichen für den ‚Stamm' der Pfälzer.[638] Bis zum Ende der Monarchie 1918 blieb diese Bedeutung erhalten; ebenso im neuen, 1923 angenommenen Wappen des jungen Freistaates Bayern.[639] 1950 nahm der Freistaat Bayern ein neues, von Eduard Ege gestaltetes Wappen an. Der Löwe fand auch hier wieder seinen Platz, allerdings nicht mehr als Vertreter der Pfalz, die seit 1946 zu Rheinland-Pfalz gehörte, sondern als Repräsentant des Regierungsbezirks Oberpfalz.[640]

Darüber hinaus galt der Löwe jahrhundertelang auch als ein symbolisches Abzeichen für den jeweiligen Herrscher selbst.[641] Dies vor allem wegen der, dem ‚König der Tiere' zugeschriebenen Eigenschaften von Macht und Stärke. Als sich im 19. und 20. Jahrhundert das monarchische Selbstverständnis wandelte bzw. 1918 die Monarchie in Bayern beendet war, verstärkte sich seine Bedeutung zum „Symbol des Landes selbst": „Der Wittelsbacher Löwe wurde endgültig zum bayerischen Löwen".[642]

Abb. 391–393: Der Pfälzer Löwe kam durch Heirat in das Bayerische Rautenwappen, das ab dem 14. Jahrhundert als Rauten-Löwen-Wappen geführt wurde. Vorübergehend verlor der Löwe seinen Platz im Wappen zugunsten der Rauten, so 1806, aber ab 1835 gehörte er dann wieder dazu – bis heute, Wappenserie in: J. Siebmachers Wappenbuch, 1. Band, hg. v. Otto Titan von Hefner, 1854–1856 (KB)

Der ‚Bayerische Löwe' im Alltag I: z.B. in der Amtsstube

Im Kreismuseum Bogenberg hat sich ein ‚Bayerischer Löwe' aus Keramik erhalten, der von Mitte des 19. bis Mitte des 20. Jahrhunderts über die Amtsgeschäfte des Bogener Marktschreibers ‚wachte' (Abb. 394): Er thronte auf einem Kachelofen in der Amtsstube des für die Selbstverwaltung und Justiz des Ortes so wichtigen Kommunalbeamten.[643] Um 1840 war der Ofenlöwe anlässlich der Errichtung eines neuen Rathauses in Bogen vom örtlichen Hafnermeister Xaver Schwannberger (1805–1895)[644] geschaffen worden – so wie dieser sich einen ‚wilden' und zugleich würdigen Löwen vorstellte. Jedenfalls musste dieses ‚Amtstier', gewissermaßen als ‚Auge des Gesetzes', gleich zu Beginn einen Fall von grobem Amtsmissbrauch mitansehen, als ein 1853 eingestellter Marktschreiber unrechtmäßig gewonnene Einnahmen unterschlug. Spätere Marktschreiber, ab

Abb. 394: Der ‚Amtslöwe' im Bogener Rathaus, keramische Plastik von Xaver Schwannberger, um 1840 (KB)

1917 ‚Marktsekretäre' genannt, scheinen zuverlässiger gewesen zu sein, wie beispielsweise der 1931 auf einem Foto abgebildete Anton Heigl (Abb. 395). 1951 schließlich wurde der Kachelofen samt Löwe abgebaut und er kam in das Bogen(berg)er Museum.

Abb. 395: Der Marktsekretär Anton Heigl in seiner Amtsstube mit dem Löwenofen, Foto, 1931 (Hans Neueder, Bogen)

Der ‚Bayerische Löwe' im Alltag II: Schildhalterlöwen

Abb. 396: Löwe mit Rautenschild: Spitze einer Fahnenstange, Messing, 19. Jahrhundert (GB)

Eine ‚klassische' Darstellungsweise des ‚Bayerischen Löwen' ist die des Schildhalters: Oft hält er einen bayerischen Wappenschild mit seiner Pranke, seit dem 17. Jahrhundert beispielsweise vor der Residenz in München, seit dem 19./20. Jahrhundert auch vor privaten Wohnhäusern oder als kleine Figur auf dem Schreibtisch.[645] Auch gibt es Fahnenstangen mit einem solchen Löwen als Bekrönung (Abb. 396). Hier wird die Funktion des Bewachens betont, die den Löwen schon früh aufgrund ihrer Stärke zugeschrieben wurde.[646]

Andere Schildhalterlöwen zieren paarweise stehend ein bayerisches Wappen, sie heben das Bildmotiv in der Mitte hervor. In der Heraldik (Wappenkunde) werden diese Löwen als ‚Prachtstücke' bezeichnet oder auch ‚heraldisches Beiwerk'.[647] Häufig findet sich diese Darstellung auf Alltagsgegenständen der Bevölkerung, seien es verzierte Arbeitsgeräte, sogenannte ‚Liebesgaben'[648] (Abb. 397), sei es ein bestickter Trachtengürtel. Die Nutzung dieses Motivs konnte eine ‚patriotische Gesinnung' der Besitzer oder Schenker dieser Dinge ausdrücken.

Abb. 397: Verzierter Bierschlegel als ‚Liebesgabe' von „PK", „MK" (Peter und Maria Krä, Bogen), 1830 (KB)

Nicht immer aber hielten Schildhalterlöwen ein Wappen in der Mitte, es konnten durch sie auch andere Bildzeichen hervorgehoben werden. Zu nennen wäre beispielsweise das Zunftzeichen der Bäcker: Hier befindet sich in der Mitte eine Breze, wie beim Straubinger Beispiel aus dem 18. Jahrhundert zu sehen ist (Abb. 398). Oder ein biedermeierlicher Bierkrug aus Zinn betont die ‚Liebe', indem die Daumenrast als Schildhalterlöwe ausgebildet ist, der einen Wappenschild mit einem Herz – Zeichen für die Liebe – präsentiert (Abb. 399).

Abb. 398: Zunftzeichen der Straubinger Bäckerzunft mit schildhaltenden Löwen, Metall getrieben und gerahmt, 18. Jahrhundert (GB)

Abb. 399: Bierkrug als ‚Liebesgabe' mit Schildhalterlöwen, Zinn, Porzellan, 1862 (GB)

Schlussbemerkung

Das Beispiel des Löwen und vieler anderer vorgestellter Tiere zeigt, dass Tiere für den Menschen immer mehr bedeuten als das, was sie zu sein scheinen. Sie werden, neben ihrer Nutzung, von ihm mit Inhalt und kultureller Bewertung versehen, die sehr unterschiedlich sein können. Das gilt es mit zu bedenken, wenn kategorisch von ‚DER Natur' des Tiers die Rede ist. Dazu ein kleines Statement des italienischen Schriftstellers Luigi Malerba, der 1980 sein Buch ‚Die nachdenklichen Hühner' veröffentlicht hatte, hier die Geschichte Nr. 89: „EIN HUHN behauptete, der Star sei ein Tier, ein anderes Huhn behauptete, ein Star sei eine Krankheit und noch ein anderes Huhn behauptete ein Star sei jemand, der berühmt sei. Musste man vor dem Star Angst haben? Gemeinsam beschlossen sie, dass es besser sei, dem Star nicht zu trauen."[649]

Auf der anderen Seite gibt es natürlich auch den ‚eigenen Sinn' und eigene Verhaltensweisen der Tiere, die wiederum Einfluss auf ihr Verhältnis zu den Menschen haben. Dieses Verhältnis besteht aus einer spannungsreichen, oftmals ungleichgewichtigen gegenseitigen Wechselwirkung, die beide Seiten beeinflusst und die sich vor allem in der Zeit der Moderne grundlegend geändert hat.

Die Abhängigkeit der Menschen von den Tieren ist geringer geworden: Manche Tiere, die Heimtiere, sind ‚aufgestiegen' in den Rang eines Partners oder Familienmitglieds, die Menschen sind ihnen nah. Andere Tiere wiederum werden in immer größeren Zahlen gehalten und zunehmend intensiv genutzt; immer weniger Menschen kommen mit ihnen alltäglich in Kontakt, die Nutztiere scheinen von der öffentlichen Bildfläche verschwunden zu sein. Und die Wildtiere schließlich geraten zur Projektionsfläche unterschiedlicher Auffassungen über die Natur und über die Art, wie mit dieser umgegangen werden sollte.

Ziel der Bearbeitung dieses Themas war es, die heutige Situation anhand von einzelnen, konkreten und regionalen Beispielen aus ihrer Geschichte heraus zu erklären und als ‚gemacht' darzustellen. Das impliziert die Möglichkeit des Wandels und lädt dazu ein, darüber (selbst-) kritisch zu reflektieren.

Anhang

Abkürzungsverzeichnis

Abb. = Abbildung
Abt. = Abteilung
AELF = Amt für Ernährung, Landwirtschaft und Forsten
AfHG Steinach = Archiv für Heimatgeschichte Steinach
AJVA SR = Archiv Justizvollzugsanstalt Straubing
Anm. = Anmerkung
Bd. = Band / Bde. = Bände
bes. = besonders
betr. = betreff
BOG = Bogen
BRD = Bundesrepublik Deutschland
ca. = circa
cm = Zentimeter
dass. = dasselbe / ders. = derselbe / dies. = dieselbe
DDR = Deutsche Demokratische Republik
DFG = Deutsche Forschungsgemeinschaft
ebd. = ebenda
EEP = Europäisches Erhaltungszuchtprogramm
e. V. = eingetragener Verein
f. = folgende / ff. = fortfolgende
Fa. = Firma
GB = Gäubodenmuseum Straubing
Gde. = Gemeinde
H. = Heft
Hg. = Herausgeber
i. R. = im Ruhestand
JBHVSR = Jahrbuch Historischer Verein für Straubing und Umgebung
JVA = Justizvollzugsanstalt
KB = Kreismuseum Bogenberg
Kgl. = königlich
LBV = Landesbund für Vogelschutz
LG SR = Landgericht Straubing
Lkr. = Landkreis
m = Meter
MAL = Mallersdorf
masch. schr. = maschinenschriftlich
MI = Mitterfels
NS = nationalsozialistisch
o.A. = ohne Autor / o.D. = ohne Datum / o.J. = ohne Jahr / o.O. = ohne Ort / o.S. = ohne Seite
ÖDP = Ökologisch-Demokratische Partei
PHB = Physikatsbericht
Slg. = Sammlung
s.o. = siehe oben
sog. = sogenannt
SR = Straubing
SR-BOG = Straubing-Bogen
SRT = Straubinger Tagblatt
St. = Sankt = Heilig
StadtA BOG = Stadtarchiv Bogen
StadtA Geiselhöring = Stadtarchiv Geiselhöring
StadtA RGBG = Stadtarchiv Regensburg
StadtA SR = Stadtarchiv Straubing
SV = Verein für Deutsche Schäferhunde e. V.
SZ = Süddeutsche Zeitung
u.a. = und andere, unter anderem / u.a.m. = unter anderem mehr
US = united states = Amerika
usw. = und so weiter
v. = von, vom
v.a. = vor allem
vgl. = vergleiche
z. B. = zum Beispiel
zit. = zitiert

Anmerkungen

Im Folgenden wird die Literatur, die im Auswahl-Literaturverzeichnis genannt ist, mit dem Nachnamen des Autors/Herausgebers und dem Erscheinungsjahr bezeichnet, z. B. Mohnhaupt 2020. Internetartikel, Zeitungsartikel und weniger oft benutzte Literatur stehen nur hier in den Endnoten, nicht im Literaturverzeichnis; die Autoren, wenn sie an mehreren Stellen auftauchen, sind in Fett gesetzt.

1 Zu diesem Foto vgl. Kirchinger/Stadler 2012, S. 42f; das in dieser Publikation verwendete generische Maskulinum wird aus Gründen der besseren Lesbarkeit verwendet und schließt alle Geschlechter mit ein.

2 Publikationen, z. B.: Mohnhaupt 2020; Settele 2020; Serie ‚Naturkunden' des Berliner Verlages Matthes & Seitz usw.; Tierausstellungen, z. B.: ‚Treue Freunde. Hunde und Menschen', Bayerisches Nationalmuseum 2019/2020, vgl. Kammel 2019; ‚Tierisch beste Freunde. Über Haustiere und ihre Menschen', in: Deutsches Hygiene-Museum Dresden, 2017/2018, vgl. Krason 2017 und vgl. Reichholf 2017; ‚Tiere. Respekt/Harmonie/Unterwerfung', Museum für Kunst und Gewerbe Hamburg 2017/2018; ‚Mensch & Tier im Revier', Ruhr Museum Essen, vgl. Grütter/Stottrop 2019; ‚zum fressen gern? tiere und ihre menschen', Museum Oberschönenfeld 2020, vgl. Feige 2020, usw.

3 Vgl. Feige 2020, S. 11f., 15–17; vgl. Borgards Roland (Hg.): Tiere. Kulturwissenschaftliches Handbuch, Stuttgart 2016, S. 1–5; in vorliegender Publikation wird das Wort ‚tierisch' weiterhin verwendet, jedoch ausdrücklich ohne abwertende Bedeutung.

4 Grundlegend zu den Umbrüchen der Mensch-Tier-Beziehung in der Moderne vgl. z. B. Wischermann 2017; vgl. Löfgren 1986; vgl. Stiftung Deutsches Hygiene-Museum 2002; vgl. Feige 2020; in Bezug auf die Landwirtschaft vgl. Settele 2020; vgl. Nieradzik/Schmidt-Lauber 2016; vgl. Kirchinger 2004.

5 Vgl. Ansatz von Settele 2020, S. 20–27, bes. S. 24: Die „Wandelbarkeit dieses Verhältnisses [von Mensch und Tier] rückt in das Zentrum" sowie die Einbindung der „Akteure" in deren „wirtschaftlichen, sozialen, politischen und kulturellen Kontext", S. 25f.; dazu kommt eine „Moral History", die ethische Standpunkte in Bezug auf Mensch und Tier als historisch ‚geworden' aufzeigt und dadurch auch Veränderungsmöglichkeiten impliziert.

6 Träger des Museums ist der Landkreis Straubing-Bogen; zur Geschichte des Landkreises Straubing-Bogen seit 1800 vgl. Landkreis Straubing-Bogen 2012; zur Geschichte der Stadt Straubing als Zentrum dieser Region, als „Markt- und Bauernstadt", vgl. Krenn 2012, S. 108–112; zur Agrargeschichte der Region vgl. Kirchinger 2012, S. 202–230.

7 Zu den Bedeutungen von ‚Vieh' vgl. www.duden.de, Vieh, Zugriff: 13.9.2020; vgl. www.wiktionary.de, Vieh, Zugriff: 13.9.2020; vgl. Duden. Stilwörterbuch der deutschen Sprache, Bd. 2, Mannheim 1988, S. 785; vgl. Wischermann 2017, S. 49–87.

8 Vgl. z. B. Abkürzung „S.V. Vieh" in amtlichen Briefen des 16.–18. Jahrhunderts, was als „salva venia" soviel bedeutete wie: „verzeihe das schlimme Wort Vieh", vgl. Huber 1988, S. 9.

9 Auch wenn diese Einteilung heute ihre Selbstverständlichkeit verloren hat und Grenzziehungen ausgelotet werden, etwa wenn diskutiert wird, was ein ‚Schädling' sei oder ob Hühner neue ‚Heimtiere' geworden sind, so prägt diese Einteilung immer noch zahlreiche Veröffentlichungen und Präsentationen: Beispielsweise ging es 2017 in der Ausstellung ‚Tierisch beste Freunde' im Dresdner Hygiene-Museum vor allem um Heimtiere, vgl. Krason 2017; 2015 thematisierte eine kulturwissenschaftliche Tagung in Wien vor allem Nutztiere; vgl. Nieradzik/Schmidt-Lauber 2016, v.a. S. 7–13; siehe auch Kirchinger 2004; der Bereich der Wildtiere scheint bislang weniger das Interesse der neuen ‚human-animal-studies' gefunden zu haben; einige Veröffentlichungen befassen sich mit dem Kontext ‚Jagd' – z. B. eine Sonderausstellung im Fischerei- und Jagdmuseum München ‚Jagdgründe' 2019–2021; vgl. dazu auch Kammel 2009 oder Selheim 2009 – oder mit dem Thema ‚Vogel', z. B. Petschek-Sommer/Schwarz 2014.

10 Vgl. Probst/Schuchardt 2015, S. 18; vgl. Grütters/Stottrop 2019, S. 190f., 210f.

11 Vgl. Eine echte Rarität […] Großer Kohlweißling […], in: SRT 25.3.2021.

12 Vgl. allgemein dazu: **Weber-Kellermann 1982**: Weber-Kellermann Ingeborg: Die deutsche Familie, Frankfurt a.M. 1982, S. 97ff.; vgl. Zischka 1987.

13 Vgl. Kerscher, Otto: Beschreibung der Nutzung eines Hornrichters im Bayerischen Wald, in: Ordner Tierhaltung, Kreismuseum Bogenberg; vgl. Feige 2020, S. 8.

14 Vgl. Wenn 600-Kilo-Kühe zum Friseur gehen, in: SRT, 8.5.2020; allerdings hat sich der Blick nach 1945 von der Ästhetik der Tiere auf deren ‚Leistungen' verschoben, vgl. Settele 2020, S. 137.

15 Wie vorher schon der Mops, vgl. Kammel 2019, S. 208–218; vgl. Krämer 2013, S. 278–281.

16 Siehe auch Zeitungsinserat „Schlacht-Hunde kauft zu höchsten Preisen Klemm Hengersberg, Stammlokal Ortler-Keller, Bahnhofstr.", in: SRT 18.2.1921.

[17] Heute ist es in Deutschland nicht mehr erlaubt, Hundefleisch in Verkauf zu bringen, vgl. Oeser 2009, S. 148–152; vgl. Kammel 2019, S. 108.

[18] Vgl. Schenda 1995, S. 391–396; vgl. Ahne 2016, S. 7–24.

[19] Schon 1697 hatte Charles Perrault die Erzählung von Rotkäppchen erstmals veröffentlicht; die Brüder Grimm veränderten das Märchen und fügten es 1812 in ihre Kinder- und Hausmärchensammlung ein, vgl. Bausinger 1995, S. 138–141, 308f.; vgl. Ahne 2016, S. 25ff.

[20] Vgl. Ahne 2016, S. 95ff.; siehe auch heutige Diskussion um die Schutzwürdigkeit des sich wieder etablierenden Wolfes, vgl. Baier Tina: Willkommen daheim, in: SZ 2./3.10.2021; vgl. Sebald Christian: Gegen den Wolf, in: SZ 1.10.2021.

[21] Siehe Diskussion um den Borkenkäfer in Zusammenhang mit dem Nationalpark Bayerischer Wald ab 1970, vor allem in den 1980er-/1990er-Jahren, vgl. **Beck/Kratzer 2020**: Beck Sebastian; Kratzer Hans: Im Herzen der Wildnis. 50 Jahre Nationalpark, in: SZ 2.–4.10.2020; vgl. **Nationalparkverwaltung 2010**: Nationalparkverwaltung Bayerischer Wald (Hg.): 40 Jahre Nationalpark-Geschichte und Geschichten, Grafenau 2010, S. 12f., 22f.; vgl. **Nationalparkverwaltung 2020**: Nationalparkverwaltung Bayerischer Wald (Hg.): 50 Jahre Nationalpark, Regen 2020, S. 12ff., 20f.; vgl. Ärger im und um den Wald, in: SRT 11.1.2020; für den Landkreis Straubing-Bogen vgl. z. B. Dem Borkenkäfer ein Schnippchen schlagen, in: SRT 5.2.2020; vgl. Stecher Claudia; Stögbauer Klaus: „Wachsamkeit ist jetzt sehr wichtig", in: SRT 10.6.2020; vgl. „Sägewerke bieten keinen Frischholzpreis an", in: SRT 22.11.2019.

[22] Herzlichen Dank an: Gäubodenmuseum Straubing, Burgmuseum Mitterfels, Waldmuseum Zwiesel.

[23] Herzlichen Dank an: Stadtarchiv Straubing, Stadtarchiv Bogen, Archiv für Heimatgeschichte Steinach, Stadtarchiv Regensburg, Stadtarchiv Geiselhöring.

[24] Vor allem Süddeutsche Zeitung (SZ) und Straubinger Tagblatt (SRT), aber auch andere Presseorgane.

[25] Vor allem die zahlreichen Kataloge der Tierausstellungen der letzten Jahre, siehe Anm. 2, s. Literaturliste.

[26] Zur christlichen Sicht auf die Tiere vgl. z. B. Kruschina 2004; zu Schulwandtafeln allgemein vgl. Grütter/Stottrop 2019, S. 210f.; zu den hier verwendeten Schulwandtafeln des katholischen Verlags Mosella von 1913, vgl. www.wikipedia.de, Patmos Verlagsgruppe, Zugriff: 30.8.2020.

[27] Vgl. Kruschina 2004, S. 12.

[28] 1859 erschien Charles Darwins Schrift ‚On the origin of species', die die moderne Evolutionsbiologie begründete; Darwins Ideen hatten Vorläufer, wie z. B. Jean-Batiste de Lamarcks Theorie des Artenwandels von 1809, vgl. Brensing 2018, S. 21f., 36; vgl. Probst/Schuchardt 2015, S. 19f., 385–387; vgl. www.wikipedia.de, Charles Darwin, Zugriff: 7.11.2020; vgl. **Giemsch/Haidle 2021**: Giemsch Liane; Haidle Miriam Noel (Hg.): Menschsein, die Anfänge unserer Kultur, Ausstellungskatalog Archäologisches Museum Frankfurt, Oppenheim 2021, bes. S. 17–24.

[29] Dies wird zur Begründung herangezogen, warum im Judentum und Islam kein Schweinefleisch gegessen wird, vgl. Macho 2015, S. 25–33.

[30] Vgl. Kruschina 2004, S. 13; vgl. Giemsch/Haidle 2021, wie Anm. 28, S. 21f.; vgl. www.wikipedia.de, Maschinenparadigma, Zugriff: 7.11.2020; vgl. www.wikipedia.de, René Descartes, Zugriff: 7.11.2020; vgl. Spiegel Hubert: Des Königs wilde Untertanen, in: Frankfurter Allgemeine Zeitung, 28.12.2021.

[31] Vgl. Elias Norbert: Über den Prozeß der Zivilisation. Soziogenetische und psychogenetische Untersuchungen [1. Auflage 1936], Frankfurt a. M. 1976, Bd. 1, S. LXIf., LXXI; vgl. ebd., Bd. 2, S. 307, 409.

[32] Vgl. z. B. Böhm 2019, S. 234.

[33] PHB MI 1860/1, S. 149.

[34] Vgl. z. B. eine spätere dreibändige ‚Volksausgabe' von 1902: Brehms Tierleben 1902/1,2,3; diese Ausgabe gibt die wesentlichen Inhalte von Brehm wieder und wird in dieser Publikation als Quelle für den Autor benutzt; zu Brehm vgl. z. B. Brensing 2018, S. 8–38; bes. S. 23f., 33; vgl. Löfgren 1986, S. 135f.

[35] Vgl. Probst/Schuchardt 2015, S. 395–496.

[36] Vgl. Brensing 2018, S. 25–33, hier S. 33.

[37] Nutztiere wie das Rind, Huhn oder Schwein wurden zu „bloßen Lebensmittellieferanten", vgl. Settele 2016, S. 154; zur Geschichte der bürgerlichen Moral in Bezug auf die Tiere vgl. Löfgren 1986, S. 136f.; vgl. Settele 2020, S. 25–27, 199–224, 327ff.

[38] Vgl. z. B. Heftchen: Straubinger Tierschutz-Verein, Straubing o.J. [um 1877?], o.S., StadtA SR, Polizeiwesen, Rep. IV, Abt. 5d, 2.

[39] Vgl. **Tierschutz-Katechismus 1876**: Münchner Thierschutz-Central-Verein (Hg.): Tierschutzkatechismus, verfasst von L. Hörmann, München 1876, S. 12, StadtA SR, Rep. IV, Abt. 5d, Reg. 1.

[40] Ebd., wie Anm. 39.

[41] Vgl. **Statuten 1875**: Statuten des Straubinger „Thierschutz-Vereines", Straubing 1875, S. 3, StadtA SR, Historischer Verein, Sammlungen 41/1.

[42] Dieser Erlass vom 10.10.1839 wurde im Straubinger Wochenblatt, No. 9, am 27.2.1843 veröffentlicht, vgl. StadtA SR, Rep. IV, Abt. 5d, Reg. 1.

[43] Statuten 1875, wie Anm. 41, S. 7.

[44] Vgl. Jahresbericht 1883 und Generalversammlung 27.5.1884, StadtA SR, Rep. IV, Abt. 5d, 5.; vgl. Tierschutz-Katechismus 1876, wie Anm. 39, S.22f.

[45] Siehe Inhalte auf Plakaten der Tierschutzvereine in München und Straubing aus den 1870er-/1880er-Jahren, StadtA SR, Akt Historischer Verein, Sammlungen 41, 1; StadtA SR, Rep. IV, Abt. 5d, 5.

[46] Vgl. Mohnhaupt 2020, hier S. 15, vgl. auch ebd. S. 72f., 107: Mohnhaupt weist kritisch darauf hin, dass in der NS-Ideologie weniger zwischen Mensch und Tier, sondern vielmehr zwischen „nützlichem" und „lebensunwertem Leben" für die „Volksgemeinschaft" unterschieden wurde; zum Tierschutzgesetz von 1972 vgl. z. B. Settele 2020, S. 202–207; dies und das Folgende ist hier entnommen.

[47] Vgl. www.wikipedia.de, Tierschutzrecht, Zugriff: 5.11.2020.

[48] Vgl. Deutsches Tierschutzgesetz vom 18.5.2006, § 1, abrufbar unter www.gesetze-im-internet.de, Tierschutzgesetz, Zugriff: 5.11.2020; Kritik daran vgl. Dölker 2016, S. 105f.

[49] Thematisiert in der Sonderausstellung im Münchner Jagdmuseum: ‚Jagdgründe' 2019–2021; vgl. Krüger Gesine: Wider die Natur? Bemerkungen zur Jagd, www.geschichtedergegenwart.ch, Zugriff: 2.12.2021.

[50] Über die Ungleichbehandlung der Nutz- und Heimtiere vgl. z. B. Wischermann 2017, S. 41f.; die Selbstverständlichkeit des Nutzens von Tieren relativieren die sogenannten ‚Gnadenhöfe', wie z. B. Gut Aiderbichl bei Deggendorf oder ‚Lebenshöfe' wie z.B der ‚Erdlingshof' bei Kollnburg; sie retten Nutztiere vor ihrer Schlachtung und bieten ihnen einen geschützten Lebensort; vgl. dazu Fritzsche Lara: Schwein gehabt, in: SZ Magazin Nr. 1, 7.1.2022, S. 14–25; vgl. z. B.: Sie wollte ein Reh sein, in: SRT 4.9.2019.

[51] Vgl. Roscher Mieke: Tierschutz- und Tierrechtsbewegung – ein historischer Abriss [2012], S. 6–10, in: www.bpb.de, Zugriff: 7.10.2020.

[52] Vgl. dazu z. B. Winckler 2016.

[53] Zum Begriff ‚Nutztier' vgl. z. B. Nieradzik/Schmidt-Lauber 2016, S. 9; vgl. Dölker 2016, S. 105f., 113; vgl. Kirchinger 2004, S. 7ff., 89ff.; vgl. Settele 2016, S. 154–156.

[54] Vgl. Dölker 2016, S. 113: Dölker weist am Beispiel der ‚Gartenlaube' darauf hin, dass das Nutzen der Tiere „durchwegs anthropozentrisch" ist, also auf den Vorteil des Menschen zielt.

[55] Kurz zusammengefasst findet sich dieser Wandel beschrieben bei Wischermann 2017, S. 51–53, 54ff.

[56] Vgl. ebd., S. 54ff.: Der Autor spricht von vorindustriellen „agrarischen Notgemeinschaften" von Mensch und Tier und wendet sich gegen eine „falsche Idylle der Agrarromantik des 19. Jahrhunderts", die das Bild einer ungetrübten Nähe von Mensch und Tier zeichnen würde.

[57] Vgl. Nieradzik/Schmidt-Lauber 2016, S. 7–13; vgl. Wischermann 2017, S. 58ff.

[58] Vgl. Wittmann 2016, S. 134–153.

[59] Vgl. z. B. Moorstedt Michael: Guter Appetit, in: SZ 6./7.2.2021; vgl. Fleischatlas 2019, S. 46f.; vgl. Werner Kathrin: Das Zauber-Ei, in: SZ 1./2.2.2014.

[60] Vgl. allgemein dazu: Weißler Sabine: PlastikWelten, Berlin 1985; vgl. Fenichell Stephen: plastic. Unser synthetisches Jahrhundert, Berlin 1997.

[61] Vgl. Wischermann 2017, S. 58f; vgl. Teuteberg Hans Jürgen: Die historische Entwicklung des Fleischkonsums in Deutschland neu bewertet, in: Kluthe Reinhold u.a. (Hg.): Fleisch in der Ernährung, Stuttgart, New York 1994, S. 1–13.

[62] Vgl. z. B. Hossfeld Thomas: „Da verkommt nix!", in: SRT 12.3.2021: Am Beispiel von Rind und Schwein zeigt der Autor auf, dass vom Rind 68% und vom Schwein 48% von Tierkörperbeseitigungsgesellschaften weiter vermarktet werden, etwa für medizinische Zwecke (z. B. Herzklappen, Medikamente wie Insulin oder Cortison); für Düngemittel, Leder, Pinsel und Bürsten, Kosmetik, Musiksaiten, Seifen, Glycerin usw.

[63] Vgl. Fleischatlas 2019, S. 12f.

[64] Vgl. z. B. Prengel Haiko: Dem Sitz geht es ans Leder, in: SZ 30.4.–2.5.2021.

[65] Die Hufschmiede galten als Experten für Pferdekrankheiten, vgl. Huber 1988, S. 81ff., v.a. S. 213; vgl. Böhm 2019, S. 239; die ‚Schinder' kümmerten sich um die fachgerechte Entsorgung toter Tiere, seit den 1930er-Jahren übernahmen das die Tierkörperbeseitigungsanstalten, vgl. Böhm 2019, S. 239f; vgl. Huber 1988, S. 236–244.

[66] Vgl. Böhm 2019, S. 239; man sah die „göttliche Strafe" oder den „Einfluss böser […] Mächte" als Ursache von Seuchen an, vgl. Huber 1988, S. 212.

[67] Dies und das Folgende vgl. Huber 1988, S. 217, 212ff; zum weiträumigen Handel mit Ochsen vgl. Malcher Gudrun J.: Die Oxen-Connection. Die internationale Vermarktung von Ochsen […], Regensburg 2016.

[68] Vgl. PHB BOG 1860, S. 130f.; allgemein zum bäuerlichen ‚Erfahrungswissen' vgl. z. B. Löfgren 1986, S. 123ff.

[69] Leonhard war, der Legende zufolge, Helfer von Gefangenen, deren Freilassung er von König Chlodwig erreichte; er lebte im 6. Jahrhundert als Einsiedler in den Wäldern von Limoges (Frankreich), später gründete er dort das Kloster Noblac; seine Kette als Attribut erinnerte zunächst an sein Wirken als Gefangenenbefreier, später wurde

sie als Viehkette umgedeutet und dem Heiligen Darstellungen von Tieren beigegeben; vgl. Keller Hiltgart: Reclams Lexikon der Heiligen und der biblischen Gestalten, Stuttgart 1975, S. 332f.

70 Vgl. Mader Fritz: Wallfahrten im Bistum Passau, München, Zürich 1984, S. 35f.; in Aigen am Inn gibt es ein Leonhardimuseum mit weiteren Informationen zu dieser Wallfahrt.

71 Bavaria 1860, S. 1001f.; auch im Landkreis Straubing-Bogen gibt es neuerdings ‚Leonhardiritte', z.B. seit den 1990er-Jahren in Bogen (zur Leonhardskapelle auf dem Brandlberg, vgl. SRT 30.10.2016) und in Salching (eine Veranstaltung des Oberpiebinger Reit- und Fahrvereins, vgl. SRT 1.11.2016); auch schon in früheren Zeiten versuchte man, ‚Leonhardiritte' als Reiterprozessionen neu zu etablieren, z.B. 1950/1951 in Schwimmbach, vgl. Allgemeine Laberzeitung 15.11.1950; bekannt ist auch der ‚Stephaniritt' nach Stefling, vgl. z.B. SRT 22.12.2016, vgl. SRT 28.12.2017.

72 Hazzi Joseph von: Realien aus der guten alten Zeit. Alltag und Elend im Herzogtum Bayern [1801–1808], hg. v. Roth Tobias, Erlangen 2019, S. 209: Gericht Mitterfels; Neueder vermutet, dass es sich dabei um eine kleine Wegkapelle in Vorderbuchberg, Gde. Mitterfels, handelt, darin ein ‚Wiesheiland' verehrt wird, vgl. Neueder 2004, S. 146; die ‚große' Bogenberger Wallfahrt in der Nähe hat, laut den von Hans Neueder ausgewerteten Bogenberger Mirakelbüchern des 16.–18. Jahrhunderts, insgesamt eher wenig Tiervotationen zu verzeichnen, vgl. ebd., S. 132–196, bes. S. 143.

73 Vgl. Henker 1992, S. 177.

74 Zum Wandel vom bäuerlichen Erfahrungswissen zur wissenschaftlichen Tiermedizin und zur Konkurrenz beider Systeme vgl. allgemein Löfgren 1986, S. 133ff.

75 Vgl. Huber 1988, S. 213; vgl. www.wikipedia.de, Veterinärmedizinische Hochschule, Zugriff: 2.12.2020.

76 Vgl. Volkert Wilhelm: Zur Geschichte des öffentlichen Gesundheitswesens, in: Zeitschrift für Allgemeinmedizin, 55, Köln 1979, S. 238, 240.

77 Die Aussagen beziehen sich auf Menschen, sie hatten aber auch Folgen für die Tiermedizin, vgl. Unterkircher 2019, S. 18–20, 22, 25.

78 Vgl. Böhm 2019, v.a. S. 235–241; dies und das Folgende ist hier entnommen.

79 „Damit die Stallhaltung die Gesundheit dieser Tiere [Milchkühe] so wenig wie möglich beeinträchtige, wird ganz besonderer Wert auf einen luftigen hellen Stall gelegt, der leicht rein zu halten ist, und in dem sich keine Ansteckungsstoffe ansammeln können", solche und ähnliche Ratschläge finden sich in vielen Lehrbüchern, hier Weitzel o.J., S. 361.

80 Zum Umgang mit verendeten Tieren wie auch zur Kontrolle von deren Fleisch für den menschlichen Verzehr vgl. Böhm 2019, S. 239.

81 Vgl. ebd., S. 240f.

82 Zur Geschichte dieser Landwirtschaftsschule vgl. **Festschrift 2004**: Festschrift 100 Jahre Landwirtschaftsschule Straubing-Bogen 1904–2004, o.O. 2004; vgl. **Festschrift 1957**: Festschrift 50 Jahre Landwirtschaftsschule Straubing 1905–1955, Straubing 1957, S. 61–75; vgl. **Festschrift 1979**: Festschrift 75 Jahre Landwirtschaftsschule Straubing, Geiselhöring 1979; vgl. Landkreis Straubing-Bogen 1984, S. 143f.; vgl. Landratsamt Straubing o.J., S. 246.

83 Erster Jahresbericht 1905, zit. in: Festschrift 1979, wie Anm. 82, S. 9.

84 Vgl. **3. Jahresbericht 1906/1907**: 3. Jahresbericht der Kgl. Landwirtschaftlichen Winterschule Straubing pro 1906/07, o.O., o.J., S. 7–11; dies und das Folgende ist hier entnommen.

85 Zur Geschichte der landwirtschaftlichen Wissensvermittlung vgl. Mohr 1992, S. 79–82.

86 Dargestellt z.B. in Festschrift 1979, wie Anm. 82, S. 32–36.

87 Vgl. ebd. S. 35; zur Mechanisierung und Verbreitung des Traktors in der Region vgl. z.B. Landratsamt Straubing o.J., S. 223–228; vgl. Kirchinger 2012, S. 216; allgemein zur Mechanisierung in der Landwirtschaft Niederbayerns vgl. Mohr 1992, S. 90–101.

88 Vgl. Festschrift 1979, wie Anm. 82, S. 35.

89 Vgl. Festschrift 2004, wie Anm. 82, S. 25.

90 Siehe Landkreis Straubing-Bogen 1984, S. 133–142; Landratsamt Straubing o.J., S. 207–214; vgl. Mohr 1992, S. 101: In den 1960er-Jahren war das „Versorgungsziel" einer Ernährung für alle Bewohner der BRD erreicht und seitdem gibt es Überproduktion, wie folgende Zahlen verdeutlichen: Um 1800 ernährte eine landwirtschaftliche Arbeitskraft 3 Personen, um 1900 5 Personen und 2012 60 Personen; vgl. insgesamt zu diesem Themenkomplex Nieradzik/Schmidt-Lauber 2016.

91 Vgl. Kirchinger 2012, S. 203–205; vgl. **Landwirtschaft 2019**: Flyer des AELF Straubing: Die Land- und Forstwirtschaft im Landkreis Straubing-Bogen und in der Stadt Straubing. Zahlen & Fakten 2019: „Die Zahl der landwirtschaftlichen Betriebe geht zurück", besonders häufig die kleineren Betriebe mit einer Fläche unter 10 Hektar; 69% im Gäuboden und 55 % im übrigen Gebiet des Landkreises Straubing-Bogen wirtschaften „viehlos".

92 Vgl. z.B. Landwirtschaftliche Tierhaltung 2013, S. 29ff., 537ff., 546ff., 747ff., 858ff.

[93] Vgl. Landwirtschaft 2019, wie Anm. 91: 4,3% Ökobetriebe im Landkreis Straubing-Bogen (vor allem im Bayerischen Wald), der bayerische Landesdurchschnitt beträgt 8 %; vgl. dazu auch Kirchinger 2012, S. 219f.

[94] Zum Gemeindehirten vgl. Schott 2004, S. 15–24; vgl. Wellenhofer 2002, S. 98f.; vgl. Böhm 2003.

[95] Vgl. z. B. Kritik des Mitterfelser Amtsarztes Dr. Albrecht 1860, PHB MI/1, S. 154.

[96] Zur Dreifelderwirtschaft vgl. Mohr 1992, S. 74; vgl. Schott 2004, S. 23f.; um 1860 gab es in Niederbayern noch die Dreifelderwirtschaft vgl. Bavaria 1860, S. 1038.

[97] Es sollte mehr Dünger gewonnen werden, die Brache bebaut, der Ackerbau intensiviert und dadurch auch mehr Viehfutter gewonnen werden, vgl. z. B. Argumentation bei Schlipf 1844, S. 333ff., 88; vgl. Kirchinger 2012, S. 212; vgl. **Nisly 2016**: Nisly Jadon: „Er kömme von seinem Viehe nicht hinweg". Mensch-Nutztier-Beziehung in einem volksaufklärerischen Mustergut (1782–1795), in: Nieradzik/Schmidt-Lauber 2016, S. 88–104; vgl. Mohr 1992, S. 74–76.

[98] Es gab eine Hierarchie in der Wertigkeit der Bauten: 1860 wird berichtet, dass bei Erneuerung der Holzhäuser zunächst der Stall gemauert worden sei und zwar vor Erneuerung des Wohnteils, besonders hervorgehoben wurden die ‚Böhmischen Gewölbe' und später die ‚Preußischen Kappen', vgl. Bavaria 1860, S. 981; vgl. Lidl 1871, S. 82; vgl. Kuh-Handel o.J., S. 38; zur Geschichte der Bauernhäuser mit Ställen in Niederbayern vgl. Ortmeier Martin: Bauliche Strategien zur Verbesserung der Hygiene auf dem Bauernhof, in: Angerer 2019, S. 71–81; vgl. ders.: Freilichtmuseum Finsterau, Passau 1995; vgl. ders.: Ein Bauernhofmuseum für Niederbayern. Freilichtmuseum Massing, Passau 2001.

[99] Zur Stallhygiene vgl. Böhm 2019; zur Rationalisierung, z. B. im Rinderstall vgl. Settele 2016.

[100] Vgl. Schott 2004, S. 25–30; zur Veränderung der Ställe im Landkreis Straubing-Bogen zwischen 1950 und 1984 vgl. Gottschalk 1984, S. 127–142; zur heutigen Kritik an körperlichen Eingriffen an Tieren vgl. z. B. Langhans Katrin: Verbissen, in: SZ 24./25.2.2018; vgl. Scherf Martina: Stunk um Saustall, in: SZ 5.3.2020; vgl. Legehennen ohne gestutzte Schnäbel, in: SRT 2.8.2016; vgl. Schweiz enthornt ihr Nationaltier, in: SZ 26.11.2018; zur Technisierung der Ställe vgl. z. B. Settele 2016, S. 159f.; vgl. Schott 2004, S. 26ff.; vgl. Landwirtschaftliche Tierhaltung 2013, S. 405–409.

[101] Zum Misthaufen als „Zeichen der wirtschaftlichen Leistungsfähigkeit" vgl. Gottschalk 1984, S. 128; der Misthaufen als „Schatz des Landmannes" vgl. PHB LG SR 1859, S. 50; zur bürgerlichen (ärztlichen) Kritik an der mangelnden Hygiene in punkto Misthaufen: „morastige Kommunikationswege, Kloaken, Düngerhaufen, Aborte direkt vor den Fenstern" […] vgl. PHB MI 1860/2, S. 133.

[102] Vgl. www.lfl.bayern.de, Düngeverordnung [2020], Zugriff: 10.12.2021; vgl. Mohr 1992, S. 101; kritisiert wird vor allem eine hohe Nitratbelastung des Grundwassers in Regionen mit intensiver Tierhaltung, z. B. im sog. ‚Schweinegürtel' Niederbayerns, zu den Maßnahmen dagegen vgl. z. B. Bayerische Landesanstalt für Landwirtschaft (Hg.): Grundwasserschonende Landbewirtschaftung in den Gebieten Hohenthann, Pfeffenhausen und Rottenburg an der Laaber [2019], www.lfl.bayern.de, Zugriff 16.1.2022.

[103] Zu den Funktionen eines Stalles gehören heute der Schutz vor Witterung u.a., der Arbeitsaspekt, der Tierschutz und der Umweltschutz, vgl. Landwirtschaftliche Tierhaltung 2013, S. 179; diskutiert werden heute Lauf- statt Anbindeställe für Rinder; die Gruppenhaltung von Schweinen, die Ablehnung des Kastenstandes für Schweine; die heute verbotene Käfighaltung der Hühner bzw. deren Auslaufflächen, vgl. Landwirtschaftliche Tierhaltung 2013, S. 383–403, 600–608.

[104] Z. B. Angaben zu den Voraussetzungen ökologischer Rinder- und Schweinehaltung, vgl. Landwirtschaftliche Tierhaltung 2013, S. 546f.; auch spielen wirtschaftliche Aspekte eine Rolle, etwa wenn Weidehaltung für eine extensive Mutterkuhhaltung empfohlen wird, vgl. ebd., S. 544; vgl. Die Renaissance der Weidehaltung, in: Bayerische Landesanstalt für Landwirtschaft (Hg.): Jahresbericht 2019, Schwerpunktthema „Nutztiere", [2020], S. 11–15, www.lfl.bayern.de, Zugriff 5.6.2021.

[105] Vgl. allgemein dazu: Mohr 1992, S. 102–108; Henker 1992, S. 200–283; vgl. Settele 2020, S. 11–20, 27–34.

[106] Zum Viehmarkt in Bogen (Rinder, Schweine) vgl. Akten 1857–1898, StadtA Bogen, Kiste 71.

[107] Zum Viehmarkt in Geiselhöring vgl. Kirchinger 2012, S. 224–226.

[108] Wie ein Versorgungsnetz legten sich Märkte engmaschig über das Land, vgl. Kirchinger 2012, S. 202–230, bes. 224–226; vgl. Straubinger Kalender 1851, hg. v. Franz Seraph Lerno, Straubing 1851, o.S.: Hier werden für den altbayerischen Raum 1851, sicher nicht vollständig, insgesamt 137 Marktorte angegeben.

[109] Zur herausragenden Marktfunktion Straubings in Niederbayern vgl. Hruschka 1990, S. 132–174; vgl. Krenn 2019, S. 107f.

[110] Vgl. Häring o.J., S. 218.

[111] Zu den einzelnen Märkten vgl. **Sonntagsbummel 2020**, Sonderbeilage in: SRT 30.9.2020 mit Beiträgen von Dorit-Maria Krenn und Stefan Maier zur

Geschichte der einzelnen Märkte in Straubing; vgl. **Oberneder o.J.**: Oberneder Marzell: Als der Großvater noch lebte, Teil 1, Straubing o.J., S. 29, 49, 83, 95.

112 So wurden am Samstag, den 1. April 1950 z.B. am Spanferkelmarkt 599 Ferkel aufgetrieben, die in kürzester Zeit Käufer fanden, vgl. Straubinger Märkte, in: SRT, 3.4.1950, S. 9; zum Geflügel- und ‚Saumarkt' vgl. Sonntagsbummel 2020, wie Anm. 111.

113 Viktualienmarktordnung vom 1.3.1910, in: Amtsblatt des Stadtmagistrats Straubing, Nr. 8, 7.3.1910, StadtA SR, Rep. II, Abt. 1t1 9/2.

114 Auf dem Gelände des städtischen Schlachthofs wurden Hallen für den Schlachtviehmarkt 1950 errichtet und 1953 erweitert, vgl. u.a. Krenn 2007, S. 56; vgl. Viehmärkte ab 12. Dezember in der Halle, in: Straubinger Neue Presse, 25.11.1950; vgl. Eine der modernsten Anlagen in Bayern. Die Schlachtviehmarkthalle in Straubing […], in: SRT 7.3.1953.

115 Ab 1920 wurden in Niederbayern u.a. in Pocking, Landshut, Aidenbach und Straubing Zuchtviehmärkte durchgeführt; nachdem 1925 in Aidenbach und 1927 in Landshut Versteigerungshallen errichtet worden waren, gründete sich am 19.2.1949 in Straubing die Straubinger Zuchtviehhallen G.m.b.H. mit dem Ziel, für die bessere Vermarktung eine Versteigerungshalle zu bauen; im Frühjahr 1953 auf einem städtischen Gelände an der Hebbelstraße südlich der Bahnlinie begonnen, wurde diese Halle im Dezember 1953 übergeben und der Betrieb 1954 aufgenommen, vgl. Häring 1989, S. 134; vgl. Zuchtverband für Fleckvieh in Niederbayern. Jahresbericht 2015, Landshut o.J., in: www.zv-niederbayern.bayern.de, Zugriff: 6.8.2020.

116 Vgl. Straubinger Kalender 2004, hg. von Cl. Attenkofersche Buch- und Kunstdruckerei, Straubing 2004, S. 281f.; die Zuchtschweinemärkte in Straubing entwickelten sich zu den größten in Bayern, vgl. Scheder Dietmar: Straubings funktionale Entwicklung, in: Bosl 1968, S. 305–343, hier S. 333.

117 Betrieben vom ‚Zuchtverband für Fleckvieh in Niederbayern', wird die Vermarktungshalle Osterhofen als eine der modernsten Viehvermarktungsanlagen in Europa beworben, weitergehende Informationen hierzu unter www.zv-niederbayern.bayern.de; vgl. Kunert Simon: Neuer Marktplatz für die Rinder der Region, in: SRT 10.5.2016.

118 Laut telefonischer Auskunft vom 27.10.2020 durch Dr. Franz Able, Stadt Straubing, Verbraucherschutz und Veterinärwesen, diente die Zuchtviehversteigerungshalle in Straubing seit ca. 2005 vornehmlich der Quarantänehaltung von Rindern und Schweinen sowie als Sammelstelle für Tierexporte; da keine entsprechende Nutzungsänderung beantragt bzw. genehmigt wurde, befinden sich die Zuchtvieh-Versteigerungshalle eG, Straubing und die Stadt Straubing seit geraumer Zeit im Rechtsstreit; laut telefonischer Auskunft vom 28.10.2020 durch Waltraud Stahl, Geschäftsführerin Zuchtvieh-Versteigerungshalle eG, diente die Halle als Tiersammelstelle für Transporte u.a. in die Türkei oder Kasachstan; nachdem diese Transporte aufgrund von EU-Richtlinien seit geraumer Zeit eingestellt sind, findet in Straubing derzeit nur mehr ein Schafbockmarkt statt; Zuchttiere kommen dagegen in Osterhofen zur Versteigerung; Straubing, wo zuletzt 2015 der von VION betriebene Schlachthof seinen Betrieb eingestellt hat, ist daher auf dem Sektor der Tiermärkte, sofern nicht von Vereinen wie u.a. von Geflügelzuchtvereinen ausgerichtet, nur mehr von ungeordneter Bedeutung.

119 Mit Ausnahme der von Vereinen veranstalteten Tiermärkte wie z.B. denen des Straubinger Geflügelzuchtvereins und des alle zwei Jahre stattfindenden Schafbockmarktes, siehe Anm. 118.

120 Herzlichen Dank an Wilhelm und Magdalena Schwarz in Salching für das Ausleihen der zwei Fotoalben aus Familienbesitz.

121 Z.B. Weitzel o.J., S. 328; vgl. Schlipf 1844, S. 308, 318; vgl. Maier-Bode 1921, S. 2.

122 1965 wurde in der BRD letztmals die Zahl der Zugrinder erfasst, damals waren es nur noch 2,8%, vgl. Settele 2020, S. 137.

123 Grundlegend für das Verhältnis Mensch-Nutztier nach 1945 war und ist die Aushandlung zwischen den Sichtweisen des Nutztiers als „Geschöpf, Produktivkraft und Sache", vgl. Settele 2020, S. 30–142, hier S. 25; die Lebendigkeit und die Eigenart der Tiere, sowohl körperlich als auch verhaltensmäßig, setzten neue Grenzen, die teilweise stark ausgedehnt, indem Körper verändert werden; manchmal sind diese Grenzen auch überschritten, vgl. z.B. Busse Tanja: Melken am Limit, in: SZ 21.8.2015.

124 Zu diesem Prozess bezüglich Rinder vgl. Settele 2016, S. 156–161; vgl. dies. 2020, S. 39–142.

125 Zur Milchleistungsprüfung vgl. Kuh-Handel o.J., S. 33; vgl. Landwirtschaftliche Tierhaltung 2013, S. 272f.; vgl. Arbeitsgemeinschaft Deutscher Rinderzüchter 1953, S. 14; vgl. **Settele 9.8.2020**: Settele Veronika: Rindvieh für Deutschland, in: Frankfurter Allgemeine Sonntagszeitung, 9.8.2020; dies und das Folgende ist hier entnommen.

126 Vgl. **Ebert 1960**: Ebert: Die Rinderzucht im Landkreis Bogen, in: SRT 12.6.1960.

127 Allgemein vgl.Mohr 1992, S. 62–77, 102–114; vgl. Henker 1992, S. 156–159, 202–204, 250–254, 270f.; bezogen auf den Landkreis Straubing-Bogen vgl. Kirchinger 2012, S. 209–216.

[128] Zur Entwicklung von 1945–1990: Beispielsweise begann das Problem des Überschusses in Sachen ‚Milch' schon ab Ende der 1950er-Jahre, 1984 wurde die Quotierung der Milch eingeführt, vgl. Settele 2020, S. 87–89; vgl. dies., 9.8.2020, wie Anm. 125; vgl. dies.: Das Huhn, das Ei, der Stall und die Moral, in: www.geschichtedergegenwart.ch, Zugriff: 4.10.2021: Ein „Landwirt in Deutschland ernährte 1945 zehn Menschen und 2016 135 Menschen."

[129] Zur Geschichte der Kühlung im Bereich der Lebensmittel vgl. Andritzky 1992, S. 227–245; zur 1860 entwickelten Hitzesterilisation (Pasteurisieren) vgl. ebd. S. 246; zur Geschichte der Automatisierung des Melkens vgl. Settele 2020, S. 79–97.

[130] Vgl. Kirchinger 2012, S. 205f.; vgl. Landratsamt Straubing o.J., S. 211f.; vgl. Landkreis Straubing-Bogen 1984, S. 129, 136; vgl. Landwirtschaft 2019, wie Anm. 91: Viehhaltung im Landkreis Straubing-Bogen; vgl. Es gibt immer weniger Rinder, in: SRT 6.10.2020.

[131] Vgl. Kirchinger 2012, S. 226; vgl. Miksch Josef: Winkling (1900–2016), Schwarzach 2017, S. 348–364; im Jahr 2000 gab das Straubinger Milchwerk seine Selbstständigkeit auf und schloss sich der Firma ‚Goldsteig' an; 2004 wurde das Niederwinklinger Milchwerk geschlossen.

[132] ‚Gesunde Milch' als Werbeargument, vgl. Molkerei-Genossenschaft Straubing (Hg.): Milch […] Quelle der Gesundheit, Hildesheim o.J. [1950er-Jahre]; über die nicht immer unproblematische Verträglichkeit von Milch vgl. Reichholf 2017, S. 35; zur Kritik vgl. z. B. Burger Kathrin: Kühe ohne Kindheit, in: SZ 24.7.2018; vgl. Settele 2020, S. 88: „Die Milch hatte das Nachsehen in der verbesserten Ernährungssituation der Bundesrepublik seit 1950. Ihr Nimbus als unverzichtbarer Starkmacher bröckelte" und Überproduktion bewirkte in den 1970er-/1980er-Jahren Milchvermeidungsstrategien.

[133] Wie z. B. die sogenannte ‚Kopffütterung' der angeketteten Rinder im Stall anstelle der ‚Schwanzfütterung' der Tiere bzw. heute der ‚Laufstall', vgl. Kuh-Handel o.J., S. 22–26, bes. S. 23.

[134] Vgl. Bavaria 1860, S. 1943; vgl. Lidl 1865, S. 113.

[135] Vgl. Lidl 1871, S. 76–78, 88–91; dies und das Folgende ist hier entnommen.

[136] Vgl. Niggl 1957, S. 33–35, bes. S. 34: Es wurden dort im 1904 erbauten Kuhstall bereits ca. 100 Milchkühe gehalten; angeblich soll die Kuh ‚Alice' in Steinach um 1910 bereits eine ‚Milchleistung' von 7000 kg pro Jahr geschafft haben, dieser Wert wurde durchschnittlich in Deutschland erst im Jahr 2010 erreicht, vgl. Landwirtschaftliche Tierhaltung 2013, S. 26; vgl. Schlossgut Steinach o.J., S. 8, 14; das ‚Niederungsvieh' wurde gezielt auf Milchleistung gezüchtet im Unterschied zum ‚Fleckvieh', eine sog. ‚Zweinutzungsrasse', die sowohl auf Milch als auch auf Mast gezüchtet wurde.

[137] Begriff vgl. Lidl 1865, S. 108; vgl. Kuh-Handel o.J., S. 16.

[138] Vgl. z. B. Gemeinderatsprotokolle aus Mariaposching vom 15.2.1931, 15.7.1934, 28.4.1940 bezüglich der Unterbringung und kollektiven Finanzierung von „ungekörten Zuchtstieren" für die einzelnen Ortschaften, Loham, Mariaposching, Hundldorf, Leihgabe Karl Bauer.

[139] Vgl. Kuh-Handel o.J., S. 16; dies und das Folgende ist hier entnommen.

[140] Zu den medizinischen Gründen zählte beispielsweise eine Verhinderung der Übertragung von Geschlechtskrankheiten; für eine gezieltere Zucht diente die Erweiterung des ‚Genpools', der zuvor auf die regionalen Tiere beschränkt war und die verbesserte Möglichkeit, ein ‚passgenaues' Vatertier für die jeweilige Kuh auszusuchen; vgl. allgemein dazu Bundesinformationszentrum Landwirtschaft: Warum werden Kühe künstlich besamt? in: www.landwirtschaft.de, Zugriff: 1.10.2021; vgl. Settele 9.8.2020, wie Anm. 125.

[141] Vgl. Künstliche Besamungsstation für Rinder im Landkreis Bogen, in: SRT 4.2.1959; erste Anfänge gab es mit Errichtung der ‚Rinderbesamungszentrale Nordbayern', die 1951 in Neustadt a.d. Aisch eröffnet wurde, vgl. Settele 9.8.2020, wie Anm. 125.

[142] Zum Wort ‚Rucksackbummerl' vgl. Kratzer Hans: Alles Wurst, SZ 9.5.2014, in: www.sueddeutsche.de, Zugriff: 1.10.2021; „Bummal", vgl. Häring 1980, S. 131; zur künstlichen Besamung vgl. Landwirtschaftliche Tierhaltung 2013, S. 68ff.; bei Schweinen vgl. Gesellmann Christian: Er muss nicht zum Metzger. Er macht die Wurst, in: Die Zeit, 9.11.2017.

[143] Notiz von Karl Bauer 12.2.1986: 1968 wurde der zehn Jahre zuvor gegründete „Zuchtverband Sagstetter" in Hundldorf aufgelöst, nachdem die künstliche Besamung sich durchgesetzt hatte.

[144] Für Rinder beschrieben von Settele 2020, S. 30–142.

[145] 1844 beispielsweise ging es in einem Lehrbuch vor allem um beobachtete „äußere Zeichen" z. B. der „Milchergiebigkeit", „Mastfähigkeit" und „Tauglichkeit zum Zug", vgl. Schlipf 1844, S. 319f.; 1921 gab es dann im Kapitel „Tierkunde" die Lehre vom „inneren" und „äußeren Bau" der Tiere, vgl. Verband Bayerischer Landwirtschaftslehrer 1921, S. 192–224; 2013 dann die „Grundlagen der Vererbung" inkl. der ‚Mendelschen Gesetze' und der „Bio- und Gentechnik", dazu genaue Angaben zum „Bau und Funktion des Tierkörpers" sowie zu den verschiedenen „Tierbeurteilungen" und „Leistungsprüfungen", vgl. Landwirtschaftliche Tierhaltung 2013, Inhaltsverzeichnis, S. 9–23; vgl.

z. B. **Kerscher 2021**: Kerscher Andreas: Zucht nach Plan statt auf gut Glück, in: SRT 1.6.2021.

146 Heute gehört oft auch noch die Hornlosigkeit der Rinder zu den gewünschten Zuchtzielen, vgl. Kerscher 2021, wie Anm. 145.

147 Z. B. „Herdbuchzucht" in: Arbeitsgemeinschaft Deutscher Rinderzüchter 1953, S. 12; vgl. www.wikipedia.de, Herdbuch, Zugriff: 14.11.2020.

148 Zur Individualisierung der Tiere in der Moderne, vgl. Settele 2016, S. 157.

149 Vgl. Krenn 2013, S. 19.

150 Vgl. ebd., S. 22f.; siehe z. B. die Vielfalt der Tierschauen und -wettbewerbe auf dem Straubinger Gäubodenvolksfest, Unterlagen dazu in: StadtA SR, Volksfest 1949, Rep. II, Abt. 6, 14/29/1.

151 Am ersten Bogener Volksfest 1860, ausgerichtet vom dortigen landwirtschaftlichen Bezirksverein, wurde ebenfalls „preiswürdiges Vieh" vorgeführt, vgl. Neueder 1990, S. 66f.

152 Die Zielsetzung von solchen Schauen, die Rinderzucht zu heben, wurde in der Presseberichterstattung hervorgehoben und gleichzeitig bemerkt, dass das „Streben nach leistungsfähigen Kühen […] noch mehr Allgemeingut werden" sollte, vgl. Ebert 1960, wie Anm. 126.

153 Untersuchungen zum Thema Kuhnamen vgl. Kirchinger 2015, S. 335–363; vgl. Bausinger 1971, S. 171–184; vgl. Dobnig-Jülch 1996; vgl. Leibring Katharina, Cattle names in the Nordic countries, in: Onoma 37 (2002), S. 81–92; vgl. Reichmayr Michael, Von Ajda bis Žuži. Slawisches in österreichischen Rindernamen. Eine sprachliche und kulturhistorische Analyse, Wissenschaftliche Schriftenreihe des Pavelhauses 8, Graz 2005.

154 Vgl. Kuh-Handel o.J., S. 36f.; selten gab es alternativ auch Rindfleisch, vgl. PHB BOG 1860, S. 128; vgl. folgenden Kommentar um 1935: „für unsere ländlichen Verhältnisse kommt hauptsächlich Schweinefleisch in Frage", vgl. Wagner 1935, S. 96; auch später war das Schwein der „Hauptfleischlieferant" für die Bevölkerung vgl. Landratsamt Straubing o.J., S. 207; „Deutschland gehört [2020] zur Ländergruppe der Schweinefleischesser", vgl. **Gross 2020**: Gross Simon: Geflügel heiß begehrt, in: SZ 15.9.2020; vgl. Fleischatlas 2019, S. 13.: hier Angaben von 2005–2016; heute sinkt der Schweinefleischverzehr, macht aber immer noch mehr als die Hälfte des deutschen Fleischkonsums aus; gleichzeitig stieg der Export von Schweinefleisch an, seit 2017 ist Deutschland der „größte Schweinefleischexporteur der Welt", vgl. Settele 2020, S. 330.

155 Aussage ist bezogen auf die Region des Gäubodens vgl. Lidl 1871, S. 79.

156 Maier-Bode 1921, S. 96.

157 Vgl. Schlipf 1844, S. 442.

158 Vgl. Lutwyche 2020, S. 96f.; vgl. Macho 2015, S. 15; besonders deutlich zeigt diesen Aspekt ein Kommentar aus einem landwirtschaftlichen Schulbuch von 1921: „Das Schwein dient der Fleisch- und Fetterzeugung aus den verschiedensten Wirtschaftsabfällen", vgl. Verband bayerischer Landwirtschaftslehrer 1921, S. 224.

159 Z. B. „Consumtion [von Schweinefleisch] in den belebten Hauptstädten Landshut, Passau, Straubing" und in den „kleineren Städten und Märkten", vgl. Bavaria 1860, S. 1036; vgl. Lidl 1871, S. 79; vgl. Lidl 1865, S. 115; vgl. Landkreis Straubing o.J., S. 207f., 213f.; vgl. Landkreis Straubing-Bogen 1984, S. 133–142.

160 Wutzlhofer 1907, S. 8.

161 Seit 1949 Sitz in Straubing, vgl. Landratsamt Straubing o.J., S. 213.

162 Die Bezeichnung dieser etwa um 1890 entstandenen Rasse war zunächst „Veredeltes Deutsches Landschwein", aber 1968 hieß diese Rasse „Deutsche Landrasse", vgl. www.g-e-h.de, 1.8. Deutsche Landrasse Universal – DL(U), Zugriff: 15.11.2020; vgl. auch Steiner o.J., S. 64f.

163 Verband niederbayerischer Schweinezüchter Straubing, o.O., o.J. [um 1957], S. 6, 8.: Hier wurden nicht nur die Zuchtziele benannt, sondern auch die Mittel dazu, diese Ziele zu erreichen sowie die „amtlichen Leistungskontrollen".

164 Vgl. Obermaier Hubert: Ferkelkastration: Betäubungspflicht soll kommen, in: SRT 22.9.2018; vgl. www.bml.de, Ausstieg aus der betäubungslosen Ferkelkastration, Zugriff: 1.12.2021.

165 Dank an Dr. Maximilian Seefelder für den Hinweis auf diese Thematik, vgl. Kulturblog des Kulturreferates Bezirk Niederbayern unter www.kulturheimat.de, hier sind zahlreiche Tierthemen behandelt.

166 2018 erhielt Brunner dafür den Kulturpreis des Bezirks Niederbayern, vgl. www.wochenblatt.de, Ulrich Brunner für Schweinezucht und symbiotische Landwirtschaft ausgezeichnet [31.7.2018], Zugriff: 1.10.2021.

167 Vgl. www.g-e-h.de, Gesellschaft zur Erhaltung alter und gefährdeter Haustierrassen e. V. [GEH], Zugriff: 29.9.2021; vgl. www.kulturheimat.de, Archen für gefährdete Nutztierrassen [2.3.2020], Zugriff: 5.9.2021.

168 Die Informationen zu dem Künstler stammen von seiner Witwe Inge Schumacher-Tyroller und aus den Dokumenten seines Nachlasses.

169 Harig Ludwig: Menschen sind senkrechte Schweine, in: Die Zeit, 29.12.1995.

170 Vgl. Settele 2020, S. 145–150.

171 Settele nennt die intensivierte Hühnerhaltung und ihre „neue Wirtschaftlichkeit" als

„wegweisend für andere Tierhaltungszweige", wie z. B. die Schweinehaltung, vgl. Settele 2020, S. 144, 241ff.; vgl. Wittmann 2016, S. 134–153, v.a. S. 137–145.

[172] Z. B. wurden Mitte der 1950er-Jahre in der BRD noch ein „gutes Drittel" der Lebensmittel und landwirtschaftlichen Erzeugnisse importiert, u.a. aus den USA, vgl. Settele 2020, S. 159.

[173] Vgl. allgemein dazu: ebd., S. 143–224, bes. S. 160.

[174] Vgl. z. B. Renner 1967, S. 450–485.

[175] Zu letzterem vgl. Settele 2020, S. 152f., 193.

[176] Die genauen Angaben für 2015 schwanken zwischen 220.000 und 250.000 täglichen Schlachtungen, vgl. SZ 20.2.2015; vgl. SZ 17.2.2015.

[177] Vgl. www.wiesenhof-online.de, Zugriff: 22.11.2020; vgl. SZ 17.2.2015; Wiesenhof gehört zur ‚PHW-Gruppe', die laut SZ in Deutschland 2020 etwa die Hälfte des Geflügelmarktes bedient, vgl. Gross 2020, wie Anm. 154; vgl. **Bovensiepen 28./29.8. 2021**: Bovensiepen Nina u.a.: Schlachtfeld, in: SZ 28./29.8.2021; in der Region gibt es Mastbetriebe mit über 60.000–70.000 Tieren, vgl. Gegen Masthähnchen, in: Gäuboden aktuell 29.11.2017; vgl. Bescheid 20.6.2018, www.landkreis-straubing-bogen.de, Schweiger Agrar GbR, Zugriff: 14.10.2021.

[178] Vgl. allgemein Settele 2020, S. 220–224, bes. S. 222; vgl. Bovensiepen, 28./29.8. 2021, wie Anm. 177.

[179] Vgl. Wittmann 2016, S. 146f., 149; vgl. Settele 2020, S. 202–224.

[180] Vgl. Winckler 2016, S. 66f.

[181] Z. B. „Freiheit von Hunger, Durst, Fehlernährung", „Freiheit von Unbehagen", „Freiheit von Schmerzen, Schäden, Krankheit", „Freiheit von Angst", „Freiheit zur Ausübung von Normalverhalten"; vgl. Wittmann 2016, S. 67.

[182] Vgl. www.sueddeutsche.de, Kuhr Daniela: Aufruhr im Hühnerstall [2.3.2012], Zugriff: 21.11.2020; vgl. **Sebald/Wittl 2015**: Sebald Christian/Wittl Wolfgang: Gickerl, Gockerl, Größenwahn, in: SZ 23–25.5.2015; vgl. Settele 2020, S. 211, 219f.

[183] Z. B. Geflügelhof Strauß: Legehennen ohne gestutzte Schnäbel, in: SRT 2.8.2016; vgl. „Entscheidend ist, dass es den Tieren gut geht", in: SRT 4.5.2016; vgl. Hühnerhof Strauß – mit Engagement für eine tiergerechte Hühnerhaltung, in: information.medien.agrar (Hg.): Einsichten in die Tierhaltung, Heft 2, 2020, S.6–9; z. B. Geflügelhof Lehner: vgl. www.regio-aktuell24.de, Puten- und Hähnchenhaltung geht auch anders: überschaubar, tiergerecht und ökologisch [17.5.2018], Zugriff: 20.1.2020; vgl. Werbezettel: Eier vom mobilen Hühnerstall, Familie Krottenthaler, Saulburg, Juli 2020; allerdings ist die Anzahl der Bio-Landwirte im Landkreis Straubing-Bogen „weit unter dem Durchschnitt", vgl. Landwirtschaft 2019, wie Anm. 91.

[184] Dieser Begriff ist wissenschaftlich nicht eindeutig zu fassen, weil er „von tierschützerischer sowie landwirtschaftlicher Seite in Bezug auf [... sein] quantitatives Ausmaß aufgrund der ideologischen Aufladung unterschiedlich gehandhabt wird", vgl. Wittman 2016, S. 151.

[185] Vgl. Sebald/Wittl 2015, wie Anm. 182; vgl. Grüll Philipp/Obermeier Frederik: Das Versagen, in: SZ 11.6.2015; vgl. Grüll Philipp u.a.: Amtstierarzt in Untersuchungshaft, in: SZ 5./6.12.2015; vgl. Ein schlechtes Zeugnis, in: SRT 16.2.2016; vgl. Sebald Christian: Bayern-Ei-Skandal kommt vor Gericht, in: SZ 27.9.2019; vgl. Bayer Alexander: Ekel-Details aus dem Stall, in: SRT 12.10.2019; vgl. Glas Andreas: Die Spur der faulen Eier, in: SZ 5.2.2020; vgl. Bayer Alexander/Kunert Simon: Pohlmann bleibt ein freier Mann, in: SRT 4.3.2020, vgl. Glas Andreas/Sebald Christian: Viel wahrscheinlich, wenig gewiss, in: SZ 18.3.2020; vgl. „Das war kein Geheimnisverrat", in: SRT 23.7.2020; vgl. www.wikipedia.de, Bayern-Ei-Skandal, Zugriff: 23.8.2020; vgl. Muggenthaler Christian: Vielschichtig wie ein durchwachsener Schweinebauch, in: lichtung 4/2015, S. 14–16; dies und das Folgende ist hier entnommen.

[186] Vgl. Sebald/Wittl 2015, wie Anm. 182.

[187] Ebd.

[188] Vgl. www.vg-aiterhofen.de, Gemeinderatssitzung vom 8.8.2018, Zugriff: 21.11.2020; vgl. Kerscher Andreas: Rekord Geflügelmast am belasteten Standort? in: SRT 12.7.2018; vgl. Kein Hühner-Mastbetrieb in der früheren Bayern-Ei-Anlage, in: SZ 9.8.2018.

[189] Zur Geschichte dieses Vereins vgl. Festschrift Geflügelzuchtverein 2004, vgl. Mitgliederverzeichnis 1879–1950, StadtA SR, Vereinsunterlagen Geflügelzuchtverein Straubing und Umgebung; dies und das Folgende ist hier entnommen.

[190] Wutzlhofer 1907, S. 9.

[191] Z. B. in der ersten Geflügelausstellung 1881 auf dem Kreislandwirtschaftsfest in Straubing, vgl. Festschrift Geflügelzuchtverein 2004, S. 28.

[192] Vgl. Kramer 1926, S. 5–10; dies und das Folgende ist hier entnommen.

[193] Vgl. Festschrift Geflügelzuchtverein 2004, S. 35.

[194] Vgl. ebd. S. 81.

[195] Vgl. www.gzv-straubing.de, Wir über uns, Zugriff: 23.11.2020; siehe auch die Gegenüberstellung von „Turbohennen der Industrie", die nur eine kurze Lebenserwartung hätten in Gegensatz zum „Rassegeflügel", das sowohl „Auslauf" habe als auch „Zeit", um „heranzuwachsen", vgl.

Scharrer Uli: Ei, Huhn, Osterei, in: SRT Karfreitag/Ostern 2018 [30.3.2018].

196 Vgl. **Goebel 2018**: Goebel Anne: Gack, Gack, Gack!, in: SZ 12./13.5.2018; vgl. **Sabasch 2018**: Sabasch Jessica: Danke, Huhn, Die Zeit 2.9.2018; vgl. **Spanke 2019**: Spanke Kai: Die neue Lust am Huhn, Frankfurter Allgemeine Sonntagszeitung, 29.9.2019; vgl. Conradi Malte: Die Luxus-Hühner aus dem Silicon Valley, in: SZ 3.1.2019; vgl. **Arnu 2020, Juni**: Arnu Titus: Ich wollt` ich hätt` ein Huhn, in: SZ 4.6.2020; vgl. Hucklenbroich Christina: geflügelte freunde, in: Geo-Wissen 2017, S. 56–61; vgl. **Arnu 2020, Oktober**: Arnu Titus: Heimatlose Hühner, in: SZ 27.10.2020; vgl. Eisenmann Ursula: Geflügelzucht im Höhenflug, in: SRT 11.1.2021; vgl. Pfund Johanna: Haus mit Huhn, in: SZ 30.4.–2.5.2021; dies und das Folgende ist hier entnommen.

197 Goebel 2018; vgl. Arnu 2020, Juni, beide wie Anm. 196.

198 Vgl. Arnu 2020, Oktober, wie Anm. 196.

199 Vgl. Arnu Titus: Unsere kleine Hühnerfarm, in: SZ 7.4.2017.

200 Sabasch 2018, wie Anm. 196.

201 Vgl. Spanke 2019, wie Anm. 196.

202 Z. B. Lüttwitz Michael von: Hühner halten. Das rundum-sorglos-Paket, München 2020: Im Inhaltsverzeichnis findet sich kein eigenes Kapitel über das Schlachten.

203 In Bezug auf die Landwirte vgl. Kirchinger 2015, S. 358ff.

204 Untersuchungen zu diesem Thema sind der Autorin bislang nicht bekannt.

205 Zur Geschichte des Schlachtens allgemein vgl. **Matuszak 2015**: Matuszak Christian: Fleischer- oder Metzgerhandwerk, in: Landschaftsverband Westfalen-Lippe 2015, S. 65–97, bes. S. 72f.; vgl. **Nieradzik 2016**: Nierdazik Lukasz: Sinnlichkeit und Entsinnlichung des Tötens […], in: Nieradzik/Schmidt-Lauber 2016, S. 49–65; zur Situation der Metzger heute in der Region vgl. **Rieser 2020**: Rieser Anna: Das Fleisch auf dem Teller, in: SRT 25.6.2020.

206 Schon um 1860 ist dieser traditionelle Schlachttermin zu Weihnachten in den Physikatsberichten erwähnt, vgl. PHB SR 1859, S. 67; vgl. PHB BOG 1860, S. 128.

207 Vgl. den Bericht eines solchen ‚Brandmetzgers', **Baierl 2016**: Baierl Christa: Das Beste war immer das Kesselfleisch, in: SRT 22.12.2016; vgl. Matuszak 2015, wie Anm. 205, S. 68–72, bes. S. 70.

208 Vgl. Matuszak 2015, wie Anm. 205, S. 70; vgl. Baierl 2016, wie Anm. 207; vgl. Kerscher 1979, S. 93: seine Aussagen beziehen sich auf den Bayerischen Wald; vgl. Droste Wiglaf; Heidelbach Nikolaus; Klink Vincent: Wurst, Köln 2006, S. 14–23; dies und das Folgende ist hier entnommen.

209 Ein Beispiel aus der Gde. Oberalteich 1946/1948: Hier gab es, laut Ernährungsamt Straubing, in etwa der Hälfte der Bevölkerung offiziell anerkannte ‚(Teil- bzw. Voll-) Selbstversorger', die nach Ablieferung ihres Kontingents an Tieren bis zu einer bestimmten Menge – in Oberalteich waren das 1946 100 kg Fleisch pro Landwirt – eigene Tiere schlachten durften; was darüber hinausging, wurde schwarz geschlachtet, vgl. Statistik der Gde. Oberalteich 18.8.1946: „Stand der Bevölkerung" in Bezug auf die Lebensmittelversorgung; 1948 sollte in Oberalteich die ‚Schlachtviehaufbringung' wegen häufigen Schwarzschlachtens neu geordnet werden, siehe Schreiben des Ernährungsamtes Straubing an alle Gemeinden vom 19.4.1948, StadtA BOG, Kiste 18.

210 Vgl. Dardemann 2005, S. 61–67; vgl. Thoms Ulrike: Die braune Tüte, die eiskalte Schachtel und der Einkaufskorb, in: Lummel, Peter; Deak Alexandra (Hg.): Einkaufen [..], Arbeit und Leben auf dem Lande, Bd. 10, Berlin 2005, S. 157–164; vgl. **Böder 2015**: Böder Sonja: Veggie-Tag im Schinkenland. Zum Wandel des Fleischkonsums in Westfalen-Lippe, in: Landschaftsverband Westfalen-Lippe 2015, S. 106f.

211 Vgl. Das Vertrauen in das eigene Tier, in: SRT 6.4.2016.

212 Vgl. z. B. **Stiegl/Müller 2018**: Stiegl Max; Müller Thomas: Sautanz. Rezepte aus einer Zeit, als Fleisch noch etwas Besonderes war, Wals 2018; vgl. z. B. der Rinderzüchter und Koch Ludwig Maurer aus Schergengrub bei Rattenberg: „Wenn ein Rind von mir geschlachtet wird, bin ich immer dabei. Das schärft das Verständnis dafür, wie sorgsam wir mit Fleisch umgehen sollten, und dass wir ein Tier immer ganz verwerten", siehe Fromme Claudia: Fotoalbum Ludwig „Lucki" Maurer, in: SZ 18./19.9.2021; vgl. Kratzer Hans: Waidler und Weltenbummler, in: SZ 22.–24.5.2021.

213 Zur Geschichte der Bogener Metzger vgl. Neueder 2006, S. 29–34; vgl. Ortspolizeiliche Vorschriften 1862–1954, StadtA BOG, Kiste 96; dies und das Folgende ist hier entnommen.

214 Vgl. z. B. Ortspolizeiliche Vorschrift vom 2.8.1865, vgl. Ortspolizeiliche Vorschrift vom 20.11.1873, StadtA BOG, Kiste 96.

215 Vgl. Schreiben des Bezirksamtes Bogen an den Bogener Magistrat 10.1.1882 und darauf folgender Entwurf einer Ortspolizeilichen Vorschrift durch den Amtsarzt Dr. Burger, StadtA BOG, Kiste 96.

216 Vgl. Neueder 2006, S. 30f.

217 Vgl. Ortspolizeiliche Vorschrift vom 20.5.1903, StadtA BOG, Kiste 96.

[218] SRT 23./24.6.1892, zit. nach Scharrer 2013, S. 256.

[219] Die Bevölkerungszahl Straubings verdreifachte sich im 19. Jahrhundert von 5428 Personen 1807 auf 17541 Personen um 1900, vgl. Scharrer 2013, S. 255.

[220] Zur Geschichte des Straubinger Schlachthofes vgl. Scharrer 2013; zur Person Dr. Heiß vgl. Feige 1982: Der damals noch in Pasing tätige Tierarzt Dr. Heiß verfasste 1895 eine Denkschrift über den Wert und die Rentabilität eines Schlachthauses in Straubing, vgl. ebd., S. 15; dies und das Folgende ist hier entnommen.

[221] Heiß, zit. nach Scharrer 2013, S. 275; zur Beschreibung der Anlage vgl. ebd., S. 268–275.

[222] Heiß 1912, zit. nach Feige 1982, S. 41.

[223] Eine interessante Idee angesichts heutiger Kritik an Arbeitsbedingungen in industrialisierten Schlachthöfen, vgl. z. B. Schärfere Regeln für Fleischbranche, in: SRT 21./22.5.2020; vgl. Auflagen für die Fleischindustrie, in: SZ 22.5.2020; vgl. Bauchmüller Michael u.a.: Unter aller Sau, in: SZ 19.5.2020; vgl. Liebrich Silvia: Der Preis, den andere zahlen, in: SZ 13.5.2020.

[224] Vgl. Nieradzik 2016, wie Anm. 205, S. 60; zu Trichinen vgl. z. B. Kraus 1950, S. 109ff.; zu TBC vgl. ebd., S. 92ff.

[225] Vgl. Kraus 1950, S. 235–238, z. B. Schlachtvieh- und Fleischbeschaugesetz [1900 und 1940].

[226] Dr. Heiß war nicht nur Mitglied im Straubinger Tierschutzverein, sondern erhielt wegen seiner Bemühungen um das ‚humane Schlachten' Unterstützung und zahlreiche Ehrungen internationaler Tierschutzorganisationen, vgl. Feige 1982, S. 20f., 73–78; Feige nennt Heiß einen „pragmatischen Tierschützer", weil er „nichts übrig gehabt" habe für die „Verhätschelung und Vermenschlichung der Tiere", vgl. ebd. S. 78; Heiß setzte sich zwar für die Verbesserung des Umgangs mit Schlachttieren ein, stellte aber fest, dass „Menschenschutz […] in jedem Fall über Tierschutz" gehen müsse, vgl. Heiß 1904, S. 46.

[227] Vgl. Feige 1982, S. 67.

[228] Mit der Forderung nach einem ‚humanen Schlachten' wollte man nicht nur das Leid der Schlachttiere verringern, sondern auch sich selbst vor einer „moralischen Verrohung" schützen, denn das Schlachten hatte gesellschaftliche Akzeptanz verloren, vgl. Nieradzik 2016, wie Anm. 205, S. 55, 58; vgl. Matuszak 2015, wie Anm. 205, S. 72; vgl. Diskussion um das Schlachten heute, z. B. Burger Kathrin: Mit viel Liebe getötet, in: SZ 11./12.4.2015.

[229] Heiß 1904; im Stadtarchiv Straubing befindet sich ein Exemplar dieser Schrift mit einer persönlichen Widmung des Verfassers an den Straubinger Bürgermeister Hofrat Fr. v. Leistner.

[230] Vgl. Feige 1982, S. 79; in Bogen ab 1911, siehe Ortspolizeiliche Vorschrift betr. Betäubung von Schlachttieren, 3.4.1911, StadtA BOG, Kiste 96; vgl. Tierschutz-Schlachtverordnung vom 20.12.2012, S. 5: Abschnitt 4, § 12: „Tiere [sind] so zu betäuben, dass sie schnell und unter Vermeidung von Schmerzen oder Leiden in einen bis zum Tod anhaltenden Zustand der Wahrnehmungs- und Empfindungslosigkeit versetzt werden", vgl. www.gesetze-im-internet.de, Tierschutz-Schlachtverordnung [2012], Zugriff: 20.11.2020; zur nicht immer vorhandenen Wirksamkeit der Betäubung vgl. z. B. Grütter/Stottrop 2019, S. 66f.; das ‚Schächten' ist heute verboten, es kann aber aus religiösen Gründen eine Ausnahmegenehmigung erteilt werden, vgl. ebd., S. 68f.

[231] Zum Straubinger Schlachthof vgl. Scharrer 2013, S. 285–295; zur Situation der hiesigen Metzger vgl. Rieser 2020, wie Anm. 205; dies und das Folgende ist hier entnommen.

[232] Zum Funktionieren und zur Geschichte großer industrieller Schlachthöfe allgemein vgl. Matuszak 2015, wie Anm. 205, S. 72–79; vgl. Klohn Werner: Tierhaltung in Westfalen-Lippe. Vom Gemischtbetrieb zum spezialisierten Großbestandshalter, in: Landschaftsverband Westfalen-Lippe 2015, S. 48–53.

[233] Zur Geschichte dieses Betriebs vgl. Stadt Bogen 1987, S. 138; vgl. Neueder 2006, S. 171; dies und das Folgende ist hier entnommen; vgl. auch Werbeannoncen von Wührl, in: SRT 7.6.1952; der Betrieb befand sich früher in der Bahnhofstr. 19 in Bogen.

[234] Zu Wiesenhof vgl. www.wiesenhof-online.de, Standort Bogen, Zugriff: 3.11.2021; zum Brand bei Wiesenhof 2015 vgl. SRT 15.2.2015; vgl. SRT 24.10.2015; vgl. SZ 20.2.2015; vgl. SZ 25.9.2015; zu den Coronafällen 2020 vgl. SRT 16.5.2020; vgl. SZ 14.5.2020; vgl. SRT 21./22.5.2020; allgemein vgl. SZ 28./29.8.2021.

[235] Zahlen vgl. Stadt Bogen 1987, S. 138; vgl. SZ 20.2.2015; vgl. SZ 17.2.2015: Die genauen Angaben für 2015 schwanken zwischen 220.000 und 250.000 täglichen Schlachtungen.

[236] Zur Geschichte und Kultur des Fleischessens allgemein vgl.: Landschaftsverband Westfalen-Lippe 2015; vgl. Bundeszentrale für politische Bildung 2021; vgl. Teuteberg Hans-Jürgen: Der Fleischverzehr in Deutschland und seine strukturellen Veränderungen, in: ders.: Unsere tägliche Kost, Münster 1988, S. 63–73.

[237] Pezzl 1784, S. 173f.

[238] Lentner 1846, S. 35f.; vgl. auch PHB SR 1859, S. 468.

[239] 1860 hieß es für die Region Bogen beispielsweise: „Im Donaubezirk wird mehr Fleisch gegeßen […weil dort] wegen reichlichern Getreidebaus […]

die Schweinezucht floriert, während im Waldbezirke gar keine Schweine gezüchtet werden", vgl. PHB BOG 1860, S. 117.

240 PHB MAL 1859, S. 234; vgl. auch Kommentare in: PHB LG SR 1859, S. 66f.

241 PHB BOG 1860, S. 128.

242 Vgl. Mayr 1900, S. 56f.; PHB LG SR 1859, S. 65; vgl. allgemein dazu: Engel Susanne: Fleisch – ein Stück Lebenskraft? Die Folklorisierung des Schweins, in: Andritzky 1992, S. 341–352; vgl. PHB BOG 1860, S. 117ff., 128; vgl. PHB LG SR 1859, S. 65; vgl. Lidl 1865, S. 111f.; vgl. Lidl 1871, S. 78f; dies und das Folgende ist hier entnommen.

243 Vgl. Mayr 1900, S. 57f.

244 Z. B. Wagner 1935, S. 76.

245 Vgl. Michal 1994; vgl. Böder 2015, wie Anm. 210, S. 106.

246 Vgl. Fleischatlas 2019, S. 13, 20; vgl. Landschaftsverband Westfalen-Lippe 2015, S. 106f.: 1950 wurde in Deutschland 26,2 Kg und 2013 60,4 Kg Fleisch pro Person und Jahr verzehrt; dies und das Folgende ist hier entnommen.

247 Im Jahr 2016 lag der „Selbstversorgungsgrad" in Deutschland beim Schwein bei 121%, beim Geflügel und Rind bei 103%, vgl. Fleischatlas 2019, S. 20; zu den billigen Preisen vgl. Landschaftsverband Westfalen-Lippe 2015, S. 108f.; 2013/2014 aßen 85% der Deutschen täglich Fleisch- und Wurstwaren, vgl. ebd. S. 109; 2019 gaben 55% aller Deutschen an, ‚Flexitarier' zu sein, d.h. zwar Fleisch zu essen, aber öfter auch darauf zu verzichten, vgl. **Rauchmüller 2020**: Rauchmüller Michael: Nachlassende Fleischeslust, in: SZ 30.5.–1.6.2020.

248 Zum Wertverlust des Fleisches vgl. Landschaftsverband Westfalen-Lippe 2015, S. 82f.; vgl. **Hirschfelder 2021**: Hirschfelder Gunther: Vom Wohlstands- zum Krisensymbol, in: Bundeszentrale für politische Bildung 2021, S. 4–12, bes. S. 11f.

249 Insgesamt dazu vgl. Fleischatlas 2019; vgl. Landesverband Westfalen-Lippe 2015, S. 110f., 125–128; vgl. Hirschfelder 2021, wie Anm. 248, S. 4; vgl. Schödel Helmut: Erbarmungslos, in: SZ 20./21.9.2014; vgl. Liebreich Silvia: Was auf dem Kassenbon fehlt, in: SZ 16.6.2020; vgl. Klimabilanz von Lebensmitteln, in: SZ 24.4.2020.

250 Die Angaben hierzu schwanken zwischen 5% Vegetarier, 1% Veganer (2019), siehe **Sterzenbach 2020**: Sterzenbach Klaus: Deutsche essen weniger Fleisch. Ernährungsreport […], in: SRT 30.5.–1.6.2020; Rauchmüller 2020, wie Anm. 247; und 8–9% Vegetarier (2013), siehe Landschaftsverband Westfalen-Lippe 2015, S. 126; und 7,6% Vegetarier (2016), vgl. www.ifd-allensbach.de, Codebuch AWA 2016, Zugriff: 9.11.2021.

251 Zur Geschichte des Vegetarismus bzw. Veganismus vgl. z. B. Burhenne Verena: Vom Fleischverzicht, in: Landschaftsverband Westfalen-Lippe 2015, S. 125–151, hier bes. S. 126f.

252 Vgl. Kochbücher: z. B. Henderson Fergus u.a.: Nose to Tail, Basel 2014; z. B. Stiegl/Müller 2018, wie Anm. 212; vgl. Kiani Violet: Schwanz oder gar nicht, in: SZ 1./2.2.2014; Graf Miriam: Kuheuter und Ochsenzunge auf den Tisch, in: SRT 11.1.2020; vgl. Winter Martin: Fleischkonsum und Männlichkeit, in: Bundeszentrale für politische Bildung 2021, S. 20–25.

253 2019 soll es, laut Ernährungsreport des Bundeslandwirtschaftsministeriums in Deutschland 55% ‚Flexitarier' geben, vgl. Rauchmüller 2020, wie Anm. 247; Sterzenbach 2020, wie Anm. 250; zur sozialen Einordnung der ‚Flexitarier' vgl. Landschaftsverband Westfalen-Lippe 2015, S. 110.

254 Vgl. Liebreich Silvia: „Es muss nicht gerade ein Kakerlaken-Burger sein", in: SZ 31.12.2018; vgl. dies.: Fleisch aus dem Bioreaktor, in: SZ 24.3.2021; vgl. www.wiesenhof-online.de, Veggie von Wiesenhof [Produktlinie], Zugriff: 1.12.2021; vgl. Veggie-Wurst und Co. im Aufwind: Starke Umsatz-Zuwächse, in: SZ 28.8.2020.

255 Zu diesem Prozess vgl. Raulff 2015.

256 Vgl. ebd., bes. S. 15–17; vgl. Reichholf 2017, S. 66–68.

257 Vgl. Huber 1988, S. 71, 81f., 83–93; vgl. Stutzer 2007, S. 23–28.

258 Siehe regionale Verkehrsgeschichte im Landkreis Straubing-Bogen, vgl. Landkreis Straubing-Bogen 2012, S. 164–199; allgemein z. B. Huber 1988, S. 89f.

259 Vgl. Häring 1980, S. 73.

260 Schlipf 1844, S. 404; vgl. auch Weitzel o.J., S. 382; vgl. Bavaria 1860, S. 1042.

261 Allgemein vgl. Huber 1988, S. 70; vgl. z. B. Bekanntmachungen des Münchner Vereins gegen Thierquälerei 1856, betr. Pferdefleischgenuß (Iff.), StadtA SR, Rep. IV, Abt. 56d, Reg. 1.

262 In den Physikatsberichten der einzelnen Bezirke werden unter der Rubrik ‚Vergnügen' immer wieder Pferderennen angeführt, vgl. u.a. PHB MAL 1859, S.239; vgl. PHB BOG 1860, S. 127, hier der Vermerk: „Außer den Pferderenen gibt es keine Volksschauspiele"; zum Pferd auf dem klassischen ‚Hoffoto' vgl. Kirchinger/Stadler 2012, S. 42, zu den Festumzügen beispielsweise auf dem Straubinger Gäubodenvolksfest vgl. Maier Stefan: Vom Festzug, in: Krenn 2013, S. 86–105.

263 Vgl. Häring 1980, S. 104f.

264 Vgl. Niggl 1957, S. 30; vgl. Häring 1980, S. 72f., 94.

265 Vgl. Huber 1988, S. 71, 81–83, 120f.; vgl. Stutzer 2007, S. 23–27: Die Zugarbeit am Pflug war erst

im 13. Jahrhundert vom Rind auf das Pferd übergegangen, vgl. ebd. S. 22; das Zuggeschirr der Tiere ist ausführlich beschrieben bei Häring 1980, S. 84–95; das Anlernen und die unterschiedlichen Persönlichkeiten der Tiere bei dieser Arbeit vgl. ebd. S. 71–76.

266 Vgl. Stallordnung des „Münchner Thierschutz-Vereins", 1876, StadtA SR, Rep. IV, Abt. 5d, Nr. 1.

267 Vgl. Häring 1980, S. 71–76; 80f.; vgl. Landkreis Straubing-Bogen 1984; zur Konkurrenz von Ochsen und Pferden bei der Zugarbeit vgl. Huber 1988, S. 119; dies und das Folgende ist hier entnommen.

268 Z. B. allgemeine Empfehlungen aus einem landwirtschaftlichen Lehrbuch der 1920er-Jahre, vgl. Weitzel o.J., S. 382f.; vgl. Schlipf 1844, S. 356; vgl. Fürst 1817, S. 10–15; vgl. Huber 1988, S. 70; zur regionalen Situation vgl. z. B. Lidl 1865, S. 106–114.

269 Vgl. z. B. 1 PS für den Naturschutz, in: SRT 30.1.2018.

270 Dank an Dr. Laurenz Schulz für den Hinweis auf und Informationen zu dieser Thematik sowie für die Vermittlung des Brenneisens als Leihgabe, vgl. www.kulturheimat.de, Allrounder aus dem Rottal [Beitrag vom 11.9.2020], Zugriff: 29.11.2021.

271 Vgl. Stutzer 2007, S. 32; vgl. Huber 1988, S. 38ff.

272 Zur Zuchtgeschichte der Rottaler Pferde vgl. Hartl 2001; vgl. **Schmid 2021**: Schmid Marie: Eine Seltenheit, in: SRT 29.9.2021; vgl. Stutzer 2007, S. 27; vgl. Huber 1988, S. 42; vgl. www.ehorses.de, Rottaler Pferd, Zugriff: 19.10.2021; seinen Zuchtnamen ‚Rottaler Pferd' hat diese Rasse erst gegen Ende des 19. Jahrhunderts erhalten, obwohl die ‚Rottaler' zu den ältesten Pferderassen zählen.

273 Vgl. Schmid 2021, wie Anm. 272; dieses Pferd wird in der roten Liste der Gesellschaft zur Erhaltung alter Haustierrassen geführt, vgl. www.g-e-h.de, Rottaler Pferd, Zugriff: 19.10.2021; zum Förderkreis vgl. www.rottalerpferd.de, Zugriff: 19.10.2021.

274 Vgl. Stutzer 2007, S. 27; vgl. Hartl 2001, S. 48f, 110; vgl. mündliche Information von Georg Ochs, Vorstand des Bayerischen Landesverbandes Bayerischer Pferdezüchter e. V., 2020; dies und das Folgende ist hier entnommen.

275 Ab 2001 wurden auch Frauen zum Militärdienst zugelassen; vgl. www.wikipedia.de, Frauen im Militär, Zugriff: 19.10.2021; zur Militärgeschichte im Landkreis Straubing-Bogen vgl. Landkreis Straubing-Bogen 2012, S. 66–74.

276 Allgemein zu den Militärpferden vgl. Pieken/Rogg 2011, S. 90–93; vgl. Raulff 2015, S. 46f., 104–130; zu den Pferden als „Medium der Distanz", vgl. ebd., S. 126f.

277 Straubing war seit 1755 Garnisonsstadt, die Regimenter, z. B. Infanterie, Kürassiere und Jäger, hatten ihren Sitz im Straubinger Herzogsschloss, solange bis 1905 eine neue Kaserne errichtet wurde; zur Militärgeschichte Straubings vgl. Krenn 2012, S. 96, 105; vgl. Huber/Krenn 2012, S. 44f., vgl. Schäfer 1985, S. 140f., dies und das Folgende ist hier entnommen.

278 Deutschland setzte im Ersten Weltkrieg 1914–1918 etwa 1,8 Millionen Pferde ein und 1939–1945 etwa 2,7 Millionen; davon sind, so eine Schätzung, im Ersten Weltkrieg 68% und im Zweiten Weltkrieg ca. zwei Drittel der Tiere (1,8 Millionen) umgekommen, vgl. Raulff 2015, S. 120, 123.

279 Buchtitel von Raulff 2015.

280 Findel Johann Baptist: Ueber den Ursprung des Pferderennens in Bayern, München 1833, S.7f., zit. nach Stellner 2003, S. 355.

281 Scharlachrennen waren schon seit dem 14. Jahrhundert belegte Pferderennen, bei denen der Sieger ein Stück ‚Scharlach', ein kostbares scharlachrotes Tuch erhielt, vgl. Verweise bei Stellner 2003, S. 355.

282 Für München vgl. **Möhler 1985**: Möhler Gerda: Pferderennen auf dem Oktoberfest, in: Münchner Stadtmuseum 1985, S. 126–128; für Straubing vgl. Maier 2013, S. 344–355 und zahlreiche Unterlagen im StadtA SR; für Bogen vgl. Neueder 1990/2, S. 66–71; ders. 1995, S. 132–141; ders. 2006, S. 183–192; vgl. StadtA Bogen, Kiste 84.

283 Im Sprung, sprich Galopp, wurde auch späterhin vor dem Theresientor, auf dem Areal um die Schießstätte (Hagen) oder auf den Wiesen „nächst der Vorstadt Gstütt" bzw. zwischen Alburg und Frauenbrünnl gelaufen; die Sieger erhielten Fahnen- und Geldpreise, vgl. Maier 2013, S. 344–355; zum Trabreiten vgl. Huber Alfons: Eine Stadt schafft sich ihr Fest, in: Huber/Prammer 1987, S. 12; zu den Sulkies z. B. in München vgl. Möhler 1985, wie Anm. 282, S. 126–128.

284 Grundlegend im Folgenden vgl. Festschrift Rennverein 1973; Zusammenfassung bei: **Gäubodenmuseum/Stellner 2011**: Gäubodenmuseum/Stellner Norbert: Straubinger Trabrennbahn [Stadtfest Süd 07.2011], www.trabrennbahn-sr.de, Übersicht Geschichte, Zugriff: 1.11.2020; Pferdesportvereine gründeten sich in ganz Bayern; Straubing ist nach München der zweitälteste; bevor in Straubing die Trabrennbahn eröffnet wurde, richtete man die Pferderennen auf der Hagenwiese aus.

285 Die Straubinger Trabrennbahn mit Tribüne und Stallungen wurde nach dem Vorbild der kaiserlichen Trabrennbahn in Baden bei Wien errichtet; es handelte sich um eine 1000-Meter-Bahn; die erste niederbayerische Trabrennbahn war 1896 in Pfarrkirchen eröffnet worden.

[286] Der Verein wurde damals umbenannt in ‚Zucht- und Trabrennverein Straubing' und es wurden eigene ‚Zuchtrennen' veranstaltet bzw. 1901 erstmals der „Große Straubinger Zuchtpreis" ausgefahren; man züchtete jetzt eigene ‚Traberpferde', hierzu vgl. Wutzlhofer 1907, S. 4–6, bes. S. 6: Wutzlhofer verweist u.a. auf die Erfolge der Zucht, wenn er anführt: „Gute Traberzuchtfohlen finden glatten Absatz nach Berliner Traineuranstalten […]. Die hiesige Traineuranstalt erfreut sich […] des besten Rufes"; zum Trabergestüt 1940 vgl. Gäubodenmuseum/Stellner 2011, wie Anm. 284.

[287] Vgl. Stellner 2007, S. 429–441, bes. S. 429.

[288] Im Weiteren folgt die Darstellung Stellner 2007, S. 429–441; auch in Bogen gründete sich ein Pferderennverein, der 1950 und 1951 Rennen ausrichtete; doch bereits im Februar 1952 wurde zu einer letzten Wettfahrt, einem ‚Skijöring', eingeladen, vgl. Neueder 1995, S. 163.

[289] Laut Georg Häring fiel die Zahl im Altlandkreis Straubing von 5323 Pferden im Jahr 1900 auf 375 Pferde im Jahr 1968, vgl. Landratsamt Straubing o.J., S. 208; allgemein zur ‚Pferdezucht', vgl. ebd. S. 209f.

[290] Vgl. Ejadon in der Hall of Fame der Traber, in: SRT 18.11.2021.

[291] Vgl. Das Wunderpferd aus Großenpinning, in: SRT 6.2.2017, S. 1; vgl. Wundertraber und ‚Dukatengaul', in: ebd., S. 13.

[292] In den 1990er-Jahren gab es einen Teilverkauf des Geländes mit nachfolgender Rennbahnverkürzung von 1000 auf 900 Meter; 2008 wurde die Rennbahn von Karl Lindinger erworben, der sie seitdem für Renntage und ‚Leistungsprüfungen' zur Verfügung stellt, vgl. z. B. HVT-Ehrenplakette für Karl Lindinger, in: SRT 3.8.2020; neben Straubing werden heute in Berlin-Mariendorf, Berlin-Karlshorst, Dinslaken, Gelsenkirchen, Hamburg-Bahrenfeld, Mönchengladbach, München-Daglfing und Pfarrkirchen regelmäßig Trabrennen ausgerichtet; zum Rennbetrieb heute vgl. Kratzer Hans: Die Heimat der Zocker, in: SZ 2./3.10.2021.

[293] Zu von Lang-Puchhof vgl. Buchner/Buchner 2005, S. 553–559; vgl. Landkreis Straubing-Bogen 2012, S. 60–62, 72f.; vgl. Agsteiner/Grundler 2008/1, S. 2f.; vgl. Sigl/Grünberg 1958, S. 87f.; vgl. Schlicht 1907, S. 39.

[294] Zu von Schmieder vgl. Agsteiner/Grundler 2008/1,2,3; vgl. Agsteiner 1996, S. 35–71, besonders 47–71; vgl. Landkreis Straubing-Bogen 2012, S. 60–62, 72f.; vgl. Niggl 1957, bes. S. 31ff.

[295] Die Besitzergemeinschaft des Berliner Rennstalls bestand von 1898 bis 1907, vgl. Agsteiner/Grundler/1, S. 3f.; Thomas Grundler macht andere Angaben zur Dauer des Bestehens vom gemeinsamen Rennstall in Berlin in der Zeit von 1895 bis 1904/1905, siehe dessen Mail vom 19.12.2019.

[296] Zum Gestüt in Aholfing, vgl. Michal 2006, S. 62; Buchner/Buchner 2005, S. 555; zum Gestüt in Steinach, vgl. Schlossgut Steinach o.J., S. 19–22; vgl. Niggl 1957, S. 2, 31f.

[297] Laut Agsteiner/Grundler war Schmieder vor 1914 „Bayerns erfolgreichster Rennstallbesitzer", der acht Mal in Folge das ‚Bayerische Zuchtrennen' in München-Riem gewonnen hat; an Preisgeldern sollen in 118 Siegen ca. 1,2 Millionen Mark gewonnen worden sein, vgl. Agsteiner/Grundler 2008/1, S. 4, 9; vgl. auch den Artikel über von Schmieder als Rennpferdezüchter: Verlag der Sport-Welt (Hg.): Das Gestüt Steinach, in: Album des Deutschen Rennsports 1913, Berlin 1913, S. 1–11.

[298] Wann genau die Vollblutzucht aufgegeben wurde, ist nicht eindeutig belegt, vgl. Niggl 1957, S. 6, 32; Agsteiner meint, das Ende des Gestüts sei zwischen 1919 und 1923 gewesen, vgl. Agsteiner 1996, S. 68.

[299] Zur Grünlandbewegung vgl. Niggl 1957, S. 25, 44–47; vgl. Agsteiner/Grundler 2008/1, S. 11f.; vgl. Agsteiner/Grundler 2008/3, S. 1ff.; vgl. Agsteiner 1996, S. 103–105; vgl. Grundler Thomas: Steinach als Ausgangspunkt der deutschen Grünlandbewegung. Ein historischer Streifzug von 1904–1972, www.lfl.bayern.de, Zugriff: 1.12.2021.

[300] Spätere Besitzer des Gestüts züchteten hier Pferde für den Trabrennsport; die ‚Bayerische Commision für Traberzucht und -rennen' erprobte hier die neu aufkommende künstliche Besamung der Traber; der Trainer Helmut (Heli) Biendl verlegte seinen Trainingsstall in das Gestüt Steinach, freundliche Informationen von Thomas Grundler, Januar 2021; der spätere Besitzer Helmut Lindbüchl widmete sich ebenfalls der Traberzucht, vgl. Agsteiner 1996, S. 68.

[301] Vgl. Raulff 2015, S. 180–183: Die englische ‚sporting art' war „jene Sparte der Malerei, die sich den Renn- und Jagdvergnügen der Oberschichten widmete" und der Maler George Stubbs (1724–1806) hatte im 18. Jahrhundert deren Stil geprägt; eine realistische Malweise kennzeichnete diese Art von Bildern, die auch von der Familie von Schmieder nach 1900 in Auftrag gegeben worden sind.

[302] Gemäldegalerie Dachau 2015, S. 16f.

[303] Vgl. ebd., S. 15, 17, 101, 103.

[304] Vgl. ebd., S. 15f.

[305] Siehe Biografie in ebd., S. 7–22, 101–106.

[306] Schon 1904 hatte Feldbauer Kontakte zu dieser Brauerei in Winterthur geknüpft, die ein Pferd in ihrem Firmenzeichen führte; in der Folgezeit kam es immer wieder zu Aufträgen für

Gemälde und Werbeentwürfe, vgl. ebd., S. 102; vgl. www.wikipedia.de, Haldengut, Zugriff: 29.11.2020.

307 Vgl. Gemäldegalerie Dachau 2016, S. 101–106; vgl. auch Rabl Richard: Der Maler Professor Max Feldbauer 1869–1948, masch. schr. 1975, in Besitz der Familie Rabl, Fruhstorf; dies und das Folgende ist hier entnommen.

308 Zu diesem Begriff von Reinhard Koselleck 2003 vgl. Raulff 2015, S. 14; insgesamt dazu vgl. ebd. S. 12–15.

309 Vgl. Stutzer 2007, S. 55.

310 Vgl. de Kleijn David M.: Das Pferd im „Nachpferdezeitalter". Zur kulturellen Neusemantisierung der Mensch-Tier-Beziehung nach 1945, Marburg 2019; Rezension dazu von **Fenske 2020**: Michaela Fenske in: Bayerisches Jahrbuch für Volkskunde 2020, S. 278f.

311 Vgl. www.bayerischerbauernverband.de, Mehr als 130.000 Pferde leben in Bayern, Zugriff: 29.11.2020.

312 Dies und das Folgende bezogen auf die Region vgl. z. B. zahlreiche Presseberichte im Straubinger Tagblatt und auf den Homepages der entsprechenden Vereine: vgl. SRT 28.12.2016; SRT 28.12.2917; SRT 29.4.2019; SRT 26.6.2019; SRT 10.7.2019; SRT 18.7.2017; www.rufv-sr-oberpiebing.de, Vereinsgeschichte, Zugriff: 29.11.2020; vgl. SRT 24.7.2017; SRT 23.4.2019; SRT 28.8.2019; SRT 12.9.2019; SRT 27.7.2018, SRT 23.7.2019; SRT 20.12.2016; SRT 3.7.2019; SRT 17.5.2019 usw.

313 Überschrift in: SRT 30.9.2019; 2019 sollen in Deutschland etwa 4 Millionen Menschen ab 14 Jahren sich als ‚Reiter' bezeichnet haben, davon drei Viertel Frauen, vgl. **Zekri 2019**: Zekri Sonja: Ein Pferd als Chance, in: SZ 13./14.4.2019.

314 Zum Wandel des Spielzeugs vgl. Stille/Stille 1989, S. 42–57, v.a. S. 44f; zum ‚Hobby Horsing' vgl. www.wikipedia.de, Hobby Horsing, Zugriff: 3.9.2020; zu den zahlreichen Medien, z. B. Filme wie ‚Ostwind', Bücher und Zeitschriften wie ‚Wendy' u.a.m. vgl. www.kulturheimat.de, Mädchen lieben Pferde [Beitrag vom 13.9.2021], Zugriff: 3.10.2021, Dank an Dr. Cindy Drexl für Hinweise zu diesem Thema; vgl. z. B. Zeh Juli: Socke und Sophie – Pferdesprache leicht gemacht, München 2021, Rezension dazu: Zekri Sonja: Möhren und Gefühl, in: SZ 26.3.2021; vgl. Fenske 2020, wie Anm. 310.

315 Vgl. z. B. Raulff 2015, S. 296f.; vgl. dreijähriges DFG-Forschungsprojekt der Kulturanthropologin Anja Schwanhäußer zum Thema: Pferdemädchen. Struktur und Sinnlichkeit einer jugendkulturellen Figur [2018–2021], www.uni-goettingen.de, Die „kleine Welt des Ponyhofs", Zugriff: 20.10.2021; vgl. Fenske 2020, wie Anm. 310.

316 Z. B. Zeh Juli: Gebrauchsanweisung für Pferde, München 2019; Rezension dazu vgl. Zekri 2019, wie Anm. 313.

317 Siehe Ergebnisse einer Studie Krefelder Insektenforscher von 1986 bis 2016, die in Deutschland einen Rückgang von Fluginsekten in Höhe von 76% festgestellt hat; 2017 wurde diese Studie veröffentlicht, vgl. Grütter/Stottrop 2019, S. 193; vgl. Baier Tina: Von wegen Ungeziefer, in: SZ 4./5.11.2017; vgl. Insektenarten im Sinkflug, in: SRT 8.11.2018.

318 Zur Geschichte des Zuckerrübenanbaus in der Region des Landkreises Straubing-Bogen vgl. Erwert Helmut: Zuckerfabrik in Puchhof, in: Landkreis Straubing-Bogen 2012, S. 274–276.

319 Bienenhaltung als landwirtschaftlicher Nebenzweig, vgl. z. B. Weitzel o.J., S. 479; zur Geschichte der Bienenhaltung allgemein vgl. Lobenhofer 1985; vgl. Stadtmuseum Weimar 2007; vgl. Wilson-Rich 2015.

320 Zur Geschichte der Bienenhaltung in der Region vgl. Gall 1987, S. 48f: die Rapshonig-Erträge im Gäuboden gingen nach 1945 durch verstärkten Einsatz von Schädlingsbekämpfungsmitteln stark zurück.

321 Vgl. Stadtmuseum Weimar 2007, S. 54ff., 62ff.; Lobenhofer 1985, S. 17–19.

322 Gall berichtet von einer Intensivierung der Bienenhaltung vor allem im Bereich des Bayerischen Waldes nach 1945, hier gab es 1987 „Imkereien mit mehr als 350 Völkern", vgl. Gall 1987, S. 49; zur Bienenzucht vgl. Günther Theodor: Zuchtarbeit in Niederbayern, in: Festschrift Deutscher Imkertag 1987, Straubing 1987, S. 31–34.

323 Die Bienen hießen im Gäuboden umgangssprachlich „Impn" und der Bienenkorb „Impnfassl" oder „Impnkoar", vgl. Häring 1980, S. 148.

324 Der Autor war „Oberlehrer an der Königlichen Ackerbauschule in Hohenheim", Schlipf 1844, S. 463 und Titelseite.

325 Z. B. gab es im 19. Jahrhundert in Kirchroth die Lehrerdynastie Fuchs/Limmer, die sich intensiv mit Obstbau und Bienenzucht beschäftigte, vgl. Gold Johann u.a.: Kirchroth. Gemeinde zwischen Donau und Wald, hg. v. Gemeinde Kirchroth, Kirchroth 2018, S. 348; allgemein zur bürgerlichen Bienenhaltung und -Förderung vgl. Stadtmuseum Weimar 2007, S. 40f., 45–47.

326 Zur „Volksbienenzucht" der 1920er-/1930er-Jahre allgemein vgl. Stadtmuseum Weimar 2007, S. 47; regionale Aspekte vgl. Festschrift Imkertag 1996, S. 21.

327 Zum ‚Imkerverein Kirchroth-Pondorf' vgl. Festschrift Imkerverein Kirchroth-Pondorf 1990, hier S. 19f.

[328] Vgl. Wieser 1987, S. 26–28.

[329] Zur Geschichte der Straubinger Justizvollzugsanstalt und ihrer Therapietiere vgl. Resch 1997, bes. S. 13, 15, 40 und Resch 2001, S. 52, 60; vgl. Kohl 1929, S. 18 und Kohl 1930, S. 71; vgl. Hilmer 1996.

[330] So berichtet beispielsweise Friedolin Resch, ehemaliger Archivar der JVA, Mail vom 22.12.2020, von einigen JVA-Beamten, die ‚bienenbegeistert' waren und die entsprechende Spitznamen erhielten wie Johann Popp jun. (geb. 1892–?), der ‚Bienen-Popp' genannt wurde.

[331] Vgl. Gall 1987, S. 48.

[332] Freundlicher Hinweis von Friedolin Resch, Mail vom 22.12.2020; unklar sind die genauen Datierungen und Zuständigkeiten: Resch schreibt, die Station sei 1920–1926 von der JVA betrieben worden, vgl. Resch 2001, S. 77; in Gegensatz dazu ist bei Hilmer zu lesen, die Station sei erst 1926 durch „Prof. Zander" eröffnet worden, vgl. Hilmer 1996, S. 35; auf einem Foto dieser Zuchtstation ist die Jahreszahl „1928" zu sehen; betreut wurde die Zuchtstation unter anderem durch die Justizbeamten Strehl, Popp und Rösch, siehe Notiz und Plan von Friedolin Resch 1997, in: AJVA SR; vgl. Auf ging´s beim Rempl!, in: SRT 15.4.2020; dies und das Folgende ist hier entnommen.

[333] Allerdings war diese ‚Belegstelle' schon 1934 nicht mehr zur Reinzucht anerkannt; 1954 wurde sie dann als ‚Gebrauchszuchtbelegstelle' anerkannt, vgl. Hilmer 1996, S. 35.

[334] Vgl. Engl Josef: Der Lehrbienenstand in Straubing, in: Festschrift Imkertag 1996, S. 39; vgl. Bienenzuchtverein Straubing: Reinzucht und Lehrbienenstand des Bienenzuchtvereins Straubing e.V., in: Festschrift Bayerischer Imkertag 1978, Straubing 1978, S. 15.

[335] In den 1990er-Jahren wurde ein neuer Hasenstall für die psychiatrische Abteilung errichtet, vgl. Resch 1997, S. 18; zur Abschaffung der Therapietiere heute: freundlicher Hinweis von Friedolin Resch, Mail vom 22.12.2020.

[336] Der Straubinger ‚Stadtimker' Klaus Wenninger vertreibt unter dem Label ‚Straubinger Stadthonig' seine Produkte (2020/2021); vgl. Zeitungsserie über zwei Neu-Imkerinnen in Neumühl bei Kirchroth: Bienen Tagebuch, in: SRT 18.5.2016; 15.6.2016; 6.8.2016; vgl. Aussagen von Franz Gold, Vorstand des Imkervereins Kirchroth-Pondorf 2020/2021; vgl. Reich gedeckter Tisch für Bienen, in: SRT 11.7.2017; allgemein zu diesem Thema vgl. Sulzner Raffaela: Bee relevant – vom Zusammenleben zwischen Bienen und Menschen in der Stadt, in: Feige 2019, S. 58–69; vgl. Sulzner Raffaela: Von den guten Bienen, in: Nieradzik/Schmidt-Lauber 2016, S. 183–194; vgl. Artikel wie: **Planz 2019**: Planz Silvia: Imkern für Einsteiger, in: Landlust, Mai/Juni 2019, S. 132–138; auch in der Literatur sind Bienen ein Thema geworden, vgl. z.B. Lunde Maja: Die Geschichte der Bienen, München 2017.

[337] Vgl. z.B. Planz 2019, wie Anm. 336, S. 136f.; Aussage von Franz Gold, Vorstand des Imkervereins Kirchroth-Pondorf, 2020.

[338] Vgl. z.B. Baier Tina: Von wegen Ungeziefer, in: SZ 4./5.11.2017; vgl. Insektenarten im Sinkflug, in: SRT 8.11.2018; Folgeuntersuchungen vgl. Baier Tina: Weltweiter Schwund, in: SZ 12.2.2019; vgl. Garms Anja: Der gras(s)ierende Insektenschwund, in: SRT 31.10.2019.

[339] Vgl. Was ist der Inhalt des Volksbegehrens?, siehe Benachrichtungszettel, Januar 2019.

[340] Vgl. Bündnis für die Bienen, in: SZ 31.1.2019; vgl. Bienen als Sympathieträger, in: SRT 5.2.2019; vgl. „Ein gigantischer Erfolg", in: SZ 13.2.2019; vgl. 4391 Bienenfreunde, in: SRT 14.2.2019; vgl. „Annehmen, verbessern und versöhnen" in: SZ 4.4.2019; vgl. Die Biene dankt, in: SZ 18.7.2019; vgl. Schattenkirchner Sophie: „Die Leute sind achtsamer geworden", in: SRT 26.5.2020; vgl. Rauchmüller Michael: Unmut vergeht nicht, in: SZ 11.2.2021: Streitpunkte sind beispielsweise der Schutz von Gewässerstreifen vor Herbiziden oder der Einsatz des Unkrautvernichtungsmittels ‚Glyphosat'.

[341] Mohnhaupt 2020, S. 88.

[342] Vgl. ebd., S. 19, 88–97, 100f.; vgl. Kegel 2019, S. 108–110, 120f.; vgl. Schreibers kleiner Atlas der Käfer und anderer Insekten, Heft 1, Esslingen und München o.J. [um 1900], S. 8; dies und das Folgende ist hier entnommen.

[343] Köstlin 1941.

[344] Vgl. ebd., S. 17–30; vgl. Mohnhaupt 2020, S. 92f., 100.

[345] Vgl. Kegel 2019, S. 120; vgl. Winkler Willi: Gestreifter Bösewicht, in: SZ 9./10.1.2021.

[346] Vgl. Geimer 2018, S. 80–83, 92–95, 116; vgl. Grütter/Stottrop 2019, S. 245; vgl. Schenda 1995, S. 91; vgl. Reichholf 2017, S. 145; dies und das Folgende ist hier entnommen.

[347] Vergleicht man hauswirtschaftliche Lehrbücher mit dem gleichen Titel „Die Schule der Jungbäuerin" aus den Jahren 1927, 1935 und 1959 stellt man fest, dass in den 1950er-Jahren zu den herkömmlichen Maßnahmen der Reinigung, Kontrolle und dem Verschluss der Fenster die chemischen Insektizide wie DDT oder Lindan neu hinzukommen, vgl. Wagner 1927, S. 27f.; vgl. Wagner 1935, S. 44f.; vgl. Reichwein 1959, S. 95–97; vgl. Renner 1961, S. 56f.

[348] Vgl. Grütter/Stottrop 2019, S. 79; vgl. www.aeroxon.de, Geschichte, Zugriff: 6.9.2020.

[349] Vgl. Feige 2020, S. 70f.; vgl. www.wikipedia.de, Insektizide, Zugriff: 21.12.2020; vgl. www.chemie.de,

DDT, Zugriff: 1.11.2021; vgl. Grütter/Stottrop 2019, S. 77; dies und das Folgende ist hier entnommen.

350 Vgl. Richter 2019, S. 24f.; vgl. Reichholf 2017, S. 139; vgl. Es gibt wieder Schwalben, in: SRT 28.4.2020; heute wird eine Diskussion um Schwalben im Stall unter hygienischen Aspekten geführt.

351 Vgl. Bundesministerium Landwirtschaft o.J., S. 10; vgl. auch Brehms Tierleben 1902/3, S. 646.

352 Vgl. Grütter/Stottrop 2019, S. 75.

353 Vgl. z. B. PHB LG SR 1859, S. 80: „Ein großes und weitverbreitetes Übel ist das Ungeziefer der Köpfe [...] und das Ungeziefer der Betten ist Legion, und die Bettüberzüge sind von Flohdetektionen [...] übersäet. [...]. In Zimmern aber sind es Russen und Schwaben, die Unbehagen erregen."

354 Vgl. Mohnhaupt 2020, S. 94–97, bes. S. 95f.; zur heutigen Situation vgl. z. B. Urban Monika: Von Ratten, Schmeißfliegen und Heuschrecken. Judenfeindliche Tiersymbolisierungen und die postfaschistischen Grenzen des Sagbaren, Köln 2018; dies und das Folgende ist hier entnommen.

355 Allgemein zu diesem Thema z. B. Krason 2017; Stiftung Deutsches Hygienemuseum 2002; vgl. Feige 2020; vgl. Geo Wissen 2017; vgl. Reichholf 2017, bes. S. 6–11.

356 Zu den Bedeutungen der Heimtiere für die Menschen vgl. **Pressemappe Hygiene-Museum 2017**: Sonderausstellung im Hygienemuseum Dresden: Tierisch beste Freunde. Über Haustiere und ihre Menschen 2017/2018, Pressemappe 2017; vgl. Wischermann 2017, S. 71–87, bes. S. 87: Das „Vieh [wird] zum Freund"; vgl. Lieckfeld 2002, S. 29–37; vgl. Löfgren 1986, S. 136f.

357 Vgl. Lieckfeld 2002, S. 34f.; zum ambivalenten Verhältnis der Moderne zu den Nutz- und Heimtieren gibt es sehr viele Untersuchungen, z. B. Reichholf 2017, S. 185f: Der Zoologe stellt fest, dass heute die „gute Mitte" der Tierhaltung zwischen ‚nutzen' und ‚lieben' fehlt; vgl. Wiegand Ralf: Partnersuche. Die seltsame Tierliebe der Deutschen, in: SZ 9./10.3.2013; allgemein historisch dargelegt von Löfgren 1986.

358 Zitiert nach Lieckfeld 2002, S. 35.

359 Vgl. z. B. Kammel 2019, S. 117, 126f., 143–150, 169–180, 209–218; vgl. Därmann 2017, S. 26–31.

360 Vgl. z. B. Roscher Mieke: Ein Königreich für Tiere. Die Geschichte der britischen Tierrechtsbewegung, Marburg 2009; vgl. Pressemappe Hygiene-Museum 2017, wie Anm. 356: „Besonders im viktorianischen England ist die königliche Familie für ihre Tierliebe bekannt. Portraits von Menschen mit ihren Tieren zeigen die Übernahme adliger Formen der Selbstdarstellung in bürgerlichen Familien"; vgl. Löfgren 1986, S. 136.

361 Vgl. allgemein dazu: Weber-Kellermann Ingeborg: Vater-Mutter-Kind, in: Zischka 1987, S. 10–23.; vgl. Weber-Kellermann 1982, wie Anm. 12, S. 97ff.; zum Tier als Familienmitglied vgl. z. B. Wischermann 2017, S. 63–65.

362 Vgl. z. B. mehrfach veranstaltete Messe ‚Mein Hund', zuletzt 16./17.2.2019 in Straubing, vgl. dazu: Scharrer Uli: Der Wau-Effekt, in: SRT 18.2.2019; vgl. Ziemlich beste Freunde auf vier Pfoten, in: SRT 13.2.2017; vgl. Von Nahrung bis Zahnbürste, in: SRT 5.2.2016; vgl. zahlreiche Flyer der verschiedenen Anbieter wie etwa ‚Karins Regenbogenbrücke' in Aiterhofen oder ‚Waldfriedhof für Tiere' in Zeißlhof bei Laberweinting, ‚Hundephysiotherapie' in Straubing usw.

363 Vgl. Reichholf 2017, S. 8: „Hunden und Katzen ging es hierzulande noch nie so gut wie in unserer Zeit. Sie partipizieren am Überfluss. [...] Dieser Zustand ist neu"; zum ‚Kuscheltierdrama' vgl. Gruber Achim: Das Kuscheltierdrama. Ein Tierpathologe über das stille Leiden der Haustiere, München 2019: Der Autor behandelt hier Fehler im Umgang der Menschen mit ihren Haustieren, von sogenannten ‚Qualzuchten' bis zu Vernachlässigung, Unkenntnis oder die Übertragung von Krankheitskeimen – am Beispiel von ‚zu Tode geliebten' Haustieren.

364 Zahlenangaben siehe www.statista.de, Anzahl der Haustiere in privaten Haushalten in Deutschland in den Jahren 2016 bis 2020, Zugriff: 12.11.2021.

365 Vgl. zahlreiche Pressemeldungen wie z. B. diese: Graf Miriam: Hundemarkt leer gekauft, in: SRT 28.5.2020; vgl. Scherf Martina: Auf den Hund gekommen, in: SZ 16./17.1.2021; allerdings hatte sich das im Januar 2021 in Straubing noch nicht in der Zahl der gemeldeten Hunde ausgewirkt, vgl. 1800 gemeldete Hunde im Stadtgebiet, in: SRT 1.2.2021.

366 Vgl. Reichholf 2017, S. 20; vgl. Geo-Wissen 2017, S. 28–36; dies und das Folgende ist hier entnommen.

367 Vgl. Oeser 2009, S. 33–36, 38–42: „Der Anteil des Hundes an der Menschwerdung des Affen"; vgl. Reichholf 2017, S. 19f.; dies und das Folgende ist hier entnommen.

368 Vgl. Kammel 2019, S. 38; vgl. allgemein dazu Oeser 2009; vgl. ‚Kynologie' als Lehre vom Haushund, dessen Züchtung, Erziehung, Verhalten, Krankheiten etc., www.kynologie.at, Was ist Kynologie?, Zugriff: 18.11.2021.

369 Vgl. Oeser 2019, S. 81–84, 105f., 112–116, 125–128; dies und das Folgende ist hier entnommen.

370 Vgl. Schneider-Leyer 1974, S. 9–28; dies und das Folgende ist hier entnommen.

371 Vgl. Stephanitz Max von: Der Deutsche Schäferhund in Wort und Bild, hg. v. Verein für Deutsche Schäferhunde, Augsburg 1901.

[372] ‚Körbuch' ist das Verzeichnis für die Zuchtauswahl der Tiere, insgesamt dazu vgl. Schneider-Leyer 1974, S. 21, 76; vgl. Brehm 1977, S. 37–42.

[373] Vgl. Otto 1925, S. 29f.; mit diesen Eigenschaften und der Reinzucht ist der Schäferhund in den 1930er-Jahren zum „Sinnbild des Deutschen Hundes aufgestiegen", vgl. Mohnhaupt 2020, S. 27–34, hier S. 32.

[374] Siehe Diskussion in Straubing ab etwa 1910 und vor allem in den 1920er-Jahren über die Anschaffung von Polizeihunden, vgl. StadtA SR, Rep. II, 1a, 19; vgl. ebd., Rep. 134–2/164; zu den Straubinger Polizeihunden vgl. Unterlagen in: StadtA SR, Rep. IV Abt. 1a Nr. 19, z. B. Magistrat an Zuchthausverwaltung, 23.7.1910, Ratsprotokoll 22.7.1910; Magistrat an Kämmerei, 1.5.1911: Bereitstellung von 500 Mk für Kauf und Unterhalt; Bestätigung des Magistrats für Josef Goldbrunner, 6.6.1911; Note des Magistrats, 21.6.1913; zu den Diensthunden in der JVA siehe Verwaltung des Zuchthauses an den Magistrat, 5.2.1912, StadtA SR, Rep. I Abt. 10 Nr. 20/3; vgl. Kohl 1929, S. 20; allerdings schaffte man in der JVA die Hunde relativ bald wieder ab, Auskunft von Fridolin Resch vom 20.1.2021; dies und das Folgende ist hier entnommen.

[375] Zum Straubinger Verein vgl. www.og-straubing.de, history, Zugriff: 10.12.2020; zum Bogner Verein vgl. Wo geliebte Vierbeiner trainiert werden. Schäferhundeverein feierte seinen 50. Geburtstag mit Ehrungen, in: SRT 9.7.2019.

[376] Vgl. Oeser 2009, S. 106–112; vgl. Krämer 2013, S. 218f.; siehe auch Presseberichte im SRT zu den Aktivitäten der Schäferhundevereine, z. B. Prüflinge auf zwei Beinen und vier Pfoten, in: SRT 5.11.2019; dies und das Folgende ist hier entnommen.

[377] Zur ‚Leistungszucht': vgl. Krämer 2013, S. 218f.; siehe die jährlichen Aktivitäten der hiesigen Schäferhundvereine, vgl. z. B. SRT 5.11.2019; z. B. ‚Vereinsmeisterschaften' vgl. SRT 24.1.2020; z. B. ‚Fährtenhundmeisterschaften', vgl. SRT 15.9.2020; zur ‚Ausstellungszucht': vgl. www.wikipedia.de, Deutscher Schäferhund, Zugriff: 10.12.2020: Aus Gesundheitsgründen ist das neue Zuchtziel und ‚Schönheitsideal' des abfallenden Rückens nicht unproblematisch; vgl. Krämer 2013, S. 217; siehe z. B. Vereinsmeisterschaft im Straubinger Schäferhundeverein, getrennt nach dem „Schutzhundebereich" und dem „Zuchtbereich", vgl. SRT 24.1.2020.

[378] Zur Geschichte der Blindenführhunde vgl. Oeser 2009, S. 124f.; vgl. Kammel 2019, S. 170, 188f.; vgl. Grütter/Stottrop 2019, S. 96f., vgl. Interview mit Ralph Zimmerhansl 2020, der über die Herkunft und den Umgang mit seinem Blindenführhund erzählt hat; dies und das Folgende ist hier entnommen.

[379] Vgl. Krämer 2013, S. 108f.

[380] Zu den Haltungsbedingungen der Hofhunde vgl. Krämer 2013, S. 186–193; vgl. Oeser 2009, S. 105ff.; einige Angaben basieren auch auf mündlichen Informationen von Ingrid Rossmeisl, Albert Schmal, Karl Bauer, 2020; dies und das Folgende ist hier entnommen.

[381] StadtA SR, Historischer Verein, Sammlungen 41/1.

[382] Vgl. Verfahren gegen Karolina H., 1973–1974, StadtA SR, Vet. Amt 568–5/1; dies und das Folgende ist hier entnommen.

[383] Vgl. www.gesetze-im-internet.de, Tierschutz-Hundeverordnung § 2, 6, 7 [2.5.2001], Zugriff: 8.12.2020; vgl. Merkblatt: Tierschutzanforderungen beim Halten von Hunden, Landratsamt Straubing-Bogen, Veterinärwesen, Stand 11/2019.

[384] Zu diesem Thema allgemein vgl. Löffler 2010; vgl. Luggauer 2017; vgl. Schott 2017.

[385] Z. B. Polizeiliche Bekanntmachung, in: Königlich-Baierisches Intelligenzblatt des Regenkreises, Straubing, 29.1.1810; Vorkehrungen gegen die Hunde betreffend, 8.3.1822, in: Straubinger Wochenblatt 11.3.1822; Polizeiliche Anordnungen zur Verhütung der Unglücksfälle durch Hundswuth, 12.5.1855, StadtA SR, Rep. I Abt. 18 Nr. 11/1.

[386] Moritz Capeller, K. Polizeikommissar Straubing: Sicherheits-Maaßregeln gegen das Tollwerden der Hunde betreffend, 25.7.1814, in: Straubinger Wochenblatt 1.8.1814; die Tollwut erhielt vor allem wegen ihrer Symptome und des qualvollen Todes besondere Aufmerksamkeit, im Vergleich zu anderen Krankheiten erforderte sie relativ wenige Opfer, vgl. Steinbrecher Aline: Zur Kulturgeschichte der Hundehaltung in der Vormoderne: Eine (Re)Lektüre von Tollwut-Traktaten, in: Schweizer Archiv für Tierheilkunde 1/2010, S. 31–36, hier S. 32.

[387] Vgl. Bekanntmachung, 28.10.1825, in: Straubinger Wochenblatt 31.10.1825; Polizei-Anordnungen zur Verhütung der Unglücke durch Hundswuth betreffend, erlassen von der Regierung von Niederbayern, 14.12.1839, StadtA SR, Rep. I Abt. 18 Nr. 11/1.

[388] Vgl. z. B. Vorkehrung gegen die Hundswuth betreffend, 27.12.1837, in: Straubinger Wochenblatt 31.12.1838; Verwahrung der Hunde betr., 31.3.1856, in: Straubinger Wochenblatt 7.4.1856; Bekanntmachung des Stadtmagistrats betreff Abwehr und Unterdrückung von Viehseuchen 23.6.1900, StadtA SR, Rep. I Abt. 18 Nr. 13/2; Anordnungen zur Hundesperre, in: Amtsblatt des Stadtmagistrats Straubing 14.5.1909 und 27.8.1912; Bekanntmachung Betreff: Tollwut der Hunde, 27.12.1921, StadtA SR, Rep. 1 Abt. 18 Nr. 11/4.

[389] Circulare, Bürgermeister Josef Leeb an alle Jagdpächter und Jagdkarteninhaber, 17.10.1866, StadtA SR, Rep. I Abt. 18 Nr. 13/1; die Verbreitung der Tollwut in der Stadt durch einen Hund vom Land

war üblich, z. B. 1816, Bekanntmachung, 8.3.1816, in: Straubinger Wochenblatt 11.3.1816.

390 Zum Vorgang siehe die Unterlagen in: StadtA SR, Rep. I Abt. 18 Nr. 11/3; der französische Chemiker Louis Pasteur (1822–1895) hatte einen Impfstoff entwickelt, der aufgrund der sich relativ langsam aufbauenden Tollwut-Erkrankung auch nach einem Biss wirksam war.

391 Unterlagen hierzu in: StadtA SR, Rep. I Abt. 18 Nr. 11/5; eine Zahl von Tollwuttoten im 19. und 20. Jh. konnte nicht ermittelt werden.

392 Sicherheits-Maaßregeln gegen das Tollwerden der Hunde betreffend, 25.7.1814, in: Straubinger Wochenblatt 1.8.1814; Ergebnis der Hundezählung im Distriktspolizeibezirk Stadt Straubing, 13.12.1852, StadtA SR, Rep. I Abt. 10 Nr. 20/1.

393 Stellungnahme des Bürgermeisters Josef Leeb zum Gesetzentwurf für die Einführung einer Hundeabgabe, 23.8.1869, StadtA SR, Rep. I Abt. 10 Nr. 20/1; Bekanntmachung einer Gebühr für das Halten von Hunden betr., Gesetz erlassen von König Ludwig II., 2.6.1876, in: Straubinger Wochenblatt 26.6., 17.7., 31.7.1876; Hundeabgabengesetz, erlassen von Prinzregent Luitpold, 14.8.1910, in: Gesetz- und Verordnungsblatt für das Königreich Bayern 23.8.1910 (gültig ab 1.1.1912); Satzung über die Erhebung der Hundesteuer 9.11.2009 i.d.F. der Änderungsatzung 17.12.2010, in: Amtsblatt der Stadt Straubing 12.11.2009 und 22.12.2010: Die Hundesteuer beträgt 2020 50.– Euro, für einen Kampfhund 400.– Euro.

394 Hundeverzeichnis für 1901, StadtA SR, Rep. I Abt. 18 Nr. 12/1; Hundeabgabe 1949, in: Amtliches Mitteilungsblatt für den Stadt- und Landkreis Straubing 8.7.1949; Auskunft Christine Sagmeister, Stadtkämmerei, Kämmerei- und Steuerwesen, 31.8.2020; die Zahl nicht gemeldeter Hunde ist nicht schätzbar.

395 Hundeverzeichnis für 1901, StadtA SR, Rep. I Abt. 18 Nr. 12/1; Beispiele für Hundebesitzer in StadtA SR, Rep. I Abt. 10 Nr. 20/1, 2, 3; Abt. 18 Nr. 11/3, Rep. IV Abt. 2 i Nr. 6.

396 Hundeverzeichnis für 1901, StadtA SR, Rep. I Abt. 18 Nr. 12/1; Auskunft Christine Sagmeister, Stadtkämmerei, Kämmerei- und Steuerwesen, 31.8.2020; zu den Pinschern vgl. Strebel Richard: Die Deutschen Hunde und ihre Abstammung mit Hinzuziehung und Besprechung sämtlicher Hunderassen, 1. Bd., Frankfurt a. M. 1903, S. 68ff.

397 Zu den Metzgerhunden vgl. z. B. Polizeiliche Bekanntmachung, in: Königlich-Baierisches Intelligenzblatt des Regenkreises, Straubing, 29.1.1810; Metzgerzunft an die Regierung des Regenkreises, o.D., StadtA SR, Rep. IV Abt. 2 i Nr. 6; vgl. auch Oeser 2009, S. 112f.; Schott 2017, S. 140–152, hier S. 142.

398 Gespräch mit Anton Wenisch, Straubing, 19.5.2017; Der bayerische Metzgermeister 21.8.1971, S. 6; Willinger Herbert: Mit dem Bettelmönch durch Straubing, Gudensberg 2009, S. 44–46.

399 Vgl. z. B. Ortspolizei-Vorschrift über die Visitation und Beaufsichtigung der Hunde, 11.7.1862; Ortspolizeiliche Vorschrift über Visitation und Beaufsichtigung der Hunde, 15.7.1892, StadtA SR, Rep. I Abt. 18 Nr. 11/1; in einer Bekanntmachung im Straubinger Wochenblatt 24.3.1823 wurde z. B. ausdrücklich erlaubt, dass die Hunde nach der Tollwutsperre „nunmehr wieder frey laufen" dürfen.

400 Vgl. Luggauer 2017, S. 32; heute kann, wie in der „Straßenreinhaltungs- und Gehbahnwinterversicherungs-Verordnung" vom 19. März 2018 geregelt, die Verunreinigung der „Gehbahnen durch Tiere" als Ordnungswidrigkeit mit einem Bußgeld geahndet werden, in: Amtsblatt der Stadt Straubing 12/2018; laut Auskunft von Armin Kräh, Amt für öffentliche Ordnung der Stadt Straubing, 15.10.2020, kommt eine gebührenpflichtige Verwarnung selten vor, da der Hundehalter bekannt sein muss und Zeugenaussagen benötigt werden.

401 Vgl. Stellungnahme des Bürgermeisters Josef Leeb zum Gesetzentwurf für die Einführung einer Hundeabgabe, 23.8.1869, StadtA SR, Rep. I Abt. 10 Nr. 20/1; Hundeverzeichnisse für die Jahre 1898 bis 1903, StadtA SR, Rep. I Abt. 18 Nr. 12/1.

402 Vgl. z. B. Polizei an Magistrat 11.11.1893, StadtA SR, Rep. IV Abt. 5 d Nr. 2; Polizei an Stadtrat, 27.10.1921, StadtA SR, Rep. I Abt. 10 Nr. 20/3.

403 Ueber die Hundswuth, in: Straubinger Wochenblatt 8.8.1814; z. B. Polizei an Magistrat, 21.9.1866, StadtA SR, Rep, I Abt. 18 Nr. 13/1; Dr. Hugo Heiß an das Referat III der Stadt Straubing, 10.6.1928, StadtA SR, Rep. I Abt. 10 Nr. 20/2.

404 SRT 1.9. und 3.9.1911; James Spratt brachte um 1860 das erste Trockenfutter auf den englischen Markt, einen Hundekuchen.

405 Vgl. Polizei-Anordnungen zur Verhütung der Unglücke durch Hundswuth betreffend, erlassen von der Regierung von Niederbayern, 14.12.1839, StadtA SR, Rep. I Abt. 18 Nr. 11/1.

406 Oeser 2009, S. 115.

407 Verzeichnis der Hundefuhrwerkbesitzer [1893], StadtA SR, Rep. IV Abt. 5 d Nr. 6.

408 Ortspolizeiliche Vorschrift zur Sicherung des Verkehrs auf Straßen und Wegen, hier das Fahren mit Hunden betr., 29.7.1902, StadtA SR, Rep. IV Abt. 5 d Nr. 6.

409 Unterlagen hierzu in: StadtA SR, Rep. IV Abt. 5 d Nr. 2; noch 1940 vergab man – zum letzten Mal – einen Erlaubnisschein an die Hilfsarbeitersfrau

Anna Dietl, die ihre fünfjährige Dogge als Zughund anmeldete, siehe Feststellung des Referats I, 16.4.1940, StadtA SR, Rep. IV Abt. 5 d Nr. 6.

410 Vgl. Berichte über Generalversammlungen des Vereins 1883, 1885/1886, StadtA SR, Rep. IV, Abt. 5d, 5.

411 Vgl. Aufruf von Dr. Heiß an die Mitglieder des Tierschutzvereins, die Vereinsaktivitäten wiederzubeleben, Mai 1905, StadtA SR, HV Sammlungen 41/1; vgl. www.tierheim-straubing.de, über uns, Zugriff: 14.12.2020.

412 Vgl. Schreiben des Präsidenten des Deutschen Tierschutzbundes an den Straubinger Oberbürgermeister, 13.1.1958, StadtA SR, 568–1; vgl. auch Schreiben des Straubinger Tierschutzvereins an den Stadtrat 18.9.1950, StadtA SR, 132–2–/112.

413 Vgl. Deutscher Tierschutzbund: Tierschutz, Gemeindeverwaltung, Volkswirtschaft, o.J. [1950er-Jahre], StadtA SR, 568–1; vgl. J. Weickert an Stadt Straubing, 18.9.1950, StadtA SR, 132–2/112.

414 Vgl. Korrespondenz von J. Weickert und Stadt Straubing 18.9.1950, 30.9.1950, StadtA SR, 132–2/112.

415 SRT 13.2.1959; vgl. SRT 20.10.1954; vgl. SRT 8.7.1955, StadtA SR, 568–1.

416 Vgl. SRT 13.2.1959.

417 Vgl. SRT 8.6.1962, StadtA SR, 132–2/112.

418 Z. B. 1973–1975 Dr. Günther Melchior; 1975–1992 Franz Wiegand, StadtA SR, 132–2/112.

419 Wolfsweg 32a, siehe Unterlagen in: StadtA SR, 568–6/3.

420 Siehe Antrag auf Zuschuss am 21.5.1989, StadtA SR, 568–6/3.

421 Bis 2021, vgl. Ricarda Schumann nicht mehr Tierheim-Leiterin, in: Gäuboden aktuell 1.9.2021; zur neuen Leiterin Stefanie Temme, vgl. Feldmeier Lena: Zwischen aufziehen und aufpäppeln, in: SRT 26.10.2021.

422 Vgl. Feldmeier Lena: Raus aus dem Zwinger. Gesetzesentwurf: Hunde sollen zukünftig zweimal täglich ausgeführt werden, in: SRT 19.8.2020; dies und das Folgende ist hier entnommen.

423 Zur Hundeleine vgl. Löffler 2010, S. 205–215; zum Spaziergang vgl. König Gudrun M.: Eine Kulturgeschichte des Spaziergangs. Spuren einer bürgerlichen Praktik 1780–1850, Wien 1996.

424 Vgl. **Scharrer 2016**: Scharrer Uli: Vorsicht bissig! Aber nicht mit Training, in: SRT 4.11.2016; vgl. Krempel Regina: Des Menschen bester Freund?, in: SRT 13.1.2017; zur Hundewiese vgl. Stadt weist Hundewiese aus, in: SRT 23.5.2019; vgl. Schaffrath Wilfried: Ein kleines Paradies, in: SRT 12.6.2019.

425 Vgl. z. B. Scharrer 2016, wie Anm. 424; vgl. Luggauer 2017, S. 34f., 45, 47.

426 Vgl. Kirchinger/Stadler 2012, S. 66f.

427 Leinenzwang, z. B. in Rattenberg, vgl. Hunde und Pferde auf Gehwegen, in: SRT 31.10.2018; vgl. Hunde an die Leine nehmen, in: SRT 22.3.2019.

428 Zur Geschichte des Schwimmbacher Hunderennens vgl. **Schmal o.J.**: Schmal Albert: unveröffentlichte Schwimmbacher Ortschronik, masch. schr., o.J., S. 23–29; vgl. Ordner mit Kopien des Laber-Boten, Schwimmbach betreffend von 1878–1958, Slg. Albert Schmal; vgl. schriftliche Unterlagen von Franz Eiglsperger; zuletzt wurde das Hunderennen im Jahr 2019 veranstaltet, vgl. Wer hatte die Nase vorn?, in: SRT 10.9.2019; vgl. SRT 8.8.2019; vgl. SRT 27.8.2019; auch der Bayerische Rundfunk war 2019 anwesend und gestaltete einen Beitrag für die ‚Abendschau', abrufbar unter www.youtube.com, Dorffest mit Hunderennen, BR 24.

429 Siehe Werbeannonce für das „Hunde-Rennen" in: Laber-Bote 5.4.1914.

430 Zur Geschichte der erst 1807 gegründeten Kolonisten-Siedlung Schwimmbach vgl. Kirchinger 2012, S. 210f.; vgl. Schmal o.J., wie Anm. 428.

431 Zum ‚Burschenlaufen' vgl. Annonce in: Laber-Bote, 20.4.1935; vgl. Annonce in: Allgemeine Laberzeitung 30.3.1951; zum Tanz vgl. Annonce in: SRT 12.4.1974.

432 Zahlenangaben wie Anm. 364; vgl. auch Reichholf 2017, S. 28; vgl. Geo-Wissen 2017, S. 44–55, hier S. 44; vgl. Matzig Gerhard: Ganz leicht abwaschbar, in: SZ 4.–6.1.2020.

433 Vgl. Reichholf 2017, S. 30; vgl. auch: **Hunfeld 2012**: Hunfeld Frauke: Ich Chef, in: Stern 15.11.2012, S. 106–122.

434 Vgl. Reichholf 2017, S. 25f., 28, 30; vgl. **Eilert-Overbeck 2010**: Eilert-Overbeck Brigitte: mein kätzchen, München 2010, S. 31–37; allerdings rückt in jüngerer Zeit die spezifische Kommunikation der Katzen mit den Menschen vermehrt in den verhaltensbiologischen Fokus und macht deutlich, dass auch Katzen, nicht nur Hunde, sich an die Menschen angepasst haben und ihr Verhalten an ihnen ausrichten, vgl. Geo-Wissen 2017, S. 48f.; vgl. **Burger 2020**: Burger Jörg: Lasst mich in Ruhe! in: Zeit Magazin 10.6.2020, S. 14–21; dies und das Folgende ist hier entnommen.

435 Vgl. auch Reumschüssel Anja: verschmust, vertraut – und doch ein wenig wild, in: Geo-Wissen 2017, S. 44–51; vgl. Burger 2020, wie Anm. 434, S. 21: Die Tierärztin Franziska Kuhne nennt Gründe für die Beliebtheit der Hauskatzen: Man kann sie im Haus lassen, es gibt „mehr Singlehaushalte. Da hat man jemand, der einem zuzuhören scheint. […] Außerdem möchten sich viele Menschen so gerne einen Bezug zur Natur bewahren"; vgl. auch Hunfeld 2012, wie Anm. 433, S. 106–122.

[436] Vgl. Brehms Tierleben 1902/1, S. 121, 124, 139–141; siehe auch Reichholf 2017, S. 32; vgl. Mystische Samtpfoten, in: SRT 1.9.2018; dies und das Folgende ist hier entnommen.

[437] Vgl. Brehms Tierleben 1902/1, S. 121.

[438] Vgl. Bundesministerium Landwirtschaft o.J., S. 13, 32; vgl. Reichholf 2017, S. 33; dies und das Folgende ist hier entnommen.

[439] Siehe Eilert-Overbeck 2010, wie Anm. 434.

[440] Vgl. Därmann 2017, S. 36–48.

[441] Ersatzfunktion der Tierdarstellung am Beispiel geschnitzter Vögel, siehe Österreichisches Museum für Volkskunde 2006, S. 128.

[442] Zu den christlichen Jahresfesten, die im 19./20. Jahrhundert zu Familienfesten wurden, vgl. z. B. Weber-Kellermann 1985; zu den Märchen und Fabeln und deren Interpretationen vgl. Schenda 1995, S. 7–16, v.a. S. 15; vgl. Bausinger 1995, S. 7–10, 286ff.

[443] Zur größeren Reichweite siehe z. B. die sozialen Medien oder YouTube und die z. B. dort gezeigten ‚süßen' Katzenvideos, abrufbar unter www.youtube.com, Katzen; vgl. Wie am Schnurrchen. Katzen sind die wahren Stars im Internet, in: SZ Magazin, Nr. 24, 14.6.2019, S. 34; zum anwachsenden Tierspielzeug im (bürgerlichen) Kinderzimmer, vgl. Stille/Stille 1989, bes. S. 34ff.; zur These von der ‚Animalisierung der Kinderkultur' am Beispiel von ‚Bambi' vgl. Cartmill Matt: Das Bambi-Syndrom, Reinbek bei Hamburg 1995, S. 266; zu den Bedeutungen der Tiere anhand verschiedener Beispiele vgl. Grütter/Stottrop 2019, S. 225–273.

[444] Knappe Zusammenfassung der Krippengeschichte in: Friedl Ellen: Die Krippe. Entstehung und Funktionen, in: Weihnachtskrippen aus dem Landkreis Cham, Cham/Walderbach 1982, hier S. 17–26.

[445] Vgl. Bogner 2003, S. 94, 96; das Neue Testament nennt in den Erzählungen von der Geburt Christi lediglich die Futterkrippe im Stall (Luk. 2,7), vgl. Bibel 1965, Neues Testament, S. 60; dies und das Folgende ist hier entnommen.

[446] Vgl. Bogner 2003, S. 102–106, hier S. 102f.

[447] Vgl. Weber-Kellermann 1985, S. 137.

[448] Vgl. ebd., S. 68.

[449] Vgl. PHB BOG 1860, S. 128f.

[450] Zur Geschichte des Osterhasen und der Osterbräuche vgl. Weber-Kellermann 1985, S. 60–72, 135–137; vgl. www.brauchwiki.de, Osterhase, Zugriff: 23.12.2020; dies und das Folgende ist hier entnommen.

[451] Erste Erwähnung des Osterhasen bei Georg Franck von Franckenau: De Ovis Paschalibus – von Ostereyern, Heidelberg 1682, vgl. www.brauchwiki.de, Osterhase, Zugriff: 23.12.2020.

[452] Koch-Gotha Fritz; Sixtus Albert: Die Häschenschule [1924]. Der große Sammelband, Stuttgart 2020, o.S.

[453] Vgl. Bernheim Eva: Glück zum Reinbeißen, in: SRT 30.12.2019.

[454] Zur Geschichte der Neujahrsglückwünsche vgl. Trebbin 2000, S. 220: Die Neujahrskarten mit dem Glücksschwein lösten ältere Neujahrsgrüße mit christlichen Motiven ab; heute scheinen die spezifischen Neujahrskarten durch kombinierte Weihnachts- und Neujahrskarten zurückgedrängt worden zu sein; vgl. Koob 1999, S. 103–111, hier S. 103–105.

[455] Vgl. Macho 2015, S. 25ff.

[456] Zum Regensburger Beispiel vgl. Stöppler Thomas: Steinerne Hass-Zeugnisse, in: SZ 21./22. 11.2020; vgl. Judensau bleibt – aber mit neuer Inschrift, in: SZ 10.1.2022; zum Oberalteicher Beispiel: Die Deckenfresken wurden 1727–1730 von Joseph Anton Merz aus Straubing gestaltet nach dem inhaltlichen Konzept des Oberalteicher Abtes Dominicus II. Perger, vgl. Neueder Hans: Die barocken Fresken von Oberalteich, Regensburg 2010, bes. S. 96f.

[457] Zur Umwertung des Schweins als Glücksbringer vgl. Lohwasser 1999, S. 93–102, hier S. 96f.; vgl. Macho 2015, S. 88, 90; vgl. Trebbin 2000, S. 216–223, hier S. 218; dies und das Folgende ist hier entnommen.

[458] Vgl. Stille/Stille 1989, S. 46–52.

[459] Zu ‚Mecki' vgl. Grütter/Stottrop 2019, S. 155; vgl. www.wikipedia.de, Mecki, Zugriff: 22.12.2020; dies und das Folgende ist hier entnommen.

[460] Zum Märchen vom Hasen und dem Igel vgl. Bausinger 1995, S. 216–219, 326f.

[461] Zum Schulfilm vgl. Kühn Michael: Unterrichtsfilm im Nationalsozialismus. Die Arbeit der Reichsstelle für den Unterrichtsfilm […], Mammendorf 1998; vgl. Ewert Malte: Die Reichsanstalt für Film und Bild in Wissenschaft und Unterricht (1934–1943), Hamburg 1998, vgl. Begleitheft zum Schulfilm Nr. 195; zu den Filmemachern, den Brüdern Diehl vgl. Giesen Rolf: Ferdinand Diehl – Puppenfilmregisseur, Produzent, in: Cinegraph, Lexikon zum deutschsprachigen Film, Lieferung 21, 1993; vgl. Dresler Wolfgang: Pioniere des Puppentrickfilms, in: Musenblätter 6.9.2020, www.musenblaetter.de, Zugriff: 26.12.2020.

[462] Das Kreismuseum Bogenberg hat Filme der Kreisbildstellen in Auswahl übernommen; die Laufzettel von Film Nr. 195: Wettlauf zwischen dem Hasen und Igel zeugen von einem regen Gebrauch dieses Films.

[463] Vgl. Grütter/Stottrop 2019, S. 155; vgl. **Girveau/Diederen 2008**: Girveau Bruno; Diederen Roger (Hg.): Walt Disneys wunderbare Welt und ihre Wurzeln in der europäischen Kunst, München 2008, S. 88ff.: ‚Steamboat Willie' war 1928 der erste animierte Kurzfilm von Walt Disney, die Figur ‚Mickey Mouse' stammt aus diesem Film.

[464] Zu ‚Lurchi' vgl. www.wikipedia.de, Lurchi, Zugriff: 15.12.2020; dies und das Folgende ist hier entnommen.

[465] Zur Geschichte der Salamander Schuhfabrik vgl. www.handelsblatt.com, 60 Jahre deutsche Wirtschaftsgeschichte: Salamander: Lurchis Abenteuer, Zugriff: 26.12.2020.

[466] Zum Schuhgeschäft Katzendobler vgl. Informationen, Fotos und Werbeanzeigen von Annemarie Katzendobler aus Bogen, Januar 2021; vgl. Neueder 2006, S. 48f.; vgl. Stadt Bogen 1987, S. 51.

[467] Zur ‚Maus' vgl. Wir hätten dich sonst sehr vermisst, in: SZ 6./7.3.2021; vgl. **Mausgeburtstag 2021**: Mausgeburtstag, in: SZ für Kinder 6./7.3.2021; vgl. www.wikipedia.de, Die Sendung mit der Maus, Zugriff: 7.3.2021; dies und das Folgende ist hier entnommen.

[468] Vgl. Mausgeburtstag 2021, wie Anm. 467.

[469] Boie Kirsten; Waechter Philip: Josef Schaf will auch einen Menschen, Hamburg 2002.

[470] Z.B. die Wildkatze, vgl. Sebald Christian: Die scheue Verwandte, in: SZ 27.11.2015; vgl. Der Wildkatze auf der Spur, in: SZ 14.3.2019.

[471] Allgemein dazu vgl. Löfgren 1986; in Bezug auf die Landschaft und Natur der Region Straubing-Bogen vgl. Landkreis Straubing-Bogen 2012, S. 136–147; dies und das Folgende ist hier entnommen.

[472] Begriff und Inhalt vgl. Löfgren 1986, S. 123ff.

[473] Vgl. z.B.: Biologische Vielfalt schwindet. Europäische Umweltbehörde schlägt beim Zustand der Natur Alarm, hier Tabelle „Zustand der Natur in Europa" anhand der Tiere und der Lebensräume dargestellt, in: SRT 20.10.2020; vgl. auch: Baier Tina: Wie das Artensterben den Menschen trifft, in: SZ 15.10.2021.

[474] Begriff und Inhalt vgl. Löfgren 1986, S. 125ff.

[475] Zum ‚Rainer Wald' vgl. Bayerisches Staatsministerium für Umwelt, Gesundheit und Verbraucherschutz (Hg.): Faltblatt Rainer Wald, o.O. 2007

[476] Zur Geschichte des ‚Nationalparks Bayerischer Wald' vgl. Nationalparkverwaltung 2010, wie Anm. 21, bes. S. 12f., 22f., 46f., 56f., 68–73; vgl. Beck/Kratzer 2020, wie Anm. 21; vgl. Nationalparkverwaltung 2020, wie Anm. 21, S. 24, 35, 37f., 60; vgl. Müller Ralf: Geburtstagsgeschenk, in: SRT 7.10.2020; dies und das Folgende ist hier entnommen.

[477] Zur Geschichte der Jagd allgemein vgl. **Jagdmuseum 2019/1 und 2**: Sonderausstellung ‚Jagdgründe. Eine andere Geschichte der Macht', 2019–2021 im Deutschen Jagd- und Fischereimuseum München, hier Texttafeln (Jagdmuseum 2019/1) und ‚Kleines Lexikon der Jagd' (Jagdmuseum 2019/2); vgl. **Wilderei 2020**: Freitag Winfried: Wilderei, in: www.historisches-lexikon-bayerns.de, Zugriff: 2.10.2020; vgl. Mohnhaupt 2020, S. 124–162; vgl. Bode 2018, S. 52–93; vgl. Bode/Emmert 2000, S. 86ff.; zur Geschichte der Fischerei in Bayern vgl. Paukner 2001; dies und das Folgende ist hier entnommen.

[478] Zu den Aufgaben der Jäger heute, siehe Lehrbuch für die Jägerprüfung, z.B. Seibt 2017; zu den sich wandelnden Sichtweisen auf und Diskussionen um die Jagd, vgl. z.B. Bode/Emmert 2000, S. 26ff., 216ff., 260ff, 285ff.; zur Bedeutung des Angelns heute vgl. Paukner 2001, S. 83–98.

[479] Vgl. Diskussionen um den Wolf 2021, z.B. Sebald Christian: Ein Landrat gegen den Wolf, in: SZ 23.11.2021.

[480] Vgl. Österreichisches Museums für Volkskunde 2006, S. 85; vgl. Löfgren 1986, S. 137–140; dies und das Folgende ist hier entnommen.

[481] Brehms Tierleben/2, 1902, S. 14.

[482] Begriff vgl. Löfgren 1986, S. 137.

[483] „Sie war das heilige Tier schlechthin", vgl. Kriss-Rettenbeck, zit. nach Prammer/Seidl 1983, S. 4; seit dem 4. Jahrhundert galt die Taube offiziell als Bild des ‚Heiligen Geistes', vgl. www.Kathpedia.de, Erstes Konzil von Konstantinopel, Zugriff: 6.11.2020; vgl. Speiseder Edmund: Was ist der Heilige Geist?, in: SRT, 22.–24.5.2021.

[484] Allgemein vgl. Hartinger 1992, S. 202; wo genau sich die Heilig-Geist-Taube in St. Salvator befunden hat, ist laut Inventarblatt unklar; siehe auch Heilig-Geist-Taube in Straubing, St. Jakob, vgl. Scharrer Uli: Der Heilige Geist schwebt herab, in: SRT 25.10.2020.

[485] Zur ‚Heiliggeistkugel' vgl. Prammer/Seidl 1983; dies und das Folgende ist hier entnommen.

[486] Z.B. der Schreiner Xaver Maierhofer in Baumgarten bei Rattenberg oder Glaser wie Josef Bäumer in Kollnburg, vgl. Prammer/Seidl 1983, S. 13ff.

[487] Vgl. ebd., S. 4f., 15, 18.

[488] Allgemein dazu vgl. Reichholf 2017, S. 100–106, hier bes. S. 100; zur Diskussion um Krankheitsgefahren durch die Taube vgl. z.B. Blog des Kulturreferats Niederbayern, www.kulturheimat.de, Vom Heiligen Geist zum Plagegeist? und: Niederbayern – Land der Tauben [Beiträge vom 6.9.2019, 14.9.2020] Zugriffe: 22.11.2021.

[489] Vgl. Rieser Anna: Bakterien, Viren und schmutzige Fassaden, in: SRT 6.2.2020, dies und das Folgende ist hier entnommen.

[490] Siehe beispielsweise Konzepte in Augsburg, München und Regensburg, vgl. Anlauf Thomas: Hunderte Tauben irren umher, in: SZ 18.5.2021; vgl. Wessels Ute: Auf gute Nachbarschaft mit den Tauben, in: SZ 13.1.2022.

[491] Vgl. z. B. Diskussion um das Verhältnis zwischen ‚Liebhaberei' (‚Taubennarr') und konkretem Nutzen (Fleisch essen) bei der Taubenzucht und -haltung, siehe z. B. Kolbeck Johann Paul: Abhandlung über Taubenzucht. Ein Geschenk für alle Taubenliebhaber, Regensburg 1821, S. 1, 11, in: www.wikisource.org, Abhandlung über Taubenzucht, Zugriff: 17.12.2020.

[492] Vgl. Henker 1992, S. 225; vgl. Kammermeier 1988, S. 57; Taubenhäuser sind erwähnt bei Lidl 1871, S. 81; vgl. Kleiss/Soltani 2006, S. 9, 20.

[493] Beschreibung vgl. Kammermeier 1988, S. 59, 61.

[494] Vgl. Kammermeier Alois: Die ‚École militaire' neben dem Misthaufen, in: Kultur und Technik [Magazin Deutsches Museum] 3, München 1979, 2, S. 44–49; vgl. Nawrotzky 1988, S. 2; zum ‚Kellnerhof', auf dem dieser Taubenkobel steht vgl. Wellenhofer Michael: Ein Beitrag zur Ortsgeschichte von Hailing, in: JBHVSR 97 Jg., 1995, Straubing 1996, S. 51f.

[495] Zu Leismiller vgl. Neueder 2019/1, S. 76f.; vgl. Neueder 1990/2, S. 67–71; vgl. Neueder 2019/2, S. 100–109; vgl. Mitgliederverzeichnis des Straubinger Geflügelzuchtvereins 1879–1950, StadtA SR, Geflügelzuchtverein Straubing und Umgebung/1.

[496] Vgl. Richter 2019, S. 32f.

[497] Vgl. Petschek-Sommer/Schwarz 2014, S. 10.

[498] Zu den Vogelkäfigen vgl. Österreichisches Museum für Volkskunde 2006, S. 114ff.

[499] Zum Vogelfang vgl. Petschek-Sommer/Schwarz 2014, S. 9ff.; vgl. auch Österreichisches Museum für Volkskunde 2006, S. 97ff., 109ff.; vgl. **Haller 2000**: Haller Reinhard: Zur Geschichte des Vogelfangs und der Vogelhaltung im Raum Bodenmais, in: Schöner Bayerischer Wald, 2000, Heft 135, S. 32f. und Heft 136, S. 32f.

[500] Vgl. Petschek-Sommer/Schwarz 2014, S. 12; vgl. Bayerisches Gesetz von 1866 in Straubinger Wochenblatt 26, 25.6.1866; vgl. Korrespondenz K. Gericht an Straubinger Polizeimannschaft 17.6.1891, beides in: StadtA SR, Rep. IV, Abt. 5d, 4.

[501] Vgl. Huber 1907, S. 259f.; Rezepte für ‚Krammetsvögel' finden sich ebenfalls in dem Regensburger Kochbuch von Marie Schandri, vgl. Schandri 1866, S. 116f.

[502] Vgl. Petschek-Sommer/Schwarz 2014, S. 10f.; noch 1888 war im bayerischen Gesetz „den Schutz von Vögeln betreffend", der „Krammetsvogelfang" ausdrücklich erlaubt (§ 8), vgl. Straubinger Wochenblatt, No. 18, 3.4.1888, StadtA SR, Rep. IV, Abt. 5d, 4; vgl. auch Österreichisches Museum für Volkskunde 2006, S. 93.

[503] Vgl. Petschek-Sommer/Schwarz 2014, S. 17f.; vgl. Haller 2000, wie Anm. 499; vgl. allgemein dazu Österreichisches Museums für Volkskunde 2006, S. 128f.; dies und das Folgende ist hier entnommen.

[504] Zur ‚Schlaraffia' vgl. **Brüninghaus 2005**: Brüninghaus Heinz: Schlaraffia von Aha bis Z. Das uhuverselle Nachschlagewerk, Diepenau 2005; vgl. www.wikipedia.de, Schlaraffia, Zugriff: 12.12.2020; zur Geschichte des Straubinger Vereins vgl. Schlaraffia Strubinga e. V. (Hg.): 100 Jahre Strubinga a. U. 62–162 (1921–2021), Straubing 2021; dies und das Folgende ist hier entnommen.

[505] Zum Uhu als ‚Schlaraffenvogel' vgl. **Benker 1993**: Benker Gertrud: Eule und Mensch. Die Nachtgeister und ihre Symbolik, Freiburg i.Br. 1993, S. 137f.; vgl. Brüninghaus 2005, wie Anm. 504, S. 105ff.

[506] Zum Uhu als Nachtvogel vgl. z. B. Richter 2019, S. 42f.; vgl. Benker 1993, wie Anm. 505, S. 71–84; vgl. Broschüre des Naturschutzbundes (Hg.): Der Uhu. Vogel des Jahres 2005, Meckenheim 2005.

[507] Z. B. für Niederwinkling oder Geiselhöring, vgl. www.br.de, Die ersten Störche sind in Niederbayern angekommen, Zugriff: 20.2.2019; vgl. Die Störche sind da, in: SRT 17.2.2020; vgl. Training für die Muskulatur, in: SRT 23.6.2020.

[508] Vgl. Harvolk 1987, S. 204–298; vgl. Schenda 1995, S. 354–359, für Niederbayern vgl. **Markmiller 1981**: Markmiller Fritz: Brauchtümliches um Geburt und Taufe im Raum Dingolfing–Landshut, in: Der Storchenturm, Heft 32, Dingolfing 1981, S. 116; dies und das Folgende ist hier entnommen.

[509] Vgl. Markmiller 1981, wie Anm. 508, S. 116.

[510] Vgl. Mößmer 2000, S. 106–118, bes. S. 114–116; dies und das Folgende ist hier entnommen.

[511] Herausgegeben vom Bundesamt für Naturschutz, vgl. www.bmu.de, Rote Listen, Zugriff: 24.11.2021; vgl. „Trendumkehr bislang nicht erkennbar", in: SRT 30.6.2021: Der Weißstorch wurde von der ‚Roten Liste' in die ‚Vorwarnliste' überführt.

[512] Zahlenangaben vgl. Storchenschwemme mit Problemen, in: SRT 26.5.2018; vgl. www.lfu.bayern.de, Weißstorch – Bestand und Gefährdung, Zugriff: 1.10.2019; vgl. Angaben von Oda Wieding, der LBV-Storchenexpertin in Hilpoltstein, Mail vom 20.9.2020.

[513] Vgl. Sebald Christian: So viele Störche wie nie zuvor, in: SZ 14./15.8.2021; vgl. Stecher Claudia: Der Nachwuchs hat sich schon erhoben, in: SRT 20.7.2021.

[514] Krumenacker Thomas: Europa verliert seine Vögel, in: SZ 24.11.2021; vgl. auch: Biologische Vielfalt schwindet, in: SRT 20.10.2020.

[515] Zum Großen Brachvogel vgl. z. B. Stecher Claudia: „Wir peppeln die letzten Überbleibsel", in: SRT 20.5.2021; vgl. Großer Brachvogel und Uferschnepfe in: SRT 15.4.2021; vgl. Rieser Anna: Die letzten ihrer Art, in: SRT 17.5.2021; vgl. Arterhalt mit Satellitentelemetrie und Drohnen, in: SRT 11.12.2020; vgl. Stadler Simon: Tier zuliebe, in: SRT 5.10.2021.

[516] In der Süddeutschen Zeitung wurde beispielsweise 2018 bis 2021 über das Leben eines weiblichen Brachvogels, der ‚Schnepfingerin', berichtet, vgl. Sebald Christian: Unser neuer Mitarbeiter, in: SZ 7./8.7.2018; vgl. ders.: Quicklebendig, in: SZ 3.–5.4.2021.

[517] Vgl. z. B. das Thema ‚Vogelschutz' in einem Lehrbuch der Landwirtschaftsschule Straubing; hier wird im Sinne des „biologischen Pflanzenschutzes" klar unterschieden zwischen „nützlichen" Vögeln, v.a. insektenfressenden Singvögeln und „schädlichen" Raubvögeln, vgl. Schindler 1953, S. 173–176.

[518] Vgl. Bayerisches Gesetz von 1866 in: Straubinger Wochenblatt 26, 25.6.1866; vgl. Deutsches Gesetz den Schutz von Vögeln betreffend, 22.3.1888, in: Straubinger Wochenblatt, No. 18, 3.4.1888, StadtA SR, Rep. IV, Abt. 5d, 4.

[519] Zur Geschichte des LBV vgl. Uekötter 2020, hier besonders S. 87ff; vgl. www.wikipedia.de, Landesbund für Vogelschutz, Zugriff: 15.12.2020; vgl. Flyer LBV-Kreisgruppe Straubing-Bogen 2019.

[520] Vgl. Niggl 1957, S. 13f.; vgl. Haenel 1911; vgl. **Gebsattel 1913**: Gebsattel Hermann Freiherr von: Tätigkeitsbericht der […] Kommission für Vogelschutz in Bayern 1912/2013, in: Landwirtschaftliches Jahrbuch für Bayern, Nr. 11, 1913, Sonderdruck, S. 3–7, hier S. 3, StadtA SR, Rep. IV, Abt. 5d, 4.

[521] Vgl. Ministerium für Landwirtschaft […] (Hg.): Anleitung zur Ausübung des Schutzes der heimischen Vogelwelt, 1904; vgl. Schreiben des K.B. Staatsministerium des Inneren an die Schul- und Gemeindebehörden 29.3.1902; vgl. Gebsattel 1913, wie Anm. 520, S. 5, alles in: StadtA SR, Rep. IV, Abt. 5d, 4; beispielsweise erhielt der Degernbacher Lehrer Martin Brandner 1885/1886 eine besondere Belobigung des Straubinger Tierschutzvereins für seine Tier- und Vogelschutzaktivitäten in der Schule, siehe 11. Jahresbericht des „Thierschutz-Vereins Straubing" 1885/1886, StadtA SR, Rep. IV, Abt. 5d, 5.

[522] Schreiben der Polizeiwache Straubing an den Stadtmagistrat, 31.5.2014, StadtA SR, Rep. IV, Abt. 5d, 4.

[523] Vgl. Uekötter 2020, S. 18ff., 87ff.; vgl. Sothmann Ludwig: Vom ‚wirtschaftlichen Vogelschutz' zum Artenschutz, in: LBV Sonderbeilage, SRT Dezember 2015, S. 5; vgl. Schreiben des K.B. Staatsministerium des Inneren an die Schul- und Gemeindebehörden 29.3.1902, StadtA SR, Rep. IV, Abt. 5d, 4.

[524] Der präparierte Bär befand sich lange Zeit im Geiselhöringer Heimatmuseum ‚Troad Boden' und wurde 2019 von der Stadt Geiselhöring dem Kreismuseum Bogenberg geschenkt; es gibt eine naturschutzrechtliche Genehmigung, den Bären auszustellen; zur Kulturgeschichte der Bären allgemein vgl. Treff 1995; vgl. Görl Wolfgang: Lauf weg, solange es geht, in: SZ 2./3.11.2019.

[525] Vgl. Grueber/Müller, 1851, S. 2.

[526] Beispielsweise präsentierte man den 1856 als letzten Bären des Böhmerwaldes erlegten Braunbären im „Forstmuseum zu Ohrad bei Frauenberg" als „Andenken an das ehemalige Urwaldleben", vgl. Müller 1861, S. 15; siehe Chronologie der Ausrottung in Bayern, in: STMUV 2018, S. 9.

[527] Das Bild in der Mitte der Schützenscheibe ist die Kopie eines Gemäldes von Heinrich Bürkel von 1838, heute im Deutschen Jagd- und Fischereimuseum in München befindlich; von diesem Gemälde gab es eine 1840 gestaltete Farblithographie von F. Hohe, die vermutlich die Vorlage zu dem Bild auf der Schützenscheibe gewesen ist, vgl. Mößnang Michael: Bären in Bayern [2014], www.waldwissen.net, Zugriff: 9.9.2020; 1856 soll im Böhmerwald der letzte Bär der Region Bayerischer Wald/Böhmerwald erlegt worden sein, vgl. Anm. 526 und Haller Marita: Meister Petz im Woid: Als in der Arber-Region noch zahlreiche Bären lebten [2018], in: www.hogn.de, Zugriff: 20.10.2020.

[528] Vgl. www.lfu.bayern.de, Wildtiermanagement große Beutegreifer, Zugriff: 25.11.2021; vgl. STMUV 2018.

[529] Vgl. 13 Jahre nach Bruno: Bär in Bayern, in: SRT 24.10.2019.

[530] Zum Bären ‚Bruno' vgl. www.lfu.bayern.de, Österreichische Bären-Eingreiftruppe: JJ1 „Bruno" in Tirol, Vorarlberg und Bayern 2006, Zugriff: 25.11.2021; vgl. Informationen dazu im Münchner Museum ‚Mensch und Natur', wo ‚Bruno' präpariert ausgestellt ist.

[531] Vgl. z. B. Statement zum Bären in: Treff 1995, S. 53f; vgl. STMUV 2018.

[532] Vgl. STMUV 2018, S. 16–20.

[533] Vgl. SRT 4.10.2021; vgl. Sebald Christan: Gegen den Wolf, in: SZ 1.10.2021, vgl. ders.: Wolf versus Weidetiere, in: SZ 5.3.2021; staatlicherseits werden Landwirte mit Weidetieren durch Subventionen für Schutzzäune oder die Anschaffung von Herdenschutzhunden unterstützt, vgl. ders.: Was Bayern für die Bauern tut, in: SZ 26.11.2021.

[534] Vgl. Nationalparkverwaltung 2010, wie Anm. 21, S. 70f; vgl. BN fordert gezielte Freilassungen, in: SRT 6.3.2020; vgl. Sebald Christian: Der Luchs gedeiht, in: SZ 20.12.2018; vgl. Pongratz 2020; vgl. STMUV 2918, S. 12f.

[535] Z.B. **Sebald 2019**: Sebald Christian: Wilderei kommt vor Gericht, in: SZ 17.6.2019; Geldstrafe für Luchs-Wilderer, in: SZ 13.9.2019; vgl. Luchsweibchen gewildert, in: SZ 4.3.2021.

[536] Zu den Motiven dieser Wilderei vgl. Sebald 2019, wie Anm. 535.

[537] Vgl. Landkreis Straubing-Bogen 2012, S. 147.

[538] Vgl. STMUV 2018.

[539] Zum Tanzbären vgl. Treff 1995, S. 90f.; vgl. www.wikipedia.de, Tanzbär, Zugriff: 25.10.2020; vgl. Oberneder o.J., wie Anm. 111, S. 104f.; Dank an Dr. Cindy Drexl für Informationen zu diesem Thema; siehe auch Fotos von Tanzbären aus dem ersten Drittel des 20. Jahrhunderts im Nachlass von Oskar von Zaborsky, Kreismuseum Walderbach.

[540] Zur Geschichte des Teddybären vgl. Treff 1995, S. 62–68.

[541] Vgl. Arnu Titus: Knuddelkontakt, in: SZ 4.11.2020.

[542] Zu den heutigen Bedingungen für die Jagd vgl. Seibt 2017, S. 9–65; zur Jagdgeschichte vgl. Anm. 477; dies und das Folgende ist hier entnommen.

[543] Zur Geschichte des Jagdreviers ‚Schwimmbacher Forst' vgl. handschriftliche Chronik: Brunner Georg: Geschichte der Kolonie Schwimmbach im Landgerichte Straubing in Niederbayern, Handschrift 1856, verwahrt im Pfarrarchiv Schwimmbach, v.a. S. 1–19; von Brunner abgeschrieben hat: Strohmeier 1907, S. 50–54ff.; Dank an Albert Schmal, der diese Unterlagen zur Verfügung gestellt hat; zur Geschichte der Kolonie Schwimmbach in Kurzfassung vgl. Kirchinger 2012, S. 210; zur Geschichte des Hofes vgl. Michal 2006, S. 65; dies und das Folgende ist hier entnommen.

[544] Vgl. Bode 2018, S. 66–68; vgl. Jagdmuseum 2019/1, wie Anm. 477.

[545] Vgl. PHB BOG 1860, S. 83; vgl. Mayr 1900, S. 12.

[546] Vgl. Bode 2018, S. 67f.; vgl. Wilderei 2020, wie Anm. 477; vgl. Jagdmuseum 2019/1,2, wie Anm. 477.

[547] Vgl. Bode 2018, S. 69–71.

[548] Zu Mitterfels vgl. Lachner Max: 800 Jahre Geschichte um Mitterfels, Mitterfels 1988, S. 331; zu dem Jäger, Fotografen und Kaufmann Hans Hausladen, der Mitglied im Mitterfelser Schützenverein war, vgl. Michal Barbara: Typisch Landleben? Gewerbliche Dorffotografen im ersten Drittel des 20. Jahrhunderts, in: Mitterfelser Magazin, Nr. 20, 2014, S. 63–81; zu Geiselhöring vgl. Rösch Franz; Leipold Karl: Festschrift der Kgl. Priv. Feuerschützengesellschaft v. 1590 Geiselhöring zum 400-jährigen Gründungsfest 1990, Ort, Jahr [?]; allgemein zu den Schützenvereinen vgl. Eigmüller Michaela; Wohlgemuth Mathilde (Hg.): Schützen. Das Buch. 500 Jahre Kulturgeschichte in Süddeutschland, Illerbeuren 2021.

[549] Zu den Schmieder´schen Jagden vgl. Niggl 1957, S. 11–13, 70; vgl. allgemein Agsteiner/Grundler 2008/1,2,3; vgl. Schlossgut Steinach o.J., S. 18; vgl. Schlicht 1907, S. 46; vgl. Grundler Thomas: Aus dem Gästebuch der Familie August von Schmieder, Schloss Steinach 1904–1929, in: Gemeindebote der Gemeinde Steinach, Juni 2020, S. 66–68.

[550] Steinacher Jagdrevier: eine große Eigenjagd mit 1000 Hektar, dazu drei weitere Gemeindejagden (Steinach, Münster, Parkstetten) sowie weitere kleinere Teiljagden in Orten der Umgebung, dazu und zum Ankauf der Tiere vgl. Niggl 1957, S. 11.

[551] 1934 verkaufte August von Schmieder seinen gesamten Waldbesitz an den Wittelsbacher Ausgleichsfonds und 1939 das Neue Schloss Steinach mit dem ca. 20 Hektar großen Schlosspark an die deutsche ‚Reichsautobahn'; zum Ende bzw. zur Verkleinerung der Steinacher Jagd, vgl. Niggl 1957, S. 12.

[552] Zum Jagdrecht und seine Geschichte vgl. Mohnhaupt 2020, S. 133–135; vgl. Bode 2018, S. 79; vgl. www.wikipedia.de, Waidgerechtigkeit, Zugriff: 5.10.2020; vgl. Seibt 2017, S. 28–65, bes. S. 30, 199.

[553] Vgl. Seibt 2017, S. 200–205; vgl. Mohnhaupt 2020, S. 135f., 162.

[554] Vgl. Seibt 2017, S. 66, Wörterlisten auf S. 83, 89, 98f., 102, 106–108, 114–177, 240 usw.; es wird von einem Tier als ‚Stück' gesprochen; die Details der Tiere sind sprachlich sehr genau definiert, z.B. ist ein ‚Rotspießer', ein Hirsch im zweiten Lebensjahr, ebd. S. 84; oftmals werden auch die Vorgänge des Tötens und Sterbens umschrieben wie z.B., wenn mit der Nachsuche gewartet werden soll, damit das Wild „in Ruhe ins Wundbett gehen und ohne weiteres Aufmüden verenden" kann, ebd. S. 207; zum ‚letzten Bissen' vgl. ebd. S. 202.

[555] Vgl. z.B. Seibt 2017, S. 20f., 29f., 53, 57f., 320–323; zur kontroversen Diskussion um das Jagen der Tiere vgl. Jagdmuseum 2019/1, wie Anm. 477.

[556] Kreisgruppen Mallersdorf, Straubing Stadt und Land, Bogen, siehe jeweils deren Homepages unter www.jagd-straubing.de; www.jagd-bogen.de; www.bjv-mallersdorf.de; zum Bayerischen Jagdverband und die Neubesetzung seiner Führung vgl. z.B. Sebald Christian: Vor der Zerreißprobe, in: SZ 10.12.2020.

[557] Freundliche Auskunft der unteren Jagdbehörde im Landratsamt Straubing-Bogen, 2020; vgl.

auch Presseberichte: Reimann Hans: Mehr als nur ein Hobby, in: SRT 25.9.2020; Reimann Hans: Zum Schutz der Wildtiere auf der Pirsch, in: SRT 11.12.2020.

558 Exemplarisch zusammengefasst z. B. von **Neumaier 2019**: Neumaier Rudolf: Frei zum Abschuss, in: SZ 23./24.11.2019; siehe auch Dokumentarfilm von Alice Agneskirchner: Auf der Jagd. Wem gehört die Natur? 2017; Rezension dieses Films vgl. Lutz Cosima: Der Atavismus mit dem grünen Punkt, in: Die Welt, 9.5.2018.

559 Zu Felix Salten vgl. Atze Marcel (Hg.): Im Schatten von Bambi. Felix Salten entdeckt die Wiener Moderne, Wien, Salzburg 2020; vgl. Kahlweit Kathrin: Der Bambi-Reporter, in: SZ 17./18.10.2020; zum Bambi-Film von Walt Disney vgl. Girveau/Diederen 2008, wie Anm. 463, S. 220; vgl. www.wikipedia.de, Bambi (Film), Zugriff: 1.3.2020; vgl. Neumaier 2019, wie Anm. 558: der ‚Bambi-Effekt' als „romantisches Hirsch- oder Bambigeflüstere"; dies und das Folgende ist hier entnommen.

560 Vgl. dazu Neumaier 2019, wie Anm. 558; vgl. Neumaier Rudolf: Baumschutz mit dem Gewehr, in: SZ 4.11.2020; vgl. Sebald Christian: Mehr Bäume, weniger Rehe, in: SZ 18.3.2021; vgl. Sebald Christian: Wild frisst Wald, in: SZ 25.11.2021; vgl. Zwischen Waldschutz und Tierwohl, in: SZ 7./8.12.2019; vgl. Bode/Emmert 2000; zur Biologie des Rehs und den ‚Verbissschäden' im Wald vgl. Seibt 2017, S. 91–99, 311f.

561 Im Landkreis Straubing-Bogen betrug die ‚Rehwildstrecke' im Jahr 2007: 4881 Tiere und im Jahr 2019: 6643 Tiere; im Bereich des Schwarzwildes (Wildschweine) war der Anstieg noch erheblicher: Die ‚Schwarzwildstrecken' betrugen: 1991/1992: 175 Tiere; 2001/2002: 677 Tiere und 2019/2020: 2069 Tiere; freundliche Auskunft der unteren Jagdbehörde im Landratsamt Straubing-Bogen, 2020.

562 Vgl. z. B. „Wald und Wild gehören zusammen". Vorsitzende der Jagdverbandskreisgruppen plädieren für eine tierschutzgerechte Jagd", in: SRT 14.2.2020; zum ‚Rehkitzrettungsverein' in Rattiszell, vgl. Hartl Sandra: Ein beispielhafter Zusammenschluss, in: SRT 5.10.2021.

563 Zum Thema ‚Geweih' [Biologie] vgl. Seibt 2017, S. 73–81; vgl. Bode 2018, S. 95–116; vgl. Texttafeln zum Thema ‚Rothirsch' im Straubinger Tiergarten 2020; dies und das Folgende ist hier entnommen.

564 Zum Geweih als Trophäe vgl. Kammel 2009, S. 135f.; vgl. www.wikipedia.de, Trophäe/Jagdtrophäe, Zugriffe: 6.10.2020.

565 Geschichte der Trophäenjagd vgl. z. B. Bode 2018, S. 76–78.

566 Grundsatz formuliert von Ferdinand von Raesfeld in der Zeitschrift ‚Wild und Hund', zit. nach Mohnhaupt 2020, S. 133.

567 Siehe z. B. Geschichte des 1938 eröffneten Jagd- und Fischereimuseums München und die Diskussion um die Geweihe von Hermann Göring, vgl. dazu: Oelwein Cornelia: Die Geschichte des Deutschen Jagd- und Fischereimuseums München, Lindenberg 2016, bes. S. 13–19; vgl. Sebald Christian: Odins Hautgout, in: SZ 16.10.2013; vgl. Mohnhaupt 2020, S. 124–144, bes. S. 136–139.

568 Vgl. Seibt 2017, S. 444.

569 Vgl. Diskussion um die Pflichthegeschau, die zwischen anachronistischer „Knochenschau" und „Ehrerweisung gegenüber dem erlegten Wild" rangiert, vgl. Frag doch mal die Jäger, in: SZ 5.3.2020; vgl. Kaip Konstantin: „Trophäen herzeigen ist keine Staatsaufgabe", in: SZ 25.4.2019; Lehrbücher bieten Anleitungen zum Präparieren der Geweihe, vgl. Seibt 2017, S. 244f.

570 Seit dem 16./17. Jahrhundert gab es die ersten Geweihdekorationen in Adelsschlössern, vgl. Kammel 2009, S. 133ff.; Ende des 19. Jahrhunderts bis in die 1930er-Jahre kauften sich mehrere geadelte Großbürger in die Ländereien des Gäubodens und der Donauregion ein, unter anderem aus jagdlichen Gründen: z. B. Carl von Lang 1870 in Puchhof, August von Schmieder 1901 in Steinach, Fritz von Thyssen 1937 in Puchhof; vgl. Niggl 1957, S. 6, 11f. ; z. B. hatte August von Schmieder um 1908 ein eigenes Jagdhaus, von dem aber keine Abbildungen überliefert sind; sein Forsthaus war mit einem Hirschgeweih geschmückt, vgl. Foto im AfHG Steinach.

571 Vgl. Kammel 2009, S. 146.

572 Vgl. Hirsch-Mode im Design für Haus und Alltagsgegenstände, um 2007, vgl. Selheim 2009, S. 167.

573 Zum Hirschmotiv als Wandbild vgl. Mentges 1991; vgl. Selheim 2009, bes. S. 162–165; vgl. Brückner 2000; vgl. Grütter/Stottrop 2019, S. 226f.; dies und das Folgende ist hier entnommen; Dank an Dr. Cindy Dexl für Informationen zu diesem Thema.

574 Vgl. Selheim 2009, S. 163.

575 Vgl. Grütter/Stottrop, 2019, S. 165.

576 Zur Geschichte des Likörs ‚Jägermeister' vgl. Mohnhaupt 2020, S. 143f: 1935 wurde die Bezeichnung ‚Jägermeister' – benannt nach dem Reichsjägermeister Hermann Göring – als Warenzeichen patentiert; zum Jägermeister als heutiges Kultgetränk vgl. Selheim 2009, S. 165f.

577 Vgl. allgemein dazu Paukner 2001, S. 30f.; zum ‚Bogener Fischwasser' vgl. Neueder 1990/2, S. 96, in Bogen wurden nach der Säkularisation des Klosters Oberalteich 1803 die Fischrechte an Bogener Fischerfamilien verkauft bzw. gingen auf den Markt Bogen über; zur Straubinger Donau vgl. Jäkel 1973, S. 2f., 6f; die Donau bei Straubing

war 1477–1480 reguliert worden, um die Donau direkt an die Stadt heranzuleiten (‚Neue Donau'), der frühere Donauarm wurde zur ‚Alten Donau', vgl. Landkreis Straubing-Bogen 1984, S. 191.

578 Vgl. Jäkel 1973, S. 7; vgl. Neueder 1990/2, S. 96.

579 Vgl. Jäkel 1973, S. 10, 17, 36ff., 44; ein 1835 gegründeter und 1893 liquidierter Straubinger ‚Fischerverein' konnte die alte Zunftidee auch nicht retten; die Bogener Fischer gaben sich erst 1862 eine eigene Fischereiordnung, vgl. Neueder 1990/2, S. 96.

580 Allgemein und am Beispiel der Oberpfalz dargestellt vgl. Paukner 2001, S. 34–40, bes. S. 39f., dies und das Folgende ist hier entnommen.

581 Für die Straubinger Donau dargestellt vgl. Landkreis Straubing-Bogen 2012, S. 148–157; Landkreis Straubing-Bogen 1984, S. 191–202; schon im Mittelalter gab es punktuelle Flussregulierungen, z. B. bei Straubing und bei Oberalteich; vgl. Anm. 577.

582 Vgl. Bezirksfischereiverein 2002, S. 19; vgl. Jäkel 1973, S. 50, 54: Damit war die Stadt Straubing in Besitz der gesamten Donau von der Mündung der Kleinen Laber bis zur Grenze Reibersdorf; allerdings verpflichtete sich die Stadt, die Gewässer an die Verkäufer zu verpachten (Erbpacht); 1929 kaufte der Fischermeister Anton Deixelberger sämtliche Rechte.

583 Vgl. Jäkel 1973, S. 36: 1713/1714: 17 Fischermeister; 1832: 11 Fischer/Fischhändler, 1973: 2 Fischermeister in Straubing.

584 Zum Straubinger Verein vgl. Bezirksfischereiverein 2002, S.17; vgl. Jäkel 1973, S. 52f; vgl. Satzung 1877, StadtA SR, HV Slgen 41/1; dazu kam noch der 1907 gegründete ‚Angelschutzverein der Bürger der Stadt Straubing e. V.', der 1944 mit dem Fischzuchtverein zum ‚Bezirksfischereiverein Straubing' zusammengelegt wurde, vgl. Jäkel 1973, S. 53–55; zum Bogener Verein vgl. Neueder 1990/2, S. 96f.; vgl. Meldung vom 14.12.1882, StadtA BOG, Kiste 84.

585 Muster hierfür war der 1877 gegründete ‚Kreisfischereiverein' in Landshut, vgl. Jäkel 1973, S. 52f; vgl. Neueder 1990/2, S. 98; in den 1970er-Jahren wurde das Einsetzen von Fischbrut im Straubinger Verein zugunsten des Besatzes mit fangfähigem Fisch aufgegeben, vgl. Bezirksfischereiverein 2002, S. 20–24, v.a. S. 21; vgl. www.bfv-sr.de, Die Gewässer, Zugriff: 17.10.2020.

586 Vgl. Reff o.J., S. 63; vgl. Bezirksfischereiverein 2002, S. 19.

587 Vgl. allgemein dazu Paukner 2001, S. 87–89; der Straubinger Bezirksfischereiverein gab seit 1949 Erlaubnisscheine aus, vgl. Bezirksfischereiverein 2002, S. 20; 2020 zählt er mit ca. 1800 Mitgliedern zu den größten Vereinen der Stadt, vgl. www.bfv-sr.de, Über uns, Zugriff: 17.10.2020.

588 Z. B. Preisfischen im Straubinger Verein seit 1951 vgl. Bezirksfischereiverein 2002, S. 20; vgl. Auseinandersetzung um das Königsfischen und den Tierschutz im Straubinger Verein 2017/2018, SRT 8.8.2017, SRT 11.8.2018.

589 Vgl. Bezirksfischereiverein 2002, S. 18; vgl. Paukner 2001, S. 89.

590 Vgl. Bayerisches Fischereigesetz 10.10.2008, Art. 1 (2), www.gesetze-bayern.de, Zugriff: 17.10.2020; vgl. Paukner 2001, S. 93–95, 107: Fische sind wichtige ‚Bio-Indikatoren' für den Zustand von Gewässern.

591 Vgl. allgemein dazu Paukner 2001, S. 32–34; vgl. Ergert/Zeitler 1993, S. 66–72; vgl. Aussagen des Flussfischers Johann Mayer beim Interview am 24.10.2020 und dazugehörige Objekte; dies und das Folgende ist hier entnommen.

592 Vgl. Fotos aus dem Privatarchiv von Johann Mayer mit Abbildungen der Motorboote seit etwa 1900; vgl. Auseinandersetzung um die Aufstellung einer schwimmenden Motorboothütte durch Fischermeister Johann Ev. Mayer 1931/1932, StadtA SR, Rep. II, Abt. 1t1, 16.

593 Vgl. Regelungen und Unterlagen zum Straubinger „ständigen Fischmarkt" 1910–1929, StadtA SR, Abt. 1t1, 9/2: Immer wieder wurde unter Tierschutzaspekten darauf hingewiesen, wie z. B. 1910, „die zum Verkaufe auf den Markt gebrachten lebenden Tiere […] in schonender Weise zu behandeln."

594 Vgl. Seite aus einem Geschäftsbuch von J. Mayer (1897–1910), hier 19.5.1907, S. 239, in Besitz von Johann Mayer.

595 Zum Fischen mit der Angel und zur Geschichte der Angel allgemein vgl. Paukner 2001, S. 83–93; vgl. Ergert/Zeitler 1993, S. 75–93; vgl. Aussagen von Heinrich R. beim Interview im Frühjahr 2021; dies und das Folgende ist hier entnommen.

596 Zur Geschichte des Bogenbaches vgl. Neueder 1990/2, S. 96–98, bes. S. 96: Einen ersten Beleg für die Verpachtung gibt es von 1847; vgl. handschriftliche Aufzeichnungen von **Heinrich R. 2020**: Heinrich R.: Der Unterlauf des Bogenbaches von der Marktmühle bis zur Mündung in die ‚Alte Donau', Zeitraum 1940–1953; notiert 2021; vgl. Rößler o.J.; vgl. StadtA BOG, Kiste 85; dies und das Folgende ist hier entnommen.

597 Pachtvertrag des Marktes Bogen mit Franz Mayer, 20.3.1909, StadtA BOG, Kiste 85; telefonische Informationen zum Bogenbach und der Marktmühle durch Hans Neueder, 14.1.2022; dies und das Folgende ist hier entnommen.

598 Vgl. Bauer Emil: Der Reiz des Fischens liegt im Verbotenen, in: SRT 13.7.1968; vgl. Diskussion zwischen dem Bezirksamt Bogen und dem Magistrat im Januar und Februar 1930, StadtA BOG, Kiste 85.

[599] Vgl. Pachtverträge mit Xaver Neueder vom 18.12.1918 und vom 20.2.1930; von 1924–1933 war Xaver Neueder Bürgermeister von Bogen, solange konnte er sein Fischrecht am Bogenbach sichern, 1934 wurde ihm die Pacht entzogen, vgl. Brief von Xaver Neueder an die Gemeinde vom 14.21.1934, alles in: StadtA BOG, Kiste 85.

[600] Vgl. Pachtvertrag mit dem Bezirksfischereiverein vom 8.4.1949, StadtA BOG, Kiste 85.

[601] Vgl. Heinrich R. 2020, wie Anm. 596, S. 1f.; vgl. Untersuchung des ‚Fischreichtums' im Bogenbach 1942: Schreiben an den Bogener Bürgermeister vom 17.6.1942 und Schreiben des Vermessungsamtes am 13.11.1942, StadtA BOG, Kiste 85.

[602] Vgl. dazu Neueder 2006, S. 199–201; vgl. Neueder 1995, S. 168–175, bes. S. 171, 173.

[603] Vgl. Antrag Bezirksfischereiverein 15.7.1952, StadtA BOG, Kiste 85; vgl. Heinrich R. 2020, wie Anm. 596, S. 2; Hans Neueder zufolge wurde in den 1970er-/1980er-Jahren ein Teil des Bogenbaches bei der Mühle umgeleitet, um den Fischen Durchgang zu ermöglichen, telefonische Information am 14.1.2022.

[604] Zur Geschichte des Fischessens allgemein vgl. Paukner 2001, S. 23–27, 86f., 106; dies und das Folgende ist hier entnommen.

[605] In den Physikatsberichten für die Region (1859/1860) ist über das Fischessen relativ wenig vermerkt; Ausnahmen sind: der Mitterfelser Physikatsbericht, in dem von Bachforellen die Rede ist, die nicht auswachsen könnten, weil sie zu früh „vertilgt" würden; auch finden sich hier Hinweise auf Karpfen und Hechte, die in den Teichen der Wiesenfelder Hochebene gezüchtet und gehegt werden würden, vgl. PHB MI 1860/3, S. 152; der Bogener Physikatsbericht stellt fest, dass als Alternative zum Fleisch „öfter Fisch auf den Tisch" komme, vgl. PHB BOG 1860, S. 115; zum Fisch als Fastenspeise, der an Freitagen oder zu Fastenzeiten vor Ostern oder Weihnachten gegessen werden durfte, weil es sich nicht um einen ‚Warmblüter' handelt, vgl. allgemein Paukner 2001, S. 24.

[606] Vgl. Schandri 1866: Regensburger Kochbuch „für die bürgerliche Küche", S. 141–153; vgl. Huber 1907: „Universalkochbuch für bürgerliche und herrschaftliche Haushaltungen", S. 64–95.

[607] Laut Teuteberg stieg in Deutschland von 1850–1950 der Pro-Kopf-Verbrauch von Fisch von 2,9 auf 12,5 Kilogramm pro Jahr, zit. nach Paukner 2001, S. 25.

[608] Die Flussfischerei und Teichwirtschaft als ‚Marktnische', vgl. dazu Paukner 2001, S. 27; vgl. Jäkel 1973, S. 90.

[609] Seine Fische wurden bereits mehrfach gezeigt, z. B. 2011 im Ziegel + Kalkmuseum Flintsbach und 2014 auf der Landesgartenschau in Deggendorf; auch hat Alfred Urlbauer eine Übersicht über seine Fische in Buchform veröffentlicht: vgl. Urlbauer 2020, im Vorwort – „Eine Idee wird zum Programm" – beschreibt Alfred Urlbauer sein Anliegen, das er mit den geschnitzten Fischen verbindet; vgl. Uhrich Miriam: Der Fischnarr, in: SRT 30.7.2018.

[610] Zu der Biologie und fischereilichen Nutzung der heimischen Fische vgl. Heintges 2020; Urlbauer 2020.

[611] Zum Thema der Fischregionen und zur Einteilung der Fische: Dank für die Informationen der niederbayerischen Fachberatung für Fischerei, Landshut; Dr. Maximilian Seefelder; Berufsfischer Johann Mayer, 2020; Literatur dazu vgl. Heintges 2020; Urlbauer 2020; dies und das Folgende ist hier entnommen.

[612] Langner 2018, S. 29.

[613] Vgl. Langner 2018, S. 8f., 17–29, 41, 81–98; vgl. Brehms Tierleben 1902/3: ‚niedere Tiere", S. 195, 197; vgl. www.straubing.bund-naturschutz.de, Vier Minuten faszinierende Fakten über Amphibien, Zugriff: 12.10.2020; dies und das Folgende ist hier entnommen.

[614] Vgl. Balser Markus: Straßenkampf, in: SZ 13.10.2020.

[615] Vgl. Grütter/Stottrop 2019, S. 83; vgl. regelmäßige Aufrufe des Bund Naturschutz in den Medien zum Krötenschutz, z. B. SRT 28.2.2019, SRT 12.3.2019, SZ 18.2.2020; in Steinach beispielsweise wurde 2012 von der gelungenen „Erdkrötenaktion Bufo Bufo" berichtet, 2016 installierte man hier ein dauerhaftes „Amphibienleitsystem" mit Durchlässen unter der Straße, vgl. Gemeindebote Steinach, Dezember 2012, S. 60; vgl. Langwieder Ludwig: Mit „Froschaugen" geplant, in: SRT 28.6.2016.

[616] Vgl. Was quakt und zischt in Bayern noch?, in: SRT 22.11.2019; vgl. Baier Tina: Wie das Artensterben den Menschen trifft, in: SZ 15.10.2021: Amphibien zählen heute zu den am meisten gefährdeten Tierarten.

[617] Zum Thema Kamel und Elefant in der Krippe sowie zu den Hl. Drei Königen allgemein vgl. Bogner 2003, S. 113–119; 120–125; auch repräsentierten die Hl. Drei Könige und ihre Tiere, Elefant, Kamel und Pferd, die drei damals bekannten Erdteile Afrika, Asien und Europa, vgl. Kunz 2020, bes. S. 37; vgl. Gockerell 2005, S. 70; dies und das Folgende ist hier entnommen.

[618] Zu Osterrieder und dem von ihm benutzten ‚französischen Hartguss' vgl. www.wikipedia.de, Sebastian Osterrieder, Zugriff: 21.9.2020; vgl. Vogel Herrmann: Sebastian Osterrieder. Der Erneuerer der künstlerischen Weihnachtskrippe, Lindenberg i.A. 2012.

[619] Zur Klosterkrippe Oberalteich, die etwa zwischen 1740 und 1800 entstanden ist, vgl. Michal 2003; vgl. Schad 1988, S. 62–69.

[620] In der Chronik von Johann Gottlieb Dimpfel: Ratis Bona […] Beschreibung […], Regenspurg 1740ff., 4, S. 692, StadtA RGBG, vgl. Fendl 1988, S. 65f.; exotische Tiere waren eher in Städten und weniger auf dem Land zu sehen, das zeigt beispielsweise der Weg eines Nashorns quer durch europäische Städte in den 1740er-Jahren, vgl. ebd. S. 58f; in Regensburg verteilte Flugblätter mit besonderen Tieren sind abgebildet in: ebd., S. 59, 63f.

[621] Z. B. Friedrich Justin Bertuch: Bilderbuch für Kinder […], Weimar 1792–1830.

[622] Zur Geschichte des Straubinger Tiergartens vgl. Festschrift Tiergarten 1998; vgl. Lohmüller 2013; vgl. **Krenn 2018**: Krenn Dorit-Maria: Texttafeln der Sonderausstellung ‚80 Jahre Tiergarten Straubing', 2018 gezeigt im Tiergarten Straubing; vgl. Krenn/Lettner 2008; vgl. **Krenn BZ 2018**: Krenn Dorit-Maria: Vom Schwanenteich zum modernen Zoo […], in: Bayerische Staatszeitung, 9.7.2018, www.bayerische-staatszeitung.de, Zugriff: 18.9.2020, S. 1–7; vgl. Verein der Freunde des Tiergartens Straubing e. V. (Hg.): Die Freunde des Tiergartens Straubing. Eine Vereinschronik, Straubing 2007; dies und das Folgende ist hier entnommen.

[623] Ludwig Aschenbrenner war hauptberuflich Besitzer des 1927 eröffneten Straubinger Milchwerkes; 1928 pachtete er im Stadtpark das ehemalige Hirtenhaus, ‚Mooshäusl' genannt; dort verkaufte er frische Milch und versuchte durch Attraktionen wie lebende Tiere und einen Spielplatz viele Familien ‚anzulocken', vgl. Höchtl 1930, S. IV.

[624] SRT 8.2.1937, vgl. dazu Krenn Dorit-Maria: „Ei dei dei – ein Faschingszug wie noch nie", in: SRT 21.2.2004.

[625] Hermann Göring hielt sich junge Raubkatzen als Haustiere; zum „Reiz der Raubtiere" im Nationalsozialismus vgl. Mohnhaupt 2020, 114–119; zu Reiters Löwen vgl. Lohmüller 2013, S. 320–326, 333f.; vgl. Burgmayer Patricia: „Ich hoffe, dass Ihnen die Löwen gefallen", in: SRT 16.12.2017.

[626] Zu Johannes Lange vgl. Lohmüller 2013, S. 326–347; vgl. Krenn/Lettner 2008, o.S.; vgl. Krenn 2018, wie Anm. 622; vgl. dies. BZ 2018, wie Anm. 622, S. 2f.; vgl. Lohmüller Markus: „Romeo, Cäsar, Simba, Michel – ganz brav!", in: SRT 13.10.2018.

[627] Zu ‚Jimmy' und Hans Schäfer vgl. Festschrift Tiergarten 1998, S. 17, 33; vgl. Krenn 2018, wie Anm. 622; vgl. diess. BZ 2018, wie Anm. 622, S. 3; vgl. ‚Jimmy' auf dem Titelbild von: Schäfer Hans: Wegweiser durch den Tiergarten, Straubing 1960.

[628] Zu Franz Wiegand und die Affenhaltung vgl. Krenn 2018, wie Anm. 622; vgl. dies. BZ 2018, wie Anm. 622, S. 3.

[629] Backmund Michael: Schlaraffenleben ade – für Lutz und Alfons wird`s tierisch, in: Abendzeitung 5.8.1996.

[630] Aufschrift lesbar auf Foto des Affenpavillons, StadtA SR

[631] Vgl. Urban Christoph: Alfons lebt nicht mehr, in: SRT 26.6.2020; vgl. ders.: Langsamer Abschied, in: SRT 17.10.2020; vgl. ders.: „Lasst uns einfach unsere Arbeit machen", in: SRT 17.11.2020; Keine Gibbons für den Tiergarten, in: SRT 19.11.2020.

[632] Zum Neubau der Löwenanlage vgl. Feldmeier Lena: Ein Löwensprung bis zum Baubeginn, in: SRT 28.10.2021; Neues Zu Hause für Shari und Kiano, in: SRT 16.11.2021.

[633] Vgl. Michal 2009, S. 37–60; dies und das Folgende ist hier entnommen.

[634] Löwen verschiedener Art waren damals in zahlreichen Wappen von Hochadeligen des „rheinisch-moselfränkischen Raumes" abgebildet; vermutlich wollte, so Volkert, Otto II. mit dem Wappenbild des ‚pfälzischen' Löwen die Zugehörigkeit zu diesen Dynasten dokumentieren, vgl. Volkert 1980, S. 15.

[635] Die gezeigten Wappendarstellungen stammen vermutlich aus: Otto Titan von Hefner (Hg.): J. Siebmachers großes und allgemeines Wappenbuch, 1. Bd. Nürnberg, 1854–1856; zur Geschichte des Löwen im bayerischen Wappen vgl. v.a. Volkert 1980, S. 14–17, 20–23; von demselben Autor stammen weitere Beiträge zum gleichen Thema im Internet: www.bavarikon.de, Bayerisches Wappen und www.historisches-lexikon-bayerns.de, Bayerisches Wappen, Zugriffe: 24.9.2020; vgl. Stadler 1974, S. 124–126; vgl. Reiss-Engelhorn-Museen 2013, S. 26f., 49–54; vgl. Oelwein 2004, S. 12–27; vgl. Bayerisches Staatsministerium der Finanzen 2014, S. 18–37; dies und das Folgende ist hier entnommen.

[636] Vgl. Volkert 1980, S. 16f.; seit dem 17. Jahrhundert gab es ‚feine' Unterscheidungen im pfälzischen und bayerischen Wittelsbacher-Wappen: Die Pfälzer setzten den Löwen an die erste Stelle der Wappenvierung, die Bayern die Rauten.

[637] Die Farben sind ebenfalls schon im 13. Jahrhundert belegt, vgl. Volkert 1980, S. 15.

[638] Vgl. Volkert 1980, S. 22.

[639] Dieses Wappen hatte der bekannte Heraldiker Otto Hupp in Anlehnung an das Königswappen von 1835 gestaltet, vgl. Volkert 1980 S. 22f.

[640] Vgl. ebd., S. 23.

[641] Vgl. Bayerisches Staatsministerium der Finanzen 2014, S. 65, 72f., 76.

[642] Ebd. S. 76, vgl. ebd. S. 75–99, bes. S. 96; der bayerische Löwe wurde immer wieder politisch in Dienst genommen, z. B. ab 1871 als Symbol für bayerische Eigenständigkeit oder 1970 im neuen

CSU-Parteilogo als „Ausdruck der Stärke“, vgl. Reiss-Engelhorn-Museen 2013, S. 47.

643 Bogen durfte als „kleinerer Markt“ seit 1820 zur kommunalen Selbstverwaltung einen Bürgermeister, vier Räte, zwölf Gemeindebevollmächtigte wählen und dazu einen „hauptberuflichen Marktschreiber für Verwaltung und Justiz anstellen“, vgl. Neueder Hans: Bogen. Grafschaft, Markt, Stadt an der Donau, Stuttgart 1999, S. 57; zu den Bogener Marktschreibern vgl. Neueder 1995, S. 25–27; zur Bogener Ämtergeschichte vgl. ebd., S. 21–24; dies und das Folgende ist hier entnommen.

644 Zu Schwannberger vgl. Neueder 1990/1, S. 255–276, bes. S. 267; vgl. Stadt Bogen 1987, S. 79; vgl. Endres 2013, S. 139–194, bes. S. 142.

645 Vgl. Bayerisches Staatsministerium der Finanzen 2014, S. 83 und Titelseite; vgl. Oelwein 2004, S. 94–98, 235–237.

646 Schon im Mittelalter galten Löwen als ‚Wächter des Hauses‘, vgl. Bayerisches Staatsministerium der Finanzen 2014, S. 9ff.; vgl. Oelwein 2004, S. 50–54; im romanischen Kirchenportal von St. Peter in Straubing beispielsweise kämpft ein ‚guter‘ Löwe gegen einen ‚bösen‘ Drachen, vgl. Schnell Hugo u.a.: St. Peter Straubing, Schnell Kunstführer Nr. 1005, Regensburg 1995, S. 4, 6.

647 Vgl. Herold 2002, S. 93.

648 Diese ‚Liebesgaben‘, häufig in Museen als ‚Volkskunst‘ gesammelt, wurden ursprünglich im Umfeld von Verlobung und Hochzeit verschenkt, bezogen sich formal auf Arbeitsgerät, waren aber repräsentativ und nicht zur Benutzung gedacht, vgl. Deneke Bernward: Europäische Volkskunst, Propyläen Kunstgeschichte Supplementbände, Frankfurt am Main u.a. 1985, S. 11–81, bes. S. 51f., 65f.

649 Malerba 1984, S. 51.

Im Folgenden wird nur die häufiger zitierte Literatur genannt. Internetartikel, Zeitungsartikel und weniger oft benutzte Literatur stehen ausschließlich in den Endnoten.

Agsteiner 1996: Agsteiner Hans: Steinach. Eine Heimatgeschichte und Chronik [...], Straubing 1996.

Agsteiner/Grundler 2008/1,2,3: Agsteiner Hans; Grundler Thomas: 1908–2008. Neues Schloss Steinach, Beilage zum Gemeindeboten [Steinach], Teil 1, Juni 2008; Teil 2, Sept. 2008; Teil 3, Dez. 2008.

Ahne 2016: Ahne Petra: Wölfe. Ein Portrait, Naturkunden No. 27, Berlin 2016.

Albus 2019: Albus Anita: Sonnenfalter und Mondmotten, Frankfurt a.M. 2019.

Andritzky 1992: Andritzky Michael (Hg.): Oikos. Von der Feuerstelle zur Mikrowelle. Haushalt und Wohnen im Wandel, Ausstellungskatalog, Gießen 1992.

Angerer 2019: Angerer Birgit u.a. (Hg.): Sauberkeit zu jeder Zeit! Hygiene auf dem Land, Schriften Süddeutscher Freilichtmuseen, Bd. 7, Ausstellungskatalog Wanderausstellung, Petersberg 2019.

Arbeitsgemeinschaft Deutscher Rinderzüchter 1953: Arbeitsgemeinschaft Deutscher Rinderzüchter (Hg.): Die deutschen Rinderrassen, Hannover 1953.

Bausinger 1971: Bausinger Hermann: Tierzucht und Namengebung. Zu den Eigennamen des Zuchtviehs, in: Maria Bindschedler (Hg.): Festschrift für Paul Zinsli, Bern 1971, S. 171–184.

Bausinger 1995: Bausinger Hermann: Das Buch der Märchen, Frankfurt a.M., Wien 1995.

Bavaria 1860: Riehl Wilhelm Heinrich (Hg.): Bavaria, Landes- und Volkskunde Bayerns, Bd. 1.2, Ober- und Niederbayern, München 1860.

Bayerisches Staatsministerium der Finanzen [...] 2014: Bayerisches Staatsministerium der Finanzen, für Landesentwicklung und Heimat (Hg.): Löwen aus Bayerns Schlössern und Burgen, Ausstellungskatalog Wanderausstellung, Regensburg 2014.

Bezirksfischereiverein 2002: Bezirksfischereiverein Straubing e.V. (Hg.): Festschrift 125-jähriges Gründungsjubiläum 2002, o.O. 2002.

Bibel 1965: Die Bibel, Freiburg i. Br. 1965.

Bode 2018: Bode Wilhelm: Hirsche. Ein Portrait, Naturkunden No. 46, Berlin 2018.

Bode/Emmert 2000: Bode Wilhelm; Emmert Elisabeth: Jagdwende. Vom Edelhobby zum ökologischen Handwerk, München 2000.

Böhm 2003: Böhm Max u.a. (Hg.): Auf der Hut. Hirtenleben und Weidewirtschaft, Schriften Süddeutscher Freilichtmuseen, Bd. 2, Ausstellungskatalog Wanderausstellung, Amberg 2003.

Böhm 2019: Böhm Max: Saustall! Menschliche Notizen zur tierischen Hygiene, in: Angerer 2019, S. 233–243.

Bogner 2003: Bogner Gerhard: Das neue Krippenlexikon, Lindenberg 2003.

Bohus 1998: Bohus Julius: Geschichte des Sports in Bayern, Augsburg 1998, S. 24–27.

Bosl 1968: Bosl Karl: Straubing, das neue und alte Gesicht einer Stadt im altbayerischen Kernland. Festschrift aus Anlaß des 750. Gründungsjubiläums, Straubing 1968.

Brehm 1977: Brehm Peter: Schäferhunde. Der Deutsche Schäferhund, Köln-Braunsfeld 1977.

Brehms Tierleben 1902/1,2,3: Brehms Tierleben. Kleine Ausgabe für Volk und Schule, Bd. 1,2,3, Leipzig, Wien 1902.

Brensing 2018: Brensing Karsten: Alfred Brehm und die Gefühle der Tiere, in: Brehms Tierleben. Die Gefühle der Tiere, Berlin 2018, S. 7–39.

Brückner 2000: Brückner Wolfgang: Der röhrende Hirsch. Symbol der Trivialkunst? Symbol einer Epoche!, in: Ders.: Volkskunde als historische Kulturwissenschaft, Bd. 6, Kunst und Konsum: Massenbildforschung, Würzburg 2000, S. 490–494.

Buchner/Buchner 2005: Buchner Josef; Buchner Gustl: Aholfing. Geschichte einer Donaugemeinde [...], Bd. 1, Aholfing und Puchhof, Straubing 2005.

Bundesministerium Landwirtschaft o.J.: Bundesministerium für Ernährung, Landwirtschaft und Forsten (Hg.): Vorräte in Gefahr, Hiltrup o.J. [um 1950?]

Bundeszentrale für politische Bildung 2021: Bundeszentrale für politische Bildung (Hg.): Fleisch, Zeitschrift Aus Politik und Zeitgeschichte, 71. Jg. 51–52/2021

Därmann 2017: Haustiere und Hausfreunde. Über Nähe und Ferne von Menschen und Tieren, in: Krason 2017, S. 12–48.

Dardemann 2015: Dardemann Katrin: Zwischen Selbstversorgung und Selbstbedienung, in: Lummel Peter; Deak Alexandra (Hg.): Einkaufen. Eine Geschichte des täglichen Bedarfs, Arbeit und Leben auf dem Lande, Bd. 10, Ausstellungskatalog, Berlin 2005, S. 61–67.

Dering/Eymold 2010: Dering Florian; Eymold Ursula: Das Oktoberfest 1810–2010, Ausstellungskatalog Münchner Stadtmuseum, München 2010.

Deutsches Hirtenmuseum Hersbruck 2004: Deutsches Hirtenmuseum Hersbruck: Schaf – Wolle – und? Der Nutzen vom lebenden Schaf, Ausstellungskatalog, Hersbruck 2004.

Dobnig-Jülch 1996: Dobnig-Jülch Edeltraut: Namen von Haustieren und Zuchttieren, in: Ernst Eichler u.a. (Hg.): Namenforschung. Ein internationales Handbuch zur Onomastik, Band 2, Handbücher zur Sprach- und Kommunikationswissenschaft 11.2, Berlin 1996, S. 1583–1589.

Dölker 2016: Dölker Christian: Von unbehaglichen Tieren. Legitimationsstrategien der Tiernutzung in der Gartenlaube-Illustriertes Familienblatt, in: Nieradzik/Schmidt-Lauber 2016, S. 105–115.

Dr. Lampe o.J.: Dr. Lampe´s Bienenzucht. Populäres Handbuch […], Leipzig o.J.

Endres 2013: Endres Werner: Kachelöfen aus der Werkstatt Schwannberger in Bogen, in: JBHVSR 114, 2012, Straubing 2013, S. 139–194.

Ergert/Zeitler 1993: Ergert Bernd E.; Zeitler Karl-Heinz: Deutsches Fischereimuseum München, Museumsführer, Braunschweig 1993.

Feige 1982: Feige Wieland: Leben und Schaffen des Schlachthofdirektors Oberveterinärrat Dr. med. vet. Hugo Andreas Heiss Straubing (1863–1936), Dissertation Tierärztliche Hochschule Hannover, Hannover 1982.

Feige 2020: Feige Johanna (Hg.): zum fressen gern? tiere und ihre menschen, Schriftenreihe der Museen des Bezirks Schwaben, Bd. 57, Ausstellungskatalog, Oberschönenfeld 2020.

Fendl 1988: Fendl Elisabeth: Volksbelustigungen in Regensburg im 18. Jahrhundert, Regensburger Schriften zur Volkskunde, Bd. 5, Vilseck 1988.

Festschrift Geflügelzuchtverein 2004: Festschrift 125 Jahre Geflügelzuchtverein Straubing und Umgebung e. V. 1879–2004, Straubing 2004.

Festschrift Imkertag 1996: Festschrift Deutscher Imkertag 1996, Aiterhofen 1996.

Festschrift Imkerverein Kirchroth-Pondorf 1990: Festschrift 70 Jahre Imkerverein Kirchroth-Pondorf […], Mitterfels 1990.

Festschrift Rennverein 1973: Festschrift 100 Jahre Zucht- und Trabrennverein Straubing, Straubing 1973.

Festschrift Tiergarten 1998: Jubiläumsfestschrift zum 60-jährigen Bestehen des Straubinger Tiergartens, Straubing 1998.

Fleischatlas 2019: Heinrich Böll Stifung u.a. (Hg.): Fleischatlas. Daten und Fakten über Tiere als Nahrungsmittel, Großbeeren 2019.

Fürst 1817: Fürst Johann Evangelist: Der verständige Bauer Simon Strüf. […] Lehr- und Exempelbuch, zweiter Theil, Straubing 1817.

Gall 1987: Gall Albert: Die Imkerei im Gäuboden und im Bayerwald in den letzten 50 Jahren, in: Festschrift Deutscher Imkertag 1987, Straubing 1987, S. 48f.

Geimer 2018: Geimer Peter: Fliegen. Ein Portrait, Naturkunden No. 45, Berlin 2018.

Gemäldegalerie Dachau 2015: Zweckverband Dachauer Galerien und Museen (Hg.): „Akt und Roß genügten mir …“. Der Maler Max Feldbauer 1869–1948, Ausstellungskatalog Gemäldegalerie Dachau, o.O. 2015.

Geo-Wissen 2017: Geo-Wissen, Geliebte Gefährten, Mensch und Tier, Nr. 60, Hamburg 2017.

Gockerell 2005: Gockerell Nina u.a. (Hg.): Krippen im Bayerischen Nationalmuseum, Kataloge des Bayerischen Nationalmuseums, Neue Folge Band 1, München 2005.

Gottschalk 1984: Gottschalk Leo u.a. (Hg.): Die Landwirtschaft im Landkreis, in: Landkreis Straubing-Bogen 1984, S. 127–174.

Grueber/Müller 1851: Grueber Bernhard; Müller Adelbert: Der Bayerische Wald (Böhmerwald), Regensburg 1851.

Grütter/Stottrop 2019: Grütter Heinrich Theodor; Stottrop Ulrike (Hg.): Mensch und Tier im Revier, Ausstellungskatalog Ruhr Museum Essen, Essen 2019.

Haenel 1911: Haenel Karl: Der Vogelschutz, München 1911.

Haneberg 1956: Haneberg Bonifaz: Geflügelwirtschaft auf dem Bauernhof, Bonn, München, Wien 1956.

Häring o.J.: Häring Georg: Die Landwirtschaft im Landkreis Straubing, in: Landratsamt Straubing o.J. [1970], S. 193–246.

Häring 1980: Häring Georg: Söizog´n, strangkitzli und stoigrante. Alte Begriffe und Ausdrücke aus dem Sprachgut der Landwirtschaft des Gäubodens, Straubing o.J. [1980].

Häring 1989: Häring Georg: Dö Woazan und eahna Gai. Land, Leute und wirtschaftliches Leben im niederbayerischen Gäu, Plattling 1989.

Hartinger 1992: Hartinger Walter: Religion und Brauch, Darmstadt 1992.

Hartl 2001: Hartl Lydia: Untersuchungen zur Bedeutung des Rottaler Pferdes in Vergangenheit, Gegenwart und Zukunft, München 2001.

Harvolk 1987: Harvolk Edgar: Storch, Storch bester. Volkskundliche Skizzen über Adebar, in: Zischka 1987, S. 204–209.

Heintges 2020: Heintges Lehr- und Lernsystem: Sicher durch die Fischerprüfung. Süßwasserfische, Marktredwitz 2020.

Heiß 1904: Heiß Hugo: Das Betäuben der Schlachttiere mittels blitzartig wirkender Betäubungsapparate, Leipzig, Berlin 1904.

Henker 1992: Henker Michael u.a. (Hg.): Bauern in Bayern von der Römerzeit bis zur Gegenwart, Veröffentlichungen zur Bayerischen Geschichte und Kultur, Nr. 23/92, Ausstellungskatalog Herzogschloß Straubing, München 1992.

Herold 2002: Herold (Hg.): Handbuch der Heraldik. Wappenfibel, Neustadt an der Aisch 2002.

Hilmer 1996: Hilmer Heinrich: In Erinnerung an die Straubinger Belegstelle Braun's Heide in Radldorf, in: Festschrift Deutscher Imkertag, 1996, Aiterhofen 1996, S. 35.

Höchtl 1930: Höchtl Otto (Bearb.): Straubing, Berlin 1930.

Horn 1957: Horn Erna: Der neuzeitliche Haushalt, Kempten 1957.

Hruschka 1990: Hruschka Marion: Die Entwicklung des Geld- und Kreditwesens unter besonderer Berücksichtigung im Raum Straubing-Bogen 1803–1972, Straubing o.J. [1990].

Huber 1907: Huber Josephine: Neues illustriertes Universal-Kochbuch, Straubing 1907.

Huber 1988: Huber Franz M.: Unsere Tiere im alten Bayern, Pfaffenhofen 1988.

Huber/Krenn 2011: Huber Alfons; Krenn Dorit-Maria: Straubing in Niederbayern. Der Stadtführer, Straubing 2011.

Huber/Prammer 1987: Huber, Alfons; Prammer, Johannes (Hg.): Die fünfte Jahreszeit. 175 Jahre Gäubodenvolksfest, Katalog 11, Gäubodenmuseum Straubing, Straubing 1987.

Jäkel 1973: Jäkel Reinhard: Betrag zur Donaufischerei im Straubinger Raum, Zulassungsarbeit, Lehramt Volksschulen, masch. schr., o.O. 1973.

Kammel 2009: Kammel Frank Mathias: Gehörnt. Das Geweih als Trophäe, Apotropaion und Zierrat, in: Germanisches Nationalmuseum Nürnberg (Hg.): Vom Ansehen der Tiere, Kulturgeschichtliche Spaziergänge im GNM, Bd. 11, Nürnberg 2009, S. 132–147.

Kammel 2019: Kammel Frank Mathias (Hg.): Treue Freunde. Hunde und Menschen, Ausstellungskatalog Bayerisches Nationalmuseum München, Berlin, München 2019.

Kammermeier 1978: Kammermeier Alois: Taubenhäuser Taubenschläge, Rosenheim 1978.

Kammermeier 1988: Kammermeier Alois: Der niederbayerische Taubenkobel, in: Nawrotzky 1988, S. 56–61.

Kegel 2019: Kegel Bernhard: Käfer. Ein Portrait, Naturkunden No. 56, Berlin 2019.

Kerscher 1979: Kerscher Otto: Genau a so is gwen, Regensburg 1979.

Kirchinger 2004: Kirchinger Johann: Zwischen Futtertrog und Werbespot. Landwirtschaftliche Tierhaltung in Gesellschaft und Medien, Weiden, Regensburg 2004.

Kirchinger 2012: Kirchinger Johann: Landwirtschaft, in: Landkreis Straubing-Bogen 2012, S. 202–230.

Kirchinger/Stadler 2012: Kirchinger Johann; Stadler Richard: Die Arbeit, das Sach´ und der Tod. Dörfliche Lebenswelten vor dem Ersten Weltkrieg. Historische Fotografien 1908 bis 1914, München 2012.

Kirchinger 2015: Kirchinger Johann: Der nicht kontrollierbare Raum. Die Deutung der bäuerlichen Arbeitswelt in der Moderne – im Spiegel der Eigennamen für Nutztiere, in: Beiträge zur Namenforschung 50, 2015, S. 335–363.

Kleiss/Soltani 2006: Kleiss Wolfram; Soltani Liselotte: Taubenhäuser in Deutschland und Europa, Berlin 2006.

Köstlin 1941: Köstlin Helmut: Die Kartoffelkäfer-Fibel, o.O., 1941.

Kohl 1929: Kohl Franz: Das Zuchthaus Straubing und seine Organisation 1929 [Abschrift], Straubing 1996.

Kohl 1930: Kohl Franz: Das Zuchthaus Straubing und seine Organisation, in: Höchtl Otto (Bearb.): Straubing, Berlin 1930, S. 68–72.

Koob 1999: Koob Hanna: Neujahrskarten, in: Stadt Marktredwitz (Hg.): Prosit Neujahr. Zur Kultur der Jahreswende, Ausstellungskatalog Egerland-Museum Marktredwitz, Marktredwitz 1999, S. 103–111.

Kramer 1926: Kramers Taschenbuch der Rassegeflügelzucht [1. Auflage 1899, Reprint der 3. Auflage von 1926], Waltrop und Leipzig 1999.

Krämer 2013: Krämer Eva-Maria: Faszination Rassehunde, Stuttgart 2013.

Krason 2017: Krason Viktoria u.a. (Hg.): Tierisch beste Freunde. Über Haustiere und ihre Menschen, Begleitband Ausstellung Deutsches Hygiene-Museum Dresden, Berlin 2017.

Kraus 1950: Kraus Franz: Fachkunde für Metzger, München 1950.

Krenn 2007: Krenn Dorit-Maria: Zeitsprung. Bilder einer Stadt 1953–1967, Straubing 2007.

Krenn 2012: Krenn Dorit-Maria: Kleine Straubinger Stadtgeschichte, Regensburg 2012 / **Krenn 2019**: dasselbe in zweiter Auflage.

Krenn 2013: Krenn Dorit-Maria: A Trumm vom Paradies. 200 Jahre Gäubodenvolksfest Straubing 1812 bis 2012, Katalog Gäubodenmuseum Straubing, Nr. 33, Straubing 2013.

Krenn/Lettner 2008: Krenn Dorit-Maria; Lettner Theresa: Rocasimi, Straubing 2008.

Kruschina 2004: Kruschina Holger: Nutztierhaltung aus christlich-ethischer Sicht, in: Kirchinger 2004, S. 11–14.

Kuh-Handel o.J.: Kuhhandel. Vom Umgang mit einem Nutztier, Ausstellungskatalog Wanderausstellung, Bauernmuseum im Fischerhof u.a., o.O. o.J.

Kunz 2020: Kunz Wolfgang: Was hat der Elefant an der Krippe zu suchen? […], in: Der bayerische Krippenfreund 392, Bd. 6, Straubing 2020, S. 36–41.

Landkreis Straubing-Bogen 1984: Landkreis Straubing-Bogen (Hg.): Der Landkreis Straubing-Bogen, Gesamtleitung Wellenhofer Michael, Straubing 1984.

Landkreis Straubing-Bogen 2012: Landkreis Straubing-Bogen (Hg.): Gäu Wald Fluss. Geschichte(n) aus dem Landkreis Straubing-Bogen seit 1800, Gesamtleitung Michal Barbara, Straubing 2012.

Landratsamt Straubing o.J.: Landratsamt Straubing (Hg.): Der Landkreis Straubing. […], Gesamtleitung Fischer Josef, Passau o.J. [1970].

Landschaftsverband Westfalen-Lippe 2015: Landschaftsverband Westfalen-Lippe (Hg.): Darf's ein bisschen mehr sein? Vom Fleischverzehr und Fleischverzicht, Ausstellungskatalog, Münster 2015.

Landwirtschaftliche Tierhaltung 2013: Landwirtschaftliche Tierhaltung. Lehrbuch für die Landwirtschaftsschulen, München 2013.

Langner 2018: Langner Beatrix: Kröten. Ein Portrait, Naturkunden No. 40, Berlin 2018.

Lentner 1846: Lentner Joseph Friedrich: Schilderung der Landgerichtsbezirke Wörth, Mitterfels, Bogen und Deggendorf 1846–1852, in: Neueder Hans (Hg.): Land und Leute im vorderen Bayerischen Wald, Bogen 1997, S. 29–44.

Lidl 1865: Lidl Max: Landwirthschaftliche Reise durch den bayerischen Wald [1865], Reprint Markmiller Fritz (Hg.), Grafenau 1986.

Lidl 1871: Lidl Max: Die landwirthschaftlichen Zustände der fruchtbaren Donauebene Niederbayerns, Straubing 1871.

Lieckfeld 2002: Lieckfeld Claus-Peter: Tierliebe – ein Menschending, in: Stiftung Deutsches Hygiene-Museum 2002, S. 29–37.

Lobenhofer 1985: Lobenhofer Franziska: Imkerei in Oberbayern, Schriften des Freilichtmuseums des Bezirks Oberbayern, Nr. 10, Großweil 1985.

Löffler 2010: Löffler Klara: À la longue. Mensch und Hund unterwegs in der Stadt, in: Bricolage 6, Sauberkeit, Ordnung, Sicherheit in der Stadt, Innsbruck 2010, S. 205–215.

Löfgren 1986: Löfgren Orvar: Natur, Tiere und Moral. Zur Entstehung der bürgerlichen Naturauffassung, in: Jeggle Utz u.a. (Hg.): Volkskultur in der Moderne, Reinbek b. Hamburg 1986, S. 122–144.

Lohmüller 2013: Lohmüller Markus: Wie die Löwen in den Stadtpark kamen. Die Anfänge des Tiergartens Straubing 1937–1948, in: JBHVSR, 114. Jg. 2012, Straubing 2013, S. 309–347.

Lohwasser 1999: Lohwasser Regina: Viel Glück!, in: Stadt Marktredwitz (Hg.): Prosit Neujahr. Zur Kultur der Jahreswende, Ausstellungskatalog Egerland-Museum Marktredwitz, Marktredwitz 1999, S. 93–102.

Luggauer 2017: Luggauer Elisabeth: „An die Leine!" Hunde in städtischen Ordnungsdiskursen, in: Grazer Beiträge zur europäischen Ethnologie, Bd. 22, Weimar 2017.

Lutwyche 2020: Lutwyche Richard: Das Schwein. Geschichte, Biologie, Rassen, Bern 2020.

Macho 2015: Macho Thomas: Schweine. Ein Portrait, Naturkunden No. 17, Berlin 2015.

Maier 2013: Maier Stefan: Pferderennen auf dem Straubinger Gäubodenvolksfest, in: Krenn 2013, S. 344–355.

Maier-Bode 1921: Maier-Bode Fr.: Der praktische Landwirt, Ulm 1921.

Malerba 1984: Malerba Luigi: Die nachdenklichen Hühner [1980], Berlin 1984

May 1860: May Georg: Betriebsamkeit, in: Bavaria 1860, S. 1033–1054.

Mayr 1900: Mayr Julius: Das Bezirksamt Bogen in seinen sanitären und hygienischen Verhältnissen, München 1900.

Mentges 1991: Mentges Gabriele: Der »König des Waldes« oder der Hirsch im Wohnzimmer. Anmerkungen zur Popularisierung eines Tiermotivs, in: Hessische Blätter für Volks- und Kulturforschung, Neue Folge Bd. 27, Marburg 1991, S. 11–24.

Michal 1994: Michal Barbara: Notkost. Aspekte einfachen Essens im 20. Jahrhundert anhand einiger Kochbücher, in: Oberpfälzer Volkskundemuseum Burglengenfeld (Hg.): Von Murks bis Kunst. Eine Palette der Improvisationen, Ausstellungskatalog, Maxhütte-Leonberg 1994, S. 66–80.

Michal 2003: Michal Barbara: Die Huldigung der Stände vor Christus. Barocke Krippenfiguren des Klosters Oberalteich […], Museumsheft Nr. 3, Ausstellungskatalog Kreismuseum Bogenberg, Bogen 2003.

Michal 2006: Michal Barbara: Bildzeugen. Der Landkreis Straubing-Bogen in Fotografien 1880–1940, Ausstellungskatalog Kreismuseum Bogenberg, Straubing 2006.

Michal 2009: Michal Barbara: Museumsführer Kreismuseum Bogenberg, Bogen 2009.

Mößmer 2000: Mößmer Anton: Der Hochzeitsbaum. Bilder und Sprüche aus Niederbayern, Straubing 2000.

Mohnhaupt 2020: Mohnhaupt Jan: Tiere im Nationalsozialismus, München 2020.

Mohr 1992: Mohr Klaus: Niederbayerisches Landwirtschaftsmuseum Regen, Bayerische Museen, Bd. 16, Museumsführer, München, Zürich 1992.

Müller 1861: Müller Adalbert: Bayerischer Wald. Zum Gebrauche als Wegweiser für Reisende, Regensburg 1861.

Münchner Stadtmuseum 1985: Münchner Stadtmuseum (Hg.): Das Oktoberfest. Einhundertfünfundsiebzig Jahre Bayerischer National-Rausch, Ausstellungskatalog, München 1985.

Nawrotzky 1988: Nawrotzky Rudolf u.a. (Hg.): Niederbayern 1888–1988. 100 Jahre Rassegeflügelzucht im Bezirksverband Niederbayern, o.O. 1988.

Neueder 1990/1: Neueder Hans: Das Hafnerhandwerk im Markt Bogen, in: JBHVSR 91, 1989, Straubing 1990, S. 255–276.

Neueder 1990/2: Neueder Hans: Bogener Bildergeschichten, Bd. 1, Bogen 1990.

Neueder 1995: Neueder Hans: Bogener Bildergeschichten, Bd. 2, Bogen 1995.

Neueder 2004: Neueder Hans: Der Bogenberg in Niederbayern. 900 Jahre Marienheiligtum, Straubing 2004.

Neueder 2006: Neueder Hans: Bogener Bildergeschichten, Bd. 3, Bogen 2006.

Neueder 2019/1: Neueder Hans: Bogener Bildergeschichten, Bd. 4, Bogen 2019.

Neueder 2019/2: Neueder Hans: Aufgespürt. Faszinierende Lebensbilder niederbayerischer Botschafter aus früherer Zeit, Straubing 2019.

Nieradzik/Schmidt-Lauber 2016: Nieradzik Lukasz; Schmidt-Lauber Brigitta (Hg.): Tiere nutzen. Ökonomien tierischer Produktion in der Moderne, in: Jahrbuch für Geschichte des ländlichen Raumes 2016, Innsbruck 2016.

Niggl 1957: Niggl Ludwig: Die Geschichte von Schloßgut und Dorf Steinach 1904–1956, masch. schr., o.J. [1957].

Oelwein 2004: Oelwein Cornelia: Auf den Spuren des Löwen in Bayern, Dachau 2004.

Oeser 2009: Oeser Erhard: Hund und Mensch. Geschichte einer Beziehung, Darmstadt 2009.

Österreichisches Museum für Volkskunde 2006: Österreichisches Museum für Volkskunde (Hg.): Papageno backstage. Perspektiven auf Vögel und Menschen, Ausstellungskatalog, Wien 2006.

Otto 1925: Otto E.v.: Der deutsche Schäferhund, Berlin 1925.

Paukner 2001: Paukner Josef: Oberpfälzer Fischereimuseum Tirschenreuth, Bayerische Museen Bd. 27, Museumsführer, München, Berlin 2001.

Petschek-Sommer/Schwarz 2014: Petschek-Sommer Birgitta; Schwarz Ulrike: piep show. Das Vogelhaus – Der Vogel und sein Mensch, Deggendorfer Museumsheft 10, Ausstellungskatalog Stadtmuseum und Handwerksmuseum Deggendorf, Deggendorf 2014.

Pezzl 1784: Pezzl Johann: Reise durch den Baierischen Kreis [1784], Reprint, München 1973.

PHB BOG 1860: Burger Joseph: Medicinische Topographie und Ethnographie des Physikatsbezirkes Bogen in Niederbayern, 1860, in: Neueder Hans (Hg.): Land und Leute im vorderen Bayerischen Wald, Bogen 1997, S. 51–140.

PHB LG SR 1859: Huber Alfons: Beschreibung von Stadt und Landgerichtsbezirk Straubing in einem Physikatsbericht aus dem Jahre 1859, Straubinger Hefte, 40. Heft 1990, Straubing 1990.

PHB MAL 1859: Kirchinger Johann: Topographie und Ethnographie des Physikats-Bezirkes Mallersdorf, verfasst von Dr. Andreas Heiss […] 1859 […], in: JBHVSR 114, 2012, Straubing 2013, S. 195–244.

PHB MI 1860/1,2,3: Fisch Georg: „… und glauben an der Gränze des Landgerichtes habe die Welt ein Ende …“. Ethnographische Beschreibung des Physikatsbezirks Mitterfels von Landgerichtsarzt Dr. Joseph Albrecht 1860, in: Mitterfelser Magazin 15, 2009, S. 147–155 (1); ebd. 16, 2010, S. 132–142 (2); ebd. 17, 2011, S. 142–154 (3).

PHB SR 1859: Huber Alfons: Eine Schilderung des Stadtgerichtsbezirks Straubing in topographischer und ethnographischer Hinsicht 1859, in: JBHVSR 85, 1983, Straubing 1984, S. 451–476.

Pieken/Rogg 2011: Pieken Gorch; Rogg Matthias (Hg.): Das militärhistorische Museum der Bundeswehr. Ausstellungsführer, Dresden 2011.

Pongratz 2020: Pongratz Eva: Luchse in Bayern, in: Schöner Bayerischer Wald, Mai/Juni, Nr. 3, 2020, S. 65.

Prammer/Seidl 1983: Prammer Johannes; Seidl Siegfried: Heilig-Geist-Kugeln aus dem Bayerischen Wald, Katalog Gäubodenmuseum Nr. 4, Ausstellungskatalog, Straubing 1983.

Probst/Schuchart 2015: Probst Wilfried; Schuchart Petra (Hg.): Duden, Basiswissen Schule, Biologie Abitur, Berlin 2015.

Raulff 2015: Raulff Ulrich: Das letzte Jahrhundert der Pferde, München 2015.

Reichholf 2017: Reichholf Josef H.: Haustiere. Unsere nahen und doch so fernen Begleiter, Naturkunden No. 39, Begleitband Ausstellung Deutsches Hygiene-Museum Dresden, Berlin 2017.

Reichsverband Deutscher Kleintierzüchter 1938: Reichsverband Deutscher Kleintierzüchter (Hg.): Das Huhn in der Erzeugungsschlacht, Berlin 1938.

Reichwein 1959: Reichwein Richard (Hg.): Die Schule der Jungbäuerin, Berlin, Hamburg 1959.

Reiss-Engelhorn-Museen 2013: Reiss-Engelhorn-Museen u.a. (Hg.): Die Wittelsbacher am Rhein. Die Kurpfalz und Europa, Bd. 1, Ausstellungskatalog, Bd. 60, Regensburg 2013.

Reff o.J.: Reff Ludwig: Aus der Geschichte des Straubinger Fischereigewerbes, masch. schr. Facharbeit, o.O., o.J.

Renner 1959: Renner Anna: Das Reich der Bäuerin, Berlin und Hamburg 1959 / **Renner 1961**: dass., Stuttgart 1961 / **Renner 1967**: dass., Stuttgart 1967

Resch 1997: Resch Fridolin: 80 Jahre psychiatrische Abteilung in der Justizvollzugsanstalt Straubing 1917–1997, hg. v. Justizvollzugsanstalt Straubing, Straubing 1997.

Resch 2001: Resch Fridolin: 100 Jahre Justizvollzugsanstalt Straubing 1901–2001, hg. v. Justizvollzugsanstalt Straubing, Straubing 2001.

Richter 2019: Richter Kerstin: Bairische Volksnamen von Wildvögeln, in: Das Mühlrad, Beiträge zur Geschichte des Landes an Isen, Rott und Inn, Bd. 61, o.O. 2019, S. 19–46.

Rößler o.J.: Rößler Heinrich: Aus der Fischwelt des Landkreises Bogen, masch. schr., o.O o.J. [vor 1972].

Schad 1988: Schad Brigitte: Krippen in Aschaffenburg, Aschaffenburger Studien, Bd. 3, Ausstellungskatalog, Aschaffenburg 1988.

Schäfer 1985: Schäfer Werner u.a. (Hg.): Sorviodurum Strupinga Straubing, Geschichte einer Stadt, Straubing 1985.

Schandri 1866: Schandri Marie: Regensburger Kochbuch, Regensburg 1866, Reprint, München 1984.

Scharrer 2013: Scharrer Guido: Der alte Schlachthof in Straubing, in: JBHVSR 114, 2012, Straubing 2013, S. 253–308.

Schenda 1995: Schenda Rudolf: Das ABC der Tiere. Märchen, Mythen und Geschichten, München 1995.

Schindler 1953: Schindler Leopold: Die Landwirtschaft. Lehrbuch für landwirtschaftliche Fachschulen, München 1953.

Schlicht 1907: Schlicht Joseph: Die Geschichte von Steinach, Straubing 1907.

Schlipf 1844: Schlipf J.A.: Populäres Handbuch der Landwirthschaft, Reutlingen 1844.

Schlossgut Steinach o.J.: o.A.: Schlossgut Steinach, o.O. o.J. [um 1910].

Schneider-Leyer 1974: Schneider-Leyer Erich: Der deutsche Schäferhund mit seinen belgischen und niederländischen Verwandten, Stuttgart 1974.

Schott 2004: Schott Sebastian: Mensch und Tier – eine wechselvolle Beziehung, in: Kirchinger 2004, S. 15–31.

Schott 2017: Schott Sebastian: Von Metzgerhunden und Spitzen: Die Weidener und ihre Hunde in der Zeit der Monarchie – Teil 1, in: Oberpfälzer Heimat 62, 2018, Weiden 2017, S. 140–152.

Seibt 2017: Seibt Siegfried: Grundwissen Jägerprüfung. Das Standardwerk zum Jagdschein, Stuttgart 2017.

Selheim 2009: Selheim Claudia: „Alles wild" – Der edle Hirsch, ein gefragtes Bildmotiv, in: Germanisches Nationalmuseum Nürnberg (Hg.): Vom Ansehen der Tiere, Kulturgeschichtliche Spaziergänge im GNM, Bd. 11, Nürnberg 2009, S. 159–168.

Settele 2016: Settele Veronika: Die Produktion von Tieren. Überlegungen zu einer Geschichte landwirtschaftlicher Tierhaltung in Deutschland, in: Nieradzik/Schmidt-Lauber 2016, S. 154–165.

Settele 2020: Settele Veronika: Revolution im Stall. Landwirtschaftliche Tierhaltung in Deutschland 1945–1990, Kritische Studien zur Geschichtswissenschaft, Bd. 239, Göttingen 2020.

Sigl/Grünberg 1958: Sigl Rupert; Grünberg Willi: Geschichte des Schlossgutes Puchhof, Straubing o.J. [1958].

Stadler 1974: Stadler Klemens: Wappen in Bayern, Ausstellungskatalog der Staatlichen Archive Bayerns Nr. 8, Neustadt a. d. Aisch 1974.

Stadt Bogen 1987: Stadt Bogen (Hg.): Heimatbuch der Stadt Bogen [2. Auflage], Bogen 1987.

Stadtmuseum Weimar 2007: Stadtmuseum Weimar (Hg): Von Bienen und Beuten. Das deutsche Bienenmuseum Weimar, Weimarer Schriften Heft 61, Museumsführer, Weimar 2007.

Steiner o.J.: Steiner Erich (Hg.): Muh. Mensch und Haustier, Ausstellungskatalog Landesmuseum Niederösterreich, Heidenreichstein o.J. [2016].

Stellner 2003: Stellner Norbert: Zur Straubinger Sportgeschichte. Von den Anfängen bis zum Zweiten Weltkrieg, in: JBHVSR 104, 2002, Straubing 2003, S. 315–395.

Stellner 2007: Stellner Norbert: Pferde, Kartler und Motoren. Der Rennverein Großenpinning, in: JBHVSR 108, 2006, Straubing 2007, S. 429–441.

Stille/Stille 1989: Stille Eva; Stille Severin: Spielzeug-Tiere. Auch eine Kulturgeschichte, Nürnberg 1989.

Stiftung Deutsches Hygiene-Museum 2002: Stiftung Deutsches Hygiene-Museum (Hg.): Mensch und Tier. Eine paradoxe Beziehung, Ausstellungskatalog, Dresden 2002.

Stiftung Zollverein 2019: Stiftung Zollverein (Hg.): Beste Freunde? Geschichten von Mensch und Tier rund um Zollverein, Ausstellungskatalog Ruhr Museum Essen, Essen 2019.

STMUV 2018: Bayerisches Staatsministerium für Umwelt und Verbraucherschutz (Hg.): Die großen Vier. Vom Umgang mit Bär, Wolf und Luchs, Publikation interaktive Wanderausstellung, München, März 2018.

Strohmeier 1907: Strohmeier Johann: Kurzgefaßte Geschichte der Pfarrei Leiblfing, Kaufbeuren 1907.

Stutzer 2007: Stutzer Dietmar: … das Erdreich gesegnet mit Garben, Zugvieh und Herden. Eine kleine Geschichte der Zugtiere in Bayern, in: Hefte zur Bayerischen Geschichte und Kultur 36, Augsburg 2007.

Tiergartenfreunde 2007: Verein der Freunde des Tiergartens Straubing e. V. (Hg.): Die Freunde des Tiergartens Straubing. Eine Vereinschronik, Straubing 2007.

Trebbin 2000: Trebbin Gero: Glücksbringer, Orakel und Glückwünsche zum Jahreswechsel, in: Gockerell Nina (Hg.): Weihnachtszeit, Ausstellungskatalog Bayerisches Nationalmuseum München, München, London, New York 2000, S. 216–223.

Treff 1995: Treff Hans-Albert (Hg.): Bärenstark. Natur- und Kulturgeschichte der Bären, Ausstellungskatalog Museum Mensch und Natur München, München 1995.

Uekötter 2020: Uekötter Frank: Von Vögeln, Mächten und Bienen. Die Geschichte des Landesbunds für Vogelschutz in Bayern, Göttingen 2020.

Unterkircher 2019: Unterkircher Alois: Reinheitsgebote – eine kurze Geschichte der modernen Hygiene und Bakteriologie, in: Angerer 2019, S. 17–27.

Urlbauer 2020: Urlbauer Alfred: Fische der bayerischen Donau und ihrer Nebenflüsse, hg. v. Markt Winzer, Winzer 2020.

Verband Bayerischer Landwirtschaftslehrer 1921: Verband Bayerischer Landwirtschaftslehrer (Hg.): Landwirtschaftslehre, 1. Teil, Ulm 1921.

Volkert 1980: Volkert Wilhelm: Die Bilder in den Wappen der Wittelsbacher, in: Glaser Hubert (Hg.): Die Zeit der frühen Herzöge, I/1, Ausstellungskatalog Wittelsbach und Bayern, München, Zürich 1980, S. 13–28.

Wagner 1927: Wagner Wilhelm: Die Schule der Jungbäuerin, Berlin 1927. / **Wagner 1935**: dass., Berlin 1935.

Weber-Kellermann 1985: Weber-Kellermann Ingeborg: Saure Wochen – Frohe Feste. Fest und Alltag in der Sprache der Bräuche, München, Luzern 1985.

Weitzel o.J.: Weitzel Viktor u.a. (Hg.): Des Landmanns Weg zum Erfolg, Leipzig o.J. [um 1920].

Wellenhofer 2002: Wellenhofer Michael: Bauern in früherer Zeit, Straubing 2002.

Wieser 1987: Wieser Gerhard: Vereinschronik, in: Festschrift Deutscher Imkertag 1987, Straubing 1987, S. 26–28.

Wilson-Rich 2015: Wilson-Rich Noah: Die Biene. Geschichte, Biologie, Arten, Bern 2015.

Winckler 2016: Winckler Christoph: Tierwohl in der Nutztierhaltung aus tierschutzwissenschaftlicher Perspektive, in: Nieradzik/Schmidt-Lauber 2016, S. 66–72.

Wischermann 2017: Wischermann Clemens: Zwischen ‚Vieh' und ‚Freund'. Historische Annäherungen an das Selbst eines Tieres, in: Krason 2017, S. 49–87.

Wittmann 2016: Wittmann Barbara: Vom Mistkratzer zum Spitzenleger. Stationen der bundesdeutschen Geflügelwirtschaft 1948–1980, in: Nieradzik/Schmidt-Lauber 2016, S. 134–153.

Wutzlhofer 1907: Wutzlhofer Johann: Jahresbericht des Landwirtschaftlichen Bezirks-Ausschusses für das Jahr 1907, Straubing 1907.

Zischka 1987: Zischka Ulrike: Vater Mutter Kind. Bilder und Zeugnisse aus zwei Jahrhunderten, Ausstellungskatalog Münchner Stadtmuseum, München 1987.

Bildnachweise/Leihgeber

Siehe Bildunterschriften; hier sind in Klammern die Bild- und Besitznachweise angegeben, deswegen keine extra Liste im Anhang.

Autoren

PD Dr. Johann Kirchinger, Privatdozent für Neuere Geschichte, Universität Stuttgart und selbstständiger Landwirt, Holztraubach, Markt Mallersdorf-Pfaffenberg

Dr. Dorit-Maria Krenn, Leiterin des Stadtarchivs Straubing

Dr. Stefan Maier M.A., stellvertretender Leiter des Gäubodenmuseums Straubing

Barbara Michal M.A., Leiterin des Kreismuseums Bogenberg (alle Texte, die nicht anderweitig bezeichnet sind)

Dr. Maximilian Seefelder M.A., Leitender Kulturdirektor und Bezirksheimatpfleger für Niederbayern, Landshut

Dank

Herzlichen Dank für Unterstützung, Schenkungen, Leihgaben, Interviews, Informationen, Fotos, Korrekturen an:

Altweck-Glöbl, Martha, Schwimmbach

Anton-Bruckner-Gymnasium, Straubing

Archiv für Heimatgeschichte, Steinach

Archiv Justizvollzugsanstalt Straubing

Bachner Alois, Schwimmbach

Bartels Peter, Bogen

Bäter Sabine, Landshut

Bäumel Ernestine, Upfkofen

Bauer Karl, Hundldorf

Beutlhauser Pankraz, Holztraubach

Böhm Hedwig, Straubing

Boxberger Familie, Paitzkofen

Burgmayer Familie, Straubing

Burgmuseum Mitterfels

Dengler Katrin und Peter, Büchling

Doppelhammer Familie, Parkstetten

Dr. Drexl Cindy, Landshut

Eiglsperger Franz, Schwimmbach

Eigmüller Michaela M.A., Steinbruck

Feicht Alois und Anneliese, Bogen

Dr. Fendl Elisabeth, Freiburg

Fendl Josef (†), Neutraubling

Fesl Susanne, Atting

Fisch Georg, Bogen

Förderverein für Kultur und Forschung Bogen-Oberalteich e. V.

Förg Elisabeth, Straubing

Freilichtmuseum Finsterau

Frisch Eduard, Bodenmais

Fröhlich Anja M.A., Deggendorf

Gäubodenmuseum Straubing

Dipl. Biol. Gauderer Michaela, Straubing

Geflügelzuchtverein Straubing und Umgebung e. V.

Goetz Willi, Straßkirchen

Gold Franz, Pittrich

Grohmann Herbert, Straubing

Groß Josef, Straubing

Gruber Erich, Straubing

Prof. Dr. Grundler Thomas, Steinach

Grundschule Bogen
Grundschule Degernbach
Dr. Günther Christoph, Bogen
Gütersloh Renate M.A., Grafenwiesen
H. Sarah M.A., Straubing
Dr. H. S., Plenting
Haimerl Brosch Renate, Neukirchen und Regensburg
Handwerksmuseum Deggendorf
Hannowsky Udo, Parkstetten
Heigl Claudia, Steinach
Heigl Franz und Monika, Straubing
Heinze Lukas, Straubing
Historischer Verein für Straubing und Umgebung e. V.
Hochstraßer Andreas und Susanne, Oberschneiding
Hubl Manfred, Straubing
Justizvollzugsanstalt Straubing
Karl-Fischer Claudia, Furth
Katzendobler Annemarie, Bogen
Dr. habil Kirchinger Johann, Holztraubach
Dr. Kleindorfer-Marx Bärbel, Cham
Kreismuseum Walderbach
Dr. Krenn Dorit-Maria, Straubing
Landesverband Bayerischer Pferdezüchter, München
Landstorfer Familie, Gschwendt
Landwirtschaftsschule Straubing
Lang Sigrid, Straubing
Lehner Walter, Wallkofen
Linde Andreas, Straubing
Dr. Maier Stefan, Straubing
Mayer Johann Evangelist, Straubing
Meckel Hubertus, München
Michal Luis M.A., Straubing
Mildenberger Jörg, Straubing
N. Janos, Straubing
Neueder Hans, Bogen
Ochs Georg, München
Paukner Hannelore, Straubing
Dipl. Biol. Peter Wolfgang, Straubing
R. Heinrich, Perasdorf
Reit- und Fahrverein Mitterfels e. V.
Resch Fridolin, Straubing
Rossmeisl Ingrid, Straubing
S. Doris, Fischerdorf

Schaarschmidt Iris, Straubing

Schmal Albert, Schwimmbach

Schmid Martin, Kößnach

Schmieder Elisabeth von, Sintra, Portugal

Schmieder Familie von, Dublin, Irland

Schnell Familie, Germering

Schnell Richard und Christine, Freising

Schröfl Bettina, Mallersdorf-Pfaffenberg

Dr. Schulz Laurenz, Landshut

Schumacher-Tyroller Inge, Rammersberg

Schumann Ricarda, Münster

Schwarz Ulrike M.A., Neuhausen

Schwarz Wilhelm und Magdalena, Salching

Dr. Seefelder Maximilian, Landshut

Seitz-Weinzierl Beate, Wiesenfelden

Dr. Späth Thomas, Bogen

Speckner Gertraud und Josef, Hunderdorf

Sperl Stefanie, Straubing

Stadler Richard, Hofkirchen

Stadt Geiselhöring

Stadtarchiv Bogen

Stadtarchiv Geiselhöring

Stadtarchiv Regensburg

Stadtarchiv Straubing

Stankowic Stefan, Straubing

Stein Edgar und Köppl Doris, Entau

Stettmer Rudolf, Schwarzach

Strauß Familie, Hadersbach

Tiergarten Straubing

Triphaus Hildegard, Straubing

Urlbauer Alfred, Winzer

Urlbauer Stefan, Zwiesel

Venus Rupert, Schwarzach

Verein für Deutsche Schäferhunde e. V., Ortsgruppe Bogen

Vogl Elisabeth M.A., Bumhofen

W. Judith, Straubing

Wagner Josef, Wolfessen

Waldmuseum Zwiesel

Weigl Bianca, Landau

Zankl Florian und Stefan, Saulburg

Zimmerhansl Ralph, Straubing

Zucht- und Trabrennverein Straubing e. V.